高等学校应用型本科创新人才培养计划系列教材

高等学校网络商务与现代物流管理外包专业课改系列教材

电子商务运营实务

青岛英谷教育科技股份有限公司　　编著

济宁医学院

西安电子科技大学出版社

内 容 简 介

　　本书以培养应用型本科人才为指导思想，注重理论与实践相结合，对电子商务运营中的核心问题进行了系统讲解。

　　本书分为理论篇、实务篇和拓展篇，共 11 章内容。理论篇主要讲解了电子商务管理基础、电子商务战略管理以及电子商务常用思维工具等内容；实务篇涵盖了从营销到仓储配送等各个环节的核心知识点；拓展篇主要涉及了商业模式创新和新技术应用两方面的内容。本书结合现代教学理念，偏重实务练习，旨在帮助读者快速掌握所学内容。

　　本书可作为应用型本科院校和高职高专院校电子商务、工商管理等专业的教材或教学参考书，也对电子商务管理、运营、推广人员及仓储客服人员的实际工作具有指导意义。

图书在版编目 (CIP) 数据

电子商务运营实务 / 青岛英谷教育科技股份有限公司，济宁医学院编著. —西安：西安电子科技大学出版社，2018.8(2021.7 重印)

ISBN 978-7-5606-5013-5

Ⅰ. ①电…　Ⅱ. ①青…　②济…　Ⅲ. ①电子商务—运营管理　Ⅳ. ①F713.365.1

中国版本图书馆 CIP 数据核字(2018)第 163897 号

策划编辑　毛红兵

责任编辑　明政珠　毛红兵

出版发行　西安电子科技大学出版社(西安市太白南路 2 号)

电　　话　(029)88202421　88201467　　　邮　编　710071

网　　址　www.xduph.com　　　　　　　电子邮箱　xdupfxb001@163.com

经　　销　新华书店

印刷单位　陕西天意印务有限责任公司

版　　次　2018 年 8 月第 1 版　　2021 年 7 月第 3 次印刷

开　　本　787 毫米×1092 毫米　1/16　印 张　18

字　　数　423 千字

印　　数　3501～5500 册

定　　价　54.00 元

ISBN 978-7-5606-5013-5/F

XDUP 5315001-3

如有印装问题可调换

高等学校网络商务与现代物流管理外包专业课改系列教材编委会

主　　编　　王　磊　　纪卫宁　　谭玲玲　　秦世波　　吴　楠

副主编　　王　燕　　王　芳　　赵德昌　　白建勇

　　　　　　李佛赏　　李存超　　王冰玉

编　　委　　仓国春　　陈业玲　　崔月华　　丁慧平　　赖媛媛

　　　　　　李敬锁　　齐慧丽　　沙焕滨　　王爱军　　袁　竹

　　　　　　张　园　　周海霞　　朱　敏　　杨清红　　孙　昕

　　　　　　张玉星　　王莉莉　　王晓娜

❖❖❖ 前　言 ❖❖❖

随着互联网普及率的提高，近些年来，我国电子商务行业已经发展成为规模庞大、从业人数众多、经济带动性强的电子商务生态圈。统计显示，2013 年中国电子商务市场规模突破 10 万亿元，2017 年已达到 24 万亿元左右，预计 2020 年将超过 40 万亿元。随着电子商务市场的快速发展，我国电子商务管理与运营人才严重不足，已成为制约行业发展、亟待解决的问题。

本书以培养符合市场需求的应用型本科人才为目标，在内容上力求系统化、实用化和前沿化，在教学上使用理论与实践相结合的方式，旨在培养兼具理论与实践能力的高素质专业人才。通过学习本书，读者不仅能够系统掌握专业知识，还能够提升分析和解决问题的能力以及综合运用的能力。

本书以"121 工程"创新人才培养的理念为引导，在参考了大量专业文献和企业运营实例的前提下，结合作者团队多年的电子商务运营实践经验和教学经验编写而成。

本书分为理论篇、实务篇、拓展篇 3 篇，共 11 章内容。

第 1 章至第 3 章为理论篇，包括电子商务管理基础、电子商务战略管理、电子商务常用思维工具等内容。该篇对企业管理、个人职业发展方面具有很强的实践意义。

第 4 章至第 9 章为实务篇，该篇为贴合当下现状的全新内容，是读者要重点学习和掌握的部分，包括电子商务运营、网络推广、新媒体营销、电子商务数据分析、客户服务管理、电子商务仓储与配送等内容。

第 10 章至第 11 章为拓展篇，包括商业模式创新、新技术应用等内容。意在着重提升并扩展读者的专业视野，并培养读者从更高层面认识和把握电子商务运营的能力。

本书具有以下特点：

(1) 系统化。本书以企业电子商务运营工作为核心，内容涵盖电子商务运营工作中的核心板块。读者通过学习本书，能够快速构建清晰的工作认知，掌握核心知识体系。

(2) 实用化。本书偏重电子商务工作实务练习，以理论与实践相结合的讲解方式，配合实务应用、案例分析、阅读拓展、实践作业等模块，可帮助读者快速掌握实际工作技能。

(3) 前沿化。本书以行业前沿资讯、优质案例为主要参阅资料，力求增强内容的前瞻性，以帮助读者更好地了解行业发展方向。

本书由青岛英谷教育科技股份有限公司组织编写，参与本书编写工作的有济宁医学院、青岛农业大学、山东工商学院、潍坊学院、山东政法学院、枣庄学院、吉林工商学院、滨州学院、白城师范学院等合作院校的专家及一线教师。在此，衷心感谢每一位合作院校老师与同事为本书出版所付出的努力。

本书在编写过程中，参考了大量的书籍和资料，在此向其作者表示衷心的感谢。有些资料可能由于疏忽没有注明出处，作者如有发现请联系我们，我们将予以补充。另外，十分感谢诸多企业管理人员和专家对本书提出的建议和意见。

  由于编者水平有限，书中难免有不足之处，欢迎大家批评指正。读者在阅读过程中若发现问题，可以通过邮箱(yinggu@121ugrow.com)联系我们，或扫描右侧二维码进行反馈，以期不断完善。

教材问题反馈

本书编委会

2018 年 3 月

❖❖❖ 目　　录 ❖❖❖

理　论　篇

第1章　电子商务管理基础...................3
1.1　电子商务概述...................4
1.1.1　电子商务的概念...................4
1.1.2　电子商务模式...................8
1.2　电子商务组织与岗位职能...................12
1.2.1　电子商务组织...................12
1.2.2　电子商务岗位职能...................16
1.3　电子商务绩效管理...................21
1.3.1　绩效管理的内容...................21
1.3.2　360度考核法...................22
1.3.3　关键绩效指标考核法...................24

第2章　电子商务战略管理...................27
2.1　电子商务战略管理概述...................28
2.1.1　电子商务战略管理内涵...................28
2.1.2　电子商务战略管理过程...................29
2.2　电子商务战略分析工具...................36

2.2.1　外部环境分析...................36
2.2.2　内部环境分析...................39

第3章　电子商务常用思维工具...................43
3.1　六顶思考帽...................44
3.1.1　六顶思考帽的概念...................44
3.1.2　六顶思考帽的应用方法...................48
3.2　思维导图...................51
3.2.1　思维导图的概念...................51
3.2.2　思维导图的绘制方法...................53
3.3　5W2H分析法...................55
3.3.1　5W2H分析法的含义...................55
3.3.2　5W2H分析法的应用场景...................56
3.4　长尾理论...................57
3.4.1　长尾理论的由来和含义...................58
3.4.2　运用长尾理论需要注意的问题...................58

实　务　篇

第4章　电子商务运营...................63
4.1　电子商务运营概述...................64
4.1.1　电子商务运营的概念...................64
4.1.2　电子商务运营的工作内容...................64
4.2　电子商务市场定位...................68
4.2.1　电子商务市场定位的概念...................68
4.2.2　电子商务市场定位的内容...................68
4.2.3　电子商务市场定位的方法...................71
4.2.4　电子商务市场定位的步骤...................72
4.2.5　电子商务市场定位案例解析...................73
4.3　电子商务运营策划...................75
4.3.1　产品策略...................76

4.3.2　渠道策略...................82
4.3.3　价格营销策略...................84
4.3.4　活动策划...................88

第5章　网络推广...................95
5.1　搜索引擎推广...................96
5.1.1　了解SEO与SEM...................96
5.1.2　关键词的寻找与布置...................96
5.1.3　辅助优化工作...................102
5.1.4　内部链接与外部链接...................105
5.1.5　数据监测与调整...................106
5.2　网络广告推广...................107
5.2.1　网络广告的形式...................108

5.2.2 网络广告的计费方式 110

5.2.3 网络广告投放步骤 111

5.3 问答平台推广 113

5.3.1 自问自答 114

5.3.2 回答别人的问题 115

第6章 新媒体营销 119

6.1 新媒体营销概念 120

6.2 新媒体类型及营销方法 121

6.2.1 微博营销 121

6.2.2 微信营销 125

6.2.3 新闻营销 130

6.3 新媒体内容营销 134

6.3.1 软文营销 134

6.3.2 视频营销 138

第7章 电子商务数据分析 143

7.1 电子商务数据分析概述 144

7.1.1 电子商务数据分析的含义与作用 .. 144

7.1.2 电子商务数据分析指标 145

7.2 电子商务数据分析步骤与方法 148

7.2.1 电子商务数据分析工作步骤 ... 148

7.2.2 电子商务数据分析方法 152

7.3 电子商务数据分析应用 158

7.3.1 市场分析 158

7.3.2 运营分析 164

7.4 EXCEL 2010 数据分析工具的应用 169

7.4.1 EXCEL 2010 基本的数据

分析工具 169

7.4.2 EXCEL 数据透视表 176

7.4.3 EXCEL 图表展示 179

第8章 客户服务管理 185

8.1 客户购买行为与决策 186

8.1.1 气质类型与行为表现 186

8.1.2 购买行为类型分析 188

8.1.3 制订购买决策的过程 190

8.2 服务准备 192

8.2.1 产品资料准备 193

8.2.2 服务话术准备 196

8.3 销售技能 199

8.3.1 接待咨询 199

8.3.2 高效沟通 201

8.3.3 促成订单 202

8.3.4 订单处理 204

8.4 售后服务 206

8.4.1 退换货服务 206

8.4.2 投诉纠纷服务 208

第9章 电子商务仓储与配送 213

9.1 电子商务仓储管理 214

9.1.1 电子商务仓储管理作业流程 214

9.1.2 电子商务仓储成本控制 217

9.1.3 提高电子商务仓储效率的关键点 .. 218

9.1.4 大型促销活动的仓储备战策略 220

9.2 包装与打包 221

9.2.1 包装材料分类 221

9.2.2 产品分类包装 223

9.2.3 打包要点 225

9.3 发货与配送 226

9.3.1 发货流程 226

9.3.2 配送模式的选择 227

拓 展 篇

第10章 商业模式创新 233

10.1 新零售模式 234

10.1.1 新零售概述 234

10.1.2 新零售模式应用案例 237

10.2 社群电商模式 239

10.2.1 社群电商概述 240

10.2.2 社群电商模式应用案例 242

第11章 新技术应用 247

11.1 人工智能 248

11.1.1 人工智能概述 248

11.1.2 人工智能在电商领域的应用 251

11.2 大数据 252

11.2.1 大数据概述 253

11.2.2 大数据在电商领域的应用 255

11.3 虚拟现实 257

11.3.1 虚拟现实概述 257

11.3.2 虚拟现实在电商领域的应用 258

11.4 物联网 259

11.4.1 物联网概述 259

11.4.2 物联网在电商领域的应用 260

附录 263

案例阅读一：某企业电子商务中心绩效管理制度 263

案例阅读二：××品牌新品洁面乳网络推广活动策划方案 267

案例阅读三：某新品网络免费派送活动效果调研计划书 269

案例阅读四："×××新品免费大派送"活动效果评估报告 273

案例阅读五：电子商务网络营销实例分析 275

参考文献 278

理论篇

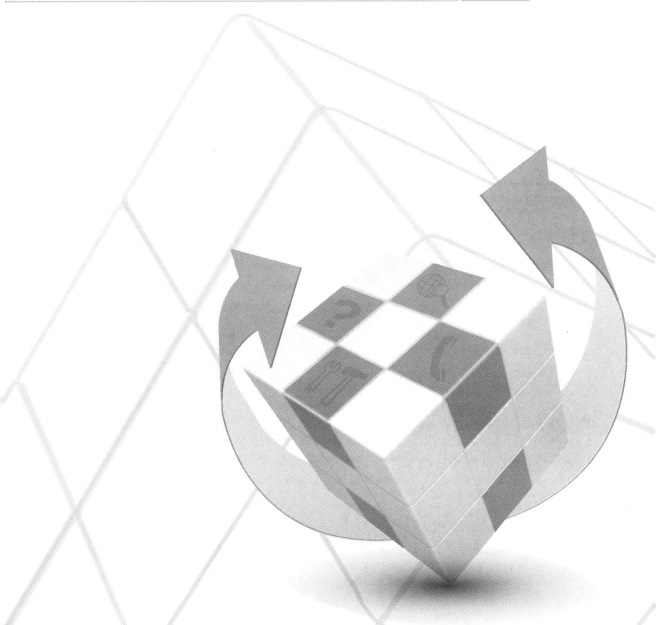

第1章 电子商务管理基础

本章目标

- 理解广义与狭义的电子商务定义
- 掌握 B2B、B2C、C2C、O2O、C2B 等电子商务模式
- 了解虚拟企业、企业电子商务与电子商务企业
- 掌握电子商务企业的岗位职能分工
- 理解电子商务绩效管理的过程
- 理解 360 度考核法的内容及实施步骤
- 掌握关键绩效指标建立的步骤与原则

学习导航

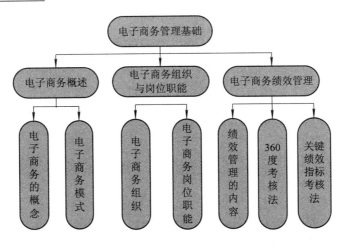

电子商务最早兴起于 20 世纪 90 年代的美国，发展至今已经逐渐形成规模庞大、从业人数众多、经济带动性强的电子商务生态圈。目前，我国电子商务进入了一个平稳增长的阶段。根据商务部报告显示，2016 年我国电子商务交易额为 26.1 万亿元，同比增长 19.8%，交易额约占全球电子商务零售市场的 39.2%，连续多年成为全球规模最大的网络零售市场。

本章作为全书的开篇，旨在帮助读者理解电子商务的定义、模式、组织、岗位职能以及绩效管理方法。在学习的过程中，需要注重理论联系实际，多浏览不同类型的电子商务网站、行业资讯以及权威机构发布的数据报告，加深对电子商务行业的认识，为实务章节的学习打下基础。

1.1 电子商务概述

在电影《乘风破浪》中有这样一个桥段：徐正太觉得世界不会变化。在 20 世纪 90 年代，录像厅、BP 机非常流行，所以徐正太的理想就是开很多录像厅，他所理解的财富是拥有很多 BP 机。这种对世界、对财富的理解，导致他在进监狱前留给怀孕妻子的财富竟是一大箱各式各样的 BP 机。时至今日，录像厅早已被电影院取代，BP 机也已经变成通讯历史上那一代人记忆中的商品。

时间的大潮推动着各行各业翻天覆地的变化，电子商务行业亦是如此，就像滴滴打车颠覆传统出租车行业、移动支付逐渐代替传统现金支付，等等。本节从电子商务概念和模式等基础知识出发，从专业的角度讲解电子商务行业概况。学习前，请读者先谈谈对电子商务的认识以及对未来发展趋势的判断。

1.1.1 电子商务的概念

电子商务是指在互联网(Internet)、企业内部网(Intranet)和增值网(Value Added Network，VAN)上以电子交易方式进行交易和提供相关服务的活动。人们通常将电子商务划分为广义的电子商务和狭义的电子商务。

1. 广义的电子商务

广义的电子商务(Electronic Business，EB)是通过电子手段进行的商业事务活动，指通过使用互联网等电子工具，使公司内部、供应商、客户和合作伙伴之间实现业务流程的电子化，配合企业内部的信息化生产管理系统，提高企业生产、库存、流通和资金等环节效率的活动。企业电子商务活动需要借助企业内部网、办公自动化系统、企业资源计划系统、客户关系管理系统等信息化系统来实现，其构建过程通常包括以下步骤：

(1) 建立企业内部网(Intranet)。

(2) 开发企业内部网的使用，建立办公自动化系统(Office Automation，OA)。

(3) 借助企业资源计划(Enterprise Resource Planing，ERP)系统的实施，加强企业内部的管理。

(4) 建立企业的电子商务网站，树立企业形象，提高电子商务业务交易额。

(5) 实施客户关系管理(Customer Relationship Management，CRM)、供应链管理 (Supply Chain Management，SCM)和产品数据管理(Product Data Management，PDM)等信 息化管理模块，实现真正的电子商务。

小贴士

企业资源计划将企业内部原材料采购、生产计划、制造、订单处理与交付等环 节有机地联系在一起，使企业对供货流程的管理更加科学、规范、高效。ERP 能够 对库存的数量和金额进行实时监控，有效提高决策支持以及财务核算的效率，是企 业实施电子商务最核心的支撑系统。

供应链管理是在 ERP 基础上通过构筑与前端客户以及后端供应商的互动系统， 实现产品供应的通畅、合理、高效。

产品数据管理是建立统一的产品研发数据平台。所有研发人员可以通过浏览器 平台上共享的产品设计文档与信息，共同完成产品开发设计工作。同时，产品的设 计信息能直接进入生产制造系统，与供应链上的采购、生产、销售、商务等环节自 动连接，缩短新产品从创意到上市的时间周期。

客户关系管理通过构筑客户信息数据库，记录与客户发生的交互行为(如页面 浏览、咨询、购买等)，提供各类数据模型，从而建立一个客户信息的收集、管 理、分析、利用的系统，帮助企业实现以客户为中心的管理模式。

决策支持系统(Decision-making Support System, DSS)，它是更先进的信息 管理系统，能为决策者提供分析问题、建立模型、模拟决策过程和方案的环境，调 用各种信息资源和分析工具，帮助决策者提高决策水平和质量。

接下来以联想集团为例，简述一下电子商务的系统化建设。

联想集团作为全球电脑市场领导企业，一直在不断地加强与完善电子商务信息系统建 设。如图 1-1 所示，联想集团通过实施 CRM、SCM、PDM 等信息化模块，用科学的手段

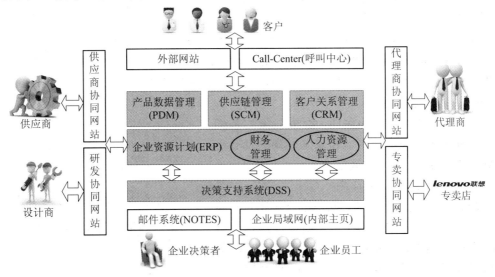

图 1-1　联想集团信息化建设架构图

把企业各方面的资源和流程集中起来，使产品设计和市场需求趋于一致，缩短了企业和客户之间的距离，真正实现广义电子商务的内涵。

由于企业的情况千差万别，因此企业实施电子商务信息系统建设的步骤不是一成不变的。企业应该认真分析自身的条件，如信息基础建设、内部管理以及财力状况等，有针对性地构建适合自己的电子商务系统。

2. 狭义的电子商务

狭义的电子商务(Electronic Commerce，EC)是指通过使用互联网等电子工具在全球范围内进行商务贸易活动，包括商品和服务的提供者、广告商、消费者、中介商等有关各方行为的总和。

一般人们理解的电子商务就是指狭义的电子商务。本书主要从狭义电子商务的角度讲解运营实务工作。下面简要介绍我国狭义电子商务行业的商业发展历程。

从 1996 年国家信息化工作领导小组成立到现在，我国电子商务已经发展了 20 多年，如今，我国互联网科技飞速发展，就算相隔千里也只需要数秒时间就可以完成电子商务交易行为。回顾我国电子商务的发展历程，大致可以分为萌芽期、雏形期、成长期与群雄期 4 个时期。

1) 萌芽期(1996—1999 年)

萌芽期的电子商务只是一个概念，1997 年诞生的中国化工网还是采用英文界面，这说明当时电子商务普及率较低，国内市场也不成熟。在那个历史时期，很多互联网行业的企业家们还在研究微软或者 IBM。李彦宏在美国硅谷思考什么时候回国创业，马化腾在做程序开发，而马云还在外贸部开发对外交易网站。

1996年	国家信息化工作领导小组成立
1997年	
4月	各省成立信息化领导小组
12月	中国化工网上线 B2B 网站
1998年	
3月	我国实现第一笔互联网交易
10月	金贸工程启动(国家电商战略)
11月	腾讯成立
1999年	
5月	8848 网成立
8月	易趣网成立
9月	阿里巴巴集团成立
11月	当当网上线

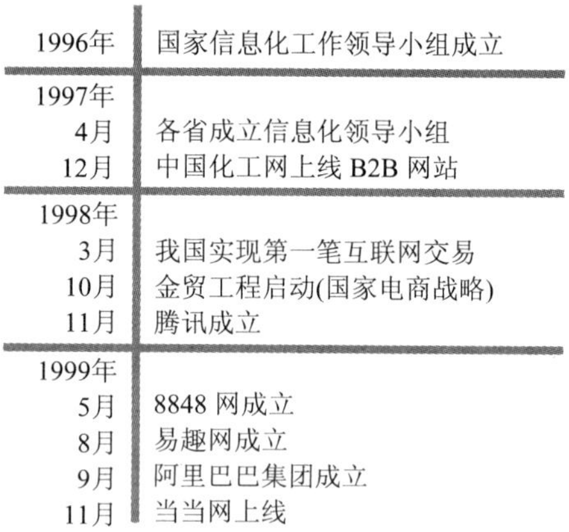

图 1-2　我国电子商务行业萌芽期大事记

互联网迎来发展高潮是在 1999 年，当时国内诞生了大量的互联网公司，如 8848 网、易趣网、阿里巴巴、当当网等，如图 1-2 所示。这些互联网公司的诞生为国内电子商务行业实质性的商业运作阶段奠定了基础。同年，中国举办了国际电子商务应用博览会，中国建设银行适时推出了网上支付业务，说明国有企业也顺势投入到了电子商务的发展中，这无疑也加快了互联网的建设步伐。通常，我们将 1999 年称为中国的电子商务元年。

在电子商务发展的萌芽期，行业发展的基础设施较为匮乏，现实的困境和未来模糊的发展趋势使得电子商务企业非常迷茫。

2) 雏形期(2000—2002 年)

2000 年开始，慧聪网、阿里巴巴集团、易趣网等互联网公司开始吸引大量的资本，迅速进行市场扩张，如图 1-3 所示。国内同期从事 B2C 的互联网公司上升为 700 余家，网民数量增长至

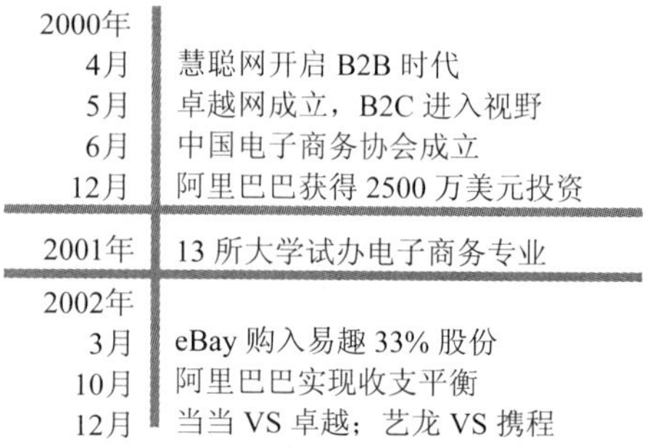

2000年	
4月	慧聪网开启 B2B 时代
5月	卓越成立，B2C 进入视野
6月	中国电子商务协会成立
12月	阿里巴巴获得 2500 万美元投资
2001年	13 所大学试办电子商务专业
2002年	
3月	eBay 购入易趣 33% 股份
10月	阿里巴巴实现收支平衡
12月	当当 VS 卓越；艺龙 VS 携程

图 1-3　我国电子商务雏形期大事记

900 多万，能链接互联网的计算机为 350 万台左右。2001 年，教育部批准了 13 所高校试办电子商务本科专业，在这个阶段国内电子商务雏形逐渐形成。

3) 成长期(2003—2007 年)

2003—2007 年是我国电子商务的成长期，国内电子商务领域经历了一系列的重大事件，如图 1-4 所示。淘宝网开始进军 C2C 领域，支付宝解决了网络支付难题，京东开始电子商务转型，腾讯推动着网络社交的发展，天涯、百度贴吧等互动交流平台出现。互联网在这短短的几年时间里，成了活跃度最高的领域。2007 年，我国网络零售交易规模 561 亿元，网络零售的增长逐步将电子商务延伸至供应链环节，促进了物流快递和网络支付等电子商务支撑服务的兴起。

4) 群雄期(2008—2017 年)

纵观 2008—2017 年，我国电子商务经历了翻天覆地的变化，几乎所有企业都想抓住这一次的互联网机遇，如图 1-5 所示。在这个阶段，社交网络从开心网、校内网等 SNS 网站变成了微博、微信等移动社交平台；阿里巴巴集团成为全球最大的零售交易平台；京东商城也开始发力，建立了强大的物流配送体系，朝着 B2C 的市场布局发展；聚美优品、唯品会、凡客等一些小众领域市场也逐步获得了消费市场的认可。另外，新媒体、新零售、共享经济、知识付费等新概念层出不穷，为我国电子商务市场注入了新的活力。

2003年	
5月	淘宝网成立，进军 C2C
6月	最大 C2C 平台易趣被 eBay 全盘收购
10月	阿里巴巴推出"支付宝"
12月	慧聪网香港创业板上市
2004年	
1月	京东涉足电子商务领域
8月	亚马逊收购卓越网
2005年	
8月	阿里巴巴收购雅虎
9月	腾讯依托 5.9 亿用户推出拍拍网
2006年	网盛科技登陆深圳中小企业板
2007年	
10月	凡客诚品创立
11月	阿里巴巴成功在香港主板上市

图 1-4　我国电子商务成长期大事记

2008年	
5月	开心网、校内网等 SNS 网站迅速传播
12月	唯品会启动运营
2009年	中粮、苏宁进军电商领域
2010年	
3月	陈欧创立聚美优品
6月	美团等上百家团购网站迅速诞生
12月	当当网在美国纽约交易所上市
2011年	
1月	腾讯推出微信
4月	《第三方电子商务交易平台服务规范》出台
2012年	
3月	唯品会在美国纽约交易所上市
11月	天猫淘宝"双十一"销售 191 亿元
2013年	
5—8月	菜鸟网络创建，余额宝、微信 5.0 上线
2014年	聚美优品、京东商城、阿里巴巴先后挂牌上市
2015年	"互联网+"行动，移动电商迅速发展
2016年	
5月	知识付费产品"分答"上线
10月	马云提出"新零售"概念
2017年	共享单车等共享经济模式迅速蔓延

图 1-5　我国电子商务群雄期大事记

扫一扫

视频：2013 年我国电子商务发展纪录片。
结合上述的时间轴大事记，加深对电子商务发展历程的认识。同时想一想，从 2013 年到今天，我国电子商务经历了哪些翻天覆地的变化？

1.1.2 电子商务模式

电子商务模式是指在网络环境的大数据环境中基于一定技术基础的商务运作方式和盈利模式。电子商务的应用范围极为广泛，随着电子商务市场的日趋成熟，延伸出各种电子商务模式，下面主要介绍 B2B、B2C、C2C、O2O 和 C2B 等常见的几种模式。

1. B2B 模式

B2B(Business To Business)模式指企业与企业之间的电子商务运作方式。简单理解就是进行电子商务交易的供需双方都是企业，相互之间使用电子技术或各种商务网络平台来完成商务交易。这些交易过程通常包括：发布产品信息、订货、支付、接收发票和产品配送等。

B2B 模式还可以细分为综合 B2B 模式、垂直 B2B 模式和自建 B2B 模式。

1) 综合 B2B 模式

综合 B2B 模式是将各个行业的交易集中到一个网络平台，为企业的采购方和供应方提供交易场所的一种运作方式。以综合 B2B 模式为主的国内电子商务平台代表有 1688 采购批发网站、慧聪网和马可波罗网站等，跨境电子商务平台代表有阿里巴巴、大龙网、敦煌网和中国制造网等。图 1-6 为典型综合 B2B 模式平台 LOGO 示意图。

图 1-6 典型综合 B2B 模式平台 LOGO 示意图

2) 垂直 B2B 模式

垂直 B2B 模式是指只针对某一细分行业资源，以该行业的精准信息服务打造专业化平台的一种运作方式。以垂直 B2B 模式为主的平台由于行业固定、用户集中、企业之间信任度高、同行业监管较强，更容易实现在线交易，但劣势是供求信息的广泛性不足，市场空间受综合 B2B 模式挤压。这种模式的电子商务平台代表有科通芯城、找钢网以及中国化工网等。图 1-7 为典型垂直 B2B 模式平台 LOGO 示意图。

图 1-7 典型垂直 B2B 模式平台 LOGO 示意图

3) 自建 B2B 模式

自建 B2B 模式是部分大型企业基于自身的信息化建设程度，搭建以自身产品供应链为核心的电子商务平台的一种运作方式。企业通过这个电子商务平台，串联起整条产业链，供应链上、下游企业通过该平台实现信息沟通与交易。中粮集团、海尔、天联华建等都建立了自身的 B2B 平台。图 1-8 为典型

图 1-8 典型自建 B2B 模式平台 LOGO 示意图

自建 B2B 模式平台 LOGO 示意图。

2．B2C 模式

B2C(Business To Consumer)模式是指企业与消费者之间的一种电子商务运作方式。一般以网络零售为主，企业和消费者以互联网为媒介进行有形商品和无形商品的交易活动。

我国 B2C 网络零售市场可分为平台式、自营式和厂商自建三种模式，如表 1-1 所示。京东商城、苏宁易购、唯品会、当当网等电商企业采用自营式"+"平台式两种 B2C 模式的混合模式，天猫商城则完全属于平台型，主要由第三方商家组成。

表 1-1　我国 B2C 网络零售市场模式

分　类	特　征	营收来源	代表企业
平台式	为商家提供电商交易平台，依托巨大的流量资源，促使商家与消费者达成交易	交易佣金及广告	天猫商城
自营式	零售商建立网络平台，对其经营产品进行统一采购、展示、在线交易，并通过物流配送将产品投送到消费群体	商品交易的差价	聚美优品
厂商自建	由生产商自建网络平台，完成自有产品的销售	商品交易的差价	海尔商城

根据中国电子商务研究中心的数据监测：2016 年我国 B2C 网络零售市场份额占比中，天猫商城依然稳居首位，市场份额占比为 57.70%；京东商城凭 25.40%的份额，紧随其后；唯品会的市场份额从 2015 年的 3.20%上升至 3.70%，持续保持第 3；排名第 4～11 的电商分别为：苏宁易购(3.30%)、国美在线(1.80%)、当当网(1.40%)、亚马逊中国(1.30%)、1 号店 (1.20%)、聚美优品(0.70%)、拼多多(0.20%)、其他(3.30%)。其市场份额占比如图 1-9 所示。

另外，据艾瑞咨询《2017 年中国移动电商行业研究报告》数据显示，2016

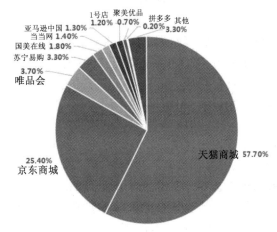

图 1-9　2016 年我国 B2C 网络零售交易市场份额占比

年我国移动购物市场交易规模约为 3.3 万亿元，占网络购物总交易规模的 70.20%，移动端已超过 PC 端成为网络零售市场最主要的消费场景。

小贴士

PC 端电子商务：以 PC 为主要操作界面的电子商务，即有线电子商务。

移动端电子商务：利用手机、PDA(Personal Digital Assistant，又称为掌上电脑)等无线终端进行的电子商务。它可以实现随时随地、线上线下的购物与交易。

3. C2C 模式

C2C(Consumer To Consumer)模式是指消费者与消费者之间的一种电子商务运作方式。在 C2C 模式的电子商务平台上，交易双方均为个人，通过在线交易平台进行交易。个人卖家在交易平台上发布要出售的商品，买家可以从中选择并购买自己需要的商品。目前，淘宝网占据着中国 C2C 市场约 95%的份额，超过 800 万的个人中小卖家构成了淘宝商家生态圈的基石。

不过，假冒伪劣商品也成了 C2C 模式发展的绊脚石，由于个人卖家不被强制要求进行工商登记备案，导致工商行政执法部门无法进行有效监管，售假者违法成本几近为零。2015 年 11 月 10 日，京东集团发布公告称，因 C2C 模式当前监管难度较大，无法杜绝假冒伪劣商品，决定到 12 月 31 日时停止提供其 C2C 模式的电子商务平台服务，并在三个月的过渡期后将其彻底关闭。

4. O2O 模式

O2O(Online To Offline)模式是指将线下的商务机会与互联网结合，让互联网成为线下交易平台的运作方式。这种模式最早来源于美国，也是电子商务主流模式之一。O2O 的概念非常广泛，只要产业链中既涉及线上，又涉及线下，都可以统称为 O2O。

较为常见的一种 O2O 运作方式就是通过网络寻找消费者，消费者通过在线选购、支付，然后再到实体店提货或消费，如图1-10 所示。

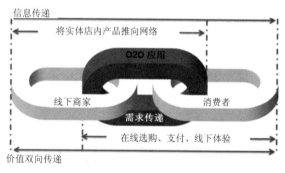

图 1-10　常见的 O2O 运作方式

O2O 模式广泛应用于生活服务市场。我国生活服务 O2O 市场起步于 2003 年，经历了以点评、口碑、信息发布等方式为主的市场探索期以及 2010 年"千团大战"的市场培育期，于 2015 年进入行业深耕期。近两年市场规模迅速增长，陆续发生了滴滴与快的合并、58 同城与赶集网合并、美团网与大众点评网合并、携程网与去哪儿网合并、滴滴与优步合并等 5 大并购交易。腾讯、百度和阿里巴巴等公司也加大了资本投入力度。

目前的生活服务 O2O 模式按照服务交付场景，可分为到店服务(含团购)、到家服务和外卖 O2O 三种，如图 1-11 所示。

图 1-11　生活服务 O2O 模式

5．C2B 模式

C2B(Consumer To Business)模式是互联网经济时代下新的商业模式，通常意味着消费者根据自身需求定制产品，或主动参与产品的设计、生产和定价，然后由生产企业按需求组织生产。C2B 模式的核心是以消费者为中心，阿里巴巴创始人马云在 2015 年德国汉诺威 IT 博览会(CeBIT)开幕式演讲中提出了一个观点：未来生意将是 C2B 而不是 B2C，用户改变企业，制造商必须个性化，否则他们将面临更严峻的生存环境。

实务应用

埃沃男装 CEO 兼创始人何冠斌在英国留学时，就曾被伦敦的萨维尔街深深吸引。这条小街从 19 世纪初就开始聚集世界顶级的裁缝，被誉为"高级服装定制的圣地"。2006 年何冠斌创办了埃沃环球定制服饰有限公司，首先选择进入电商服装定制领域，即 C2B 电子商务。

为了便于规模化生产，埃沃首先开始尝试将男装进行了模块化区分，如图 1-12 所示，他们把一件衬衫分解为领口、袖子、版身、后摆等部分，按照流行样式在每个部分中推出不同样式供选择和组合。消费者填写了有关尺寸、腰围等必要信息后，只需要挑选各个部分自己喜欢的款式就可以完成前期定制过程。

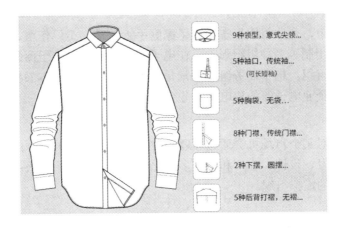

图 1-12　埃沃男装衬衫模块化定制

随后的订单定制生产主要由供应商完成，埃沃的 IT 系统会把每个部分的尺寸、用料信息发给供应商，供应商接到订单信息后采用相应的原料进行生产。在生产的过程中，埃沃会及时地通过短信、电子邮件等方式通知消费者定制产品的生产进度，让消费者减轻等待的焦虑。

本节主要讲述了 B2B、B2C、C2C、O2O、C2B 等 5 种常见的电子商务模式。但应注意的是，由于电子商务行业范围广，发展速度快，电子商务模式绝不仅限于此，未来发展可能会衍生出更多的有价值的新的电子商务模式。

视频：你真的了解电商吗？

结合上述的电子商务分类学习，观看教学视频，加深对电子商务的理解。

扫一扫

1.2 电子商务组织与岗位职能

2016 年中国电子商务研究中心对 349 家电商企业进行人才状况调查显示，40%的企业急需电商运营人才，26%的企业急需推广销售人才，12%的企业急需综合型高级管理人才，9%的企业急需产品策划与研发人才，5%的企业急需技术性人才（IT、美工），4%的企业急需供应链管理人才。由此可见，企业最迫切需要电商运营、推广销售与综合型高级管理人才。

本节主要讲述电子商务组织和岗位职能相关知识。通过本节学习应了解电子商务的企业组织，认识电子商务的岗位职能分工。完成本节学习后，请结合自身优势和兴趣梳理自己在电子商务专业上的职业规划。

1.2.1 电子商务组织

在企业发展历程中，企业组织形态经历了家庭手工劳动、工厂作坊、简单工厂制度、股份制公司、企业集团制等多种组织形态。在电子商务时代，与电子商务活动相对应的组织形态就是电子商务组织。电子商务组织通常是一个公司或集团，本书将电子商务的企业组织分为虚拟企业、企业电子商务和电子商务企业这三种类型。

1. 虚拟企业

虚拟企业是指针对某个市场机会通过互联网技术，将拥有相关资源的若干独立企业集结起来，以及时地开发、设计、生产和销售多样化、用户化的产品或服务而形成的一种临时性、动态联盟形式的虚拟组织。

1) 组建要素

(1) 战略联盟。虚拟企业成员之间是盟主与联盟成员的关系。最先意识到市场机遇而又具有某一核心能力的企业为盟主，该企业选择具有其他核心能力的伙伴组成虚拟企业。

(2) 核心能力。核心能力是一个企业所擅长的经营领域。例如，善于开发的企业提供开发技术，善于资金运作的企业提供资金运作支持。

(3) 组织重建。虚拟企业的建立要求各成员周密地规划现有的内部资源和工作流程，并充分利用各成员提供的基础设施。

(4) 诚信。虚拟企业成员必须以诚信为原则来履行各自的职能并承担既定的责任。

2) 生命周期

虚拟企业的生命周期由识别、组建、运行和终止四个阶段构成。

(1) 识别。虚拟企业的建立源于对市场机会的识别、评估和选择三个决策过程，形成了初步的企业战略联盟意向。

(2) 组建。各企业成员通过识别达成战略联盟意向，开始进入组建阶段，包括成员识别、成员选择、组织建立、运行模式设计以及信息通讯技术基础设施建立等过程。

(3) 运行。虚拟企业组建完成后开始进入运行阶段。这个阶段的主要任务是各企业成员发挥各自核心能力，完成产品设计、市场营销、财务管理、制造和分销五个不同的决策过程。

(4) 终止。当市场机会消失或者主要参与方提出终止虚拟企业运行时，根据签订的有关合同条款，终止虚拟企业运作并进行资产清算。

实务应用

休闲服饰企业美特斯邦威采取了"哑铃式结构"的虚拟经营模式：把产品制造交给劳动力价格和成本更低、更利于运输与销售的企业，把产品销售交给加盟的各地经销商，自己则将全部精力用于设计产品、开拓市场与制定品牌策略。

虚拟生产：美特斯邦威整合了以长三角和珠三角为中心的 300 多家生产厂家进行定牌生产，并严格监管生产过程和最终成品，确保产品质量。

虚拟开发：在产品设计上，美特斯邦威培养了一支具有国际水准的设计师团队，不断了解目标消费者、市场竞争和流行趋势，并与法国、意大利等地的设计公司长期合作，设计团队每年向市场推出 3000 多种新款服装。

虚拟管理：公司依靠虚拟经营为企业扩张节省下的资金，大量投在经营管理、服装设计、品牌提升等核心业务上，并得到迅速发展，这也成为美特斯邦威的核心竞争力所在。

虚拟销售：美特斯邦威的服装主要由分散在全国的 1200 多家加盟店销售。

2. 企业电子商务

企业电子商务是指传统企业通过计算机技术、通信技术和网络技术三大技术平台来配置资源，进行生产经营的一种组织。企业电子商务通常具有以下特点。

(1) 拥有实体工厂或门店。企业电子商务依托其传统商务活动的基础进行转型发展。如制造业企业拥有产品研发机构和生产部门，商贸企业拥有门店、仓储和物流体系。

(2) 独立的运作部门。企业电子商务通常由独立的部门(一般为事业部)来运作，打破了传统的"金字塔"式的组织结构，使企业电子商务敏捷灵活、高效快速发展。

电子商务的飞速发展使企业电子商务这种组织被广泛接受和应用。相比传统企业组织，它更能满足互联网发展的特色，具有全球化经营思想、决策权分散、时间效率高等优势。传统企业组织与企业电子商务组织的比较分析如表 1-2 所示。

表 1-2 传统企业组织与企业电子商务组织的比较

传统企业组织	企业电子商务组织
只有一个中心	一般有多个中心
独立、分散的活动	相互依存的单元
狭隘的思想	全球化经营的思想
强调效益	强调效率和效益的统一
决策权高度集中	决策权分散
依靠层次管理、计划和程序进行协调	依靠各种交叉职能团队组织进行协调
以职位作为权威基础	以知识和资源作为权威基础
时间效率低	时间效率高
适宜稳定的环境	适宜复杂且多变的环境

案例分析

苏宁易购：传统企业+互联网的标杆

2009 年是苏宁电器战绩辉煌的一年，以 583 亿元销售额、941 家门店的规模将国美抛在身后，成为中国最大的零售企业。

不过，居安思危的苏宁并没有满足现状，苏宁董事长张近东认为互联网将是未来苏宁最大的敌人，互联网将重构零售行业格局。为推进全渠道零售战略，苏宁必须弥补线上渠道的缺失。2009 年 8 月，苏宁测试电商平台"苏宁易购"，2010 年 2 月正式上线，上线第一年完成 20 亿元销售额，但无法让本身体量巨大的苏宁感到兴奋。

2011 年，苏宁易购的采购部门、运营部门开始逐渐独立，直接激发了疯狂扩张模式，在图书、母婴、商超等领域迅速崛起。2012 年 8 月 15 日对决京东商城，这不仅是一场检验苏宁易购成败的硬仗，而且是奠定其中国第三大 B2C 电商平台的地位的关键节点。

2009—2012 年，在"+渠道""+商品""+服务"的变革主线下，苏宁的互联网创业经历了从 0 到 1 的裂变，其不仅拥有苏宁易购电商平台，而且积累了互联网的运营经验，掌握了品类经营的能力。

2013 年 2 月，苏宁重新定位为"店商+电商+零售服务商"的"云商模式"，这意味着苏宁加速去电器化。随后苏宁电器宣布更名为"苏宁云商"，使用了 15 年的"电器"二字和 Logo 一并去掉。张近东解释，"云"有云集天下、商品广阔的意思，也代表线上云技术的运用，"商"表明商业是苏宁的本质定位。所以，更名不是苏宁吸引眼球的营销手段，而是代表其差异化的发展模式和转型战略。

【总结】苏宁的雄心是构建一个比电商生态系统更加庞大的零售生态系统。如果说更名是其适应零售业业态变化的第一步棋，那么线上线下同价则被视为苏宁走向多渠道融合的第二步棋。2013 年 9 月，"苏宁云台"正式亮相，不仅代表着苏宁完成向互联网零售商变革的第三步棋，而且预示着中国电商从 C2C 的 1.0 时代到 B2C 的 2.0 时代后，跨越式升级为线上线下体验相结合的 O2O 平台的 3.0 时代。2015 年互联网大会上张近东分享了两点心得，也是苏宁转型的经验之谈。

(1) 无论传统实体企业还是互联网企业做 O2O 转型，都是殊途同归，所以实体企业不要一谈转型就害怕，归根结底互联网转型只是一次互联网技术的叠加升级，并不会改变企业的经营本质。

(2) 实体企业做 O2O 千万不要陷入两种极端思维：速胜论和速亡论。前者认为建个网站或 App 就是互联网+；后者把互联网神化，认为实体企业没有互联网基因做不成 O2O。

3. 电子商务企业

电子商务企业通常没有传统的实体门店，而是直接通过网站进行产品和服务的交易活动。这类企业的整个组织都是为电子商务运行服务的。近 20 年来我国电子商务行业中涌现出了一大批优秀的电子商务企业，其形式主要有以下几种：

(1) 经纪商型企业。经纪商型企业本身不从事商品的生产或者销售，只作为市场的中介商将买卖双方结合起来，为买卖双方提供交易平台，并从他们的交易中提取交易服务费。典型的企业有阿里巴巴、中国制造网、敦煌网等。下文以阿里巴巴为例，简述一下经纪商型企业的特色。

阿里巴巴集团是一家提供电子商务在线交易平台的公司，是全球范围内实力较为雄厚，能够引领一定潮流的中国企业。阿里巴巴集团建立了目前较为领先的消费者电子商务、网上支付、B2B 网上交易市场及云计算业务等，近几年更积极开拓无线应用、手机操作系统和互联网电视等领域。

(2) 广告商型企业。广告商型企业通过在网站提供优质内容和服务来吸引访问者聚拢，当访问者积累到一定数量后，便通过图片、文字等广告方式，向访问者推送广告投放方的广告信息，并通过收取广告费用来获取利润。典型的企业有返利网、百度网盟、新浪、腾讯新闻等。

实务应用

成立于 2006 年的返利网，注册用户超过 1.4 亿。返利网的基本模式是把用户带给商家，商家支付佣金，返利网再将部分佣金分给用户，从而实现共赢。目前拥有的合作伙伴几乎涵盖了所有知名电商企业，包括天猫、淘宝、京东、苏宁易购、1号店、亚马逊、聚美优品等 400 多家电商网站以及 2 万多个知名品牌店铺。

如图 1-13 所示，返利网根据其用户在合作电商网站的成交额结算佣金，并把约70%的佣金按相应返利比例返还给网购用户。在此过程中，佣金相当于电商网站支付的一笔可量化的广告刊登费用，即 CPS(Cost Per Sales 按销售额付费)；另一方面，返利网也能帮助用户发现所需商品并实现其网购需求。

图 1-13　返利网运营模式

(3) 信息媒体型企业。信息媒体型企业通过市场调研与监测，大量收集市场中有价值的信息，将其免费提供或销售给能够运用这部分信息的企业，帮助他们更好地进行市场规划。典型的企业有艾瑞咨询、易观国际和亿邦动力网等。下文以艾瑞咨询为例，简述一下信息媒体型企业的特色。

艾瑞咨询成立于 2002 年，是一家专注于网络媒体、电子商务、无线增值等新经济领域，深入研究和了解消费者行为，并为网络行业及传统行业客户提供市场调研和战略咨询服务的专业市场调研机构。

(4) 销售商型企业。销售商型企业主要是在线零售商或技术开发商，通过互联网销售他们的商品和服务,一般包括技术型与商业型两类业务。技术型业务主要是与网站相关的设计、开发与维护等;商业型业务主要包括采购、仓储、网络营销、配送、售后服务、信息管理等。典型的企业有京东商城、1 号店、苏宁易购等。下文以京东为例,简述一下销售商型企业的特色。

京东商城是我国最大的自营式电商企业,2016 年市场交易额就已达到 9392 亿元,在线销售家电、数码通讯、家居百货、服饰、母婴、图书、食品等 12 大类数万个品牌百万种优质商品。另外,京东物流在全国范围内拥有 335 个大型仓库,运营了 9 个大型智能化物流中心"亚洲一号",大件和中小件物流网络实现大陆行政区县 100%覆盖,自营配送覆盖了全国 99%的人口。

1.2.2　电子商务岗位职能

电子商务项目的运作不仅需要掌握电子商务网络技术的研发人员,也需要熟悉业务运营并具有前沿电子商务管理理念的商务人员。因此,电子商务岗位职能一般可以分为电子商务网站系统管理和电子商务应用业务管理两大类。

1.电子商务网站系统管理

电子商务网站系统管理的目的是提供安全有效的电子商务平台。通常划分为网站规划与设计、网站优化与推广、网站更新与维护、网页设计与管理四项内容。

(1) 网站规划与设计。网站规划首先要调查分析企业的发展战略,评价网站的功能、环境和应用状况,在此基础上制定网站统一的战略目标及相关策略,然后确定系统和应用项目开发的次序及时间安排,提出实现开发计划所需要的硬件、软件、技术人员以及整个系统建设的预算,进行可行性分析后进入开发实施阶段。网站规划与设计工作的最终实现需要具有相关经验的程序员来完成,表 1-3 为某企业招聘负责网站规划与设计工作的高级程序员的岗位职能和任职要求。

表 1-3　某企业高级程序员招聘要求

岗位职能
◇　负责软件产品架构与功能的开发;
◇　根据需求,对页面进行编码、实现页面业务逻辑;
◇　编写开发文档、产品使用文档及其他相关文档;
◇　负责新技术引进和产品开发工作的计划实施,负责技术部内部管理、组织安排、项目分工和周期评估,以及重点技术问题的攻关;
◇　配合编制,组织实施公司技术开发计划及长远规划
任职要求
◇　计算机相关专业或者理工类专业本科以上学历;
◇　可独立进行需求分析、系统架构设计及开发;
◇　精通 C、JAVA、C#、MySQL 等工具并熟练使用;
◇　有部分成功的项目管理经验

(2) 网站优化与推广。网站优化的目的是使网站更容易被搜索引擎收录,提高用户体

验和转化率。一般网站优化分为站内优化和站外推广两部分：站内优化指通过 SEO 技术对网站关键词、结构、页面、内容等方面进行优化，使网站在搜索引擎上的友好度和站内用户的满意度不断提升；站外推广是整合外部资源对网站进行品牌推广，具体方式有百度推广、门户网站推广等。表 1-4 为某企业招聘网站优化与推广人员的岗位职能和任职要求。

表 1-4　某企业网站优化与推广人员招聘要求

岗位职能
◇　负责公司网站品牌和产品的网络推广；
◇　根据公司总体市场战略及产品特点，不断开拓网络推广渠道；
◇　策划、执行在线推广活动，收集推广反馈数据，不断改进推广效果；
◇　开发拓展合作的网络媒体，提出网络运营的改进意见和需求等；
◇　熟悉所有的网络推广手段，能够在各类网站宣传推广公司产品；
◇　熟练使用百度、360、搜狗、微信、微博等推广平台
任职要求
◇　负责百度竞价推广，熟悉 SEO 优化；
◇　负责网站日常更新维护，协助公司开拓网络营销资源和渠道；
◇　负责信息发布、网站流量统计分析、广告投放及邮件群发；
◇　负责微信、微博、贴吧等内容方向，日常及活动文案的撰写，掌握当下热门话题，发布各种符合要求的优质、有传播性的内容；
◇　掌控网络信息的传播，具备成熟的微博、微信工作运营经验，能够完成专题策划、活动执行等；
◇　具备较强的文字驾驭能力及内容策划能力

(3) 网站更新与维护。为了使网站能够长期稳定地运行，网站更新与维护的主要工作包括维护服务器及相关软硬件，对可能出现的问题进行评估；维护数据库；将网站维护制度化、规范化；做好网站安全管理工作，防范黑客入侵网站；检查网站各个功能、链接是否有错等。表 1-5 为某企业招聘网站更新与维护工程师的岗位职能和任职要求。

表 1-5　某企业网站更新与维护工程师招聘要求

岗位职能
◇　提供公司产品的技术服务和售后维护；
◇　建立良好的客户关系，负责解答用户的技术咨询，解决常见问题；
◇　记录并处理各种常见售后故障并及时反馈；
◇　收集、保管和传递与公司相关的技术信息；
◇　定期回访客户，了解客户的满意度
任职要求
◇　熟练掌握常见的脚本语言，能够快速编写脚本；
◇　熟悉主流的大数据技术，能够安装部署 Hadoop、Storm、Kafka 集群，可做故障诊断和性能调优；
◇　熟练掌握 Linux 操作命令、MySQL 数据库的管理，熟练掌握 SQL 命令；
◇　具有一定的技术支持服务经验，熟悉售后服务体系和流程；
◇　具有较强的沟通和表达能力、耐心、热情，能够承受一定的工作压力；
◇　喜欢钻研，具有较强的学习能力

(4) 网页设计与管理。网页设计是根据企业希望向浏览者传递的信息(包括产品、服务、理念、文化)进行网站页面策划,使用合理的颜色、字体、图片、样式进行页面美化,在功能限定的情况下,尽可能给予用户完美的视觉体验。精美的网页设计和良好的用户交互对于提升企业的互联网品牌形象至关重要。网页设计与管理工作一般由网页设计师完成,表 1-6 所示为某企业招聘网页设计师的岗位职能和任职要求。

表 1-6　某企业网页设计师招聘要求

岗位职能
◇　负责公司网站、APP、微信商城的设计、改版、更新;
◇　熟悉专业网店装修设计,在电商网站担任过产品、页面设计者优先;
◇　须有编辑工作经验,有一定文字功底;
◇　负责产品修图,网站商品详情页的设计,店铺首页、促销页、活动页设计;推广图片创意及其他创意设计,能用简洁文案表达产品的卖点;
◇　具有良好的设计能力、丰富的商品详情页、店铺设计经验;
◇　对于色彩的搭配有着独到的见解和体会,了解色彩搭配,思维活跃,有创意,有较强视觉效果表现能力
任职要求
◇　本科及以上学历,美术、平面设计、广告等相关专业;
◇　具有较强的设计创新、逻辑思维、专业分析能力;
◇　有 1 年及以上京东/天猫等网店设计等经验优先;
◇　熟练使用 Photoshop、AI、Dreamweaver 等平面设计软件;
◇　富有创造力和激情,敢于创新和挑战,工作态度端正、耐心、细致;
◇　善于与人沟通,拥有良好的团队合作精神和高度的责任感,能够承受压力,有创新精神,保证工作质量

2. 电子商务应用业务管理

电子商务应用业务管理的目的是在电子商务环境下高效地为客户提供所需的产品与服务,为企业创造利润。通常划分为供应链管理、采购与质量管理、网络营销管理、客户服务管理、仓储与配送管理等内容。本书实务篇以电子商务应用业务管理技能为主要讲解对象,内容偏向网络营销管理、客户服务管理、仓储与配送管理等方面。

(1) 供应链管理。供应链管理是对整个供应链系统进行计划、协调、操作、控制和优化,使商品以正确的数量和较高的品质、在正确的时间和地点、以最低的成本进行生产和销售。高效的供应链运作是企业电子商务活动的重要保证。表 1-7 为某企业供应链管理的岗位职能和任职要求。

表 1-7　某企业供应链管理招聘要求

岗位职能
◇　负责供应商(物料、服务、施工类等)的选择开发,供应链的建立及优化;
◇　完善合格供方名录,收集供应商的资质、业绩、财务状况、产品技术资料等,并定期更新;
◇　定期对供应商进行考评,考评内容包括但不限于质量、价格、货期及服务,并出具考核评价报告;
◇　跟踪市场的行情,及时调整供应链策略,保证整体供应链成本的合理和优势;
◇　与公司各部门协调相关工作及项目进展

续表

任职要求
◇　本科以上学历，管理类、物流类相关专业； ◇　极强的学习能力，对新鲜事物有敏锐的洞察力，能迅速掌握各种不同的工作内容，并根据新产品及服务的特点运用到自身的工作中； ◇　熟悉供应商的开发、选择、评价流程，熟悉成本控制，了解合同及相关法律法规要求； ◇　以结果为导向，有严密的逻辑思维能力、全面分析判断能力、较强的统筹协调能力、良好的口头及书面表达能力、商务谈判能力，有项目管理经验； ◇　责任心、事业心强，能承受工作压力，团队协作能力佳

（2）采购与质量管理。采购与质量管理的职责是为消费者提供符合质量要求和期望的产品以及服务，其过程包括计划下达、采购单生成、采购单执行、到货接收、检验入库、采购发票收集和采购结算。企业需要实现采购过程的系统化、流程化管理，从根本上提高工作效率、降低采购成本、减少采购环节。采购与质量管理的基础工作通常由采购专员完成，表 1-8 所示为某企业采购专员的岗位职能和任职要求。

表 1-8　某企业采购专员招聘要求

岗位职能
◇　根据公司需求，制定采购计划，落实具体采购流程； ◇　不断开发新的供应商和供应渠道，负责对新的供应商资质、产品质量、交货信誉进行考察； ◇　执行询价、比价、议价制度，努力降低进货成本，严把质量关，杜绝假冒伪劣商品的流入； ◇　负责与供应商进行谈判、签约，跟进采购合同的执行情况，及时办理票据、结算、付款事宜； ◇　加强与供应商的沟通与联络，确保货源充足，供货质量稳定，交货时间准确； ◇　负责采购数据的收集、汇总、分析、归档
任职要求
◇　大专以上学历； ◇　1 年以上采购经验，熟悉采购工作流程； ◇　具备较强的沟通协调能力、市场分析能力、商务谈判能力； ◇　熟练使用各种办公软件

（3）网络营销管理。网络营销是电子商务的核心职能，其负责电子商务项目的日常运作，达成销售目标，因此从业人员需要具备科学、创新的网络营销知识。网络营销的岗位分工通常包括品牌管理、数据分析、文案编辑、活动策划与推广、产品策划、网站运营、产品销售等。一般企业中，运营专员承担品牌管理、数据分析、活动策划和推广等工作，表 1-9 所示为某企业天猫商城运营专员的岗位职能和任职要求。

表 1-9　某企业天猫商城运营专员招聘要求

岗位职能
◇　熟悉天猫的站内外运营环境、交易规则及后台操作流程等，精通网上销售的各个环节，能独立运营店铺； ◇　熟悉掌握天猫营销工具的运用，使用天猫各项推广工具进行商品推广，达到销售目标所需要的流量； ◇　负责店铺日常维护、店铺陈列，提高网店吸引力和产品销量；

岗位职能
◇　参与商城店铺整体规划、营销、客户关系管理等系统经营性工作； ◇　策划制定推广方案并负责实施，对推广效果进行跟踪监控和评估，对店铺及新产品访问量、转化率数据进行分析并及时提出改进建议，向上司提交相关数据报告及数据分析，不断改进优化推广效果
任职要求
◇　大专以上学历，电子商务、市场营销、计算机等专业毕业； ◇　熟悉天猫/京东电商运营模式； ◇　熟练运用 Word、Excel、PPT 等 Office 软件，熟练应用数据统计功能； ◇　有良好的沟通能力及团队合作能力、计划与执行能力，有责任心； ◇　有良好的客户服务意识

(4) 客户服务管理。客户服务通常分为售前服务和售后服务两部分。售前服务的主要任务是接受客户咨询，为客户提供专业的购物指引，并及时准确地跟进订单状态；售后服务的主要任务是妥善处理退款、退换货、客户投诉及其他纠纷事件，并定期回访客户，保证客户满意。随着消费者维权意识的增强和消费观念的变化，企业应该建立一种"真诚为客户服务"的观念，在提供物美价廉产品的同时，为消费者提供优质的客户服务。客户服务管理基础工作通常由客服专员来完成，表 1-10 所示为某企业电商客服专员的岗位职能和任职要求。

表 1-10　某企业电商客服专员招聘要求

岗位职能
◇　熟悉公司产品，熟练运用淘宝、天猫及商城后台操作程序； ◇　及时准确地跟进订单，接受顾客咨询，回复顾客留言，保证网店的正常运作； ◇　了解客户需求，妥善处理客户投诉及其他纠纷事件，定期或不定期回访客户，保证客户满意； ◇　负责处理接单、打单、查单等订单相关事务，跟踪物流，妥善处理退款、退换货等事项； ◇　对网店销售数据和客户咨询反馈资料进行定期整理，并反馈给各相关部门
任职要求
◇　有较强的应变和解决问题的能力、口头表达与沟通能力，有淘宝、天猫、京东客服经验者优先； ◇　可接受应届毕业生； ◇　良好的服务意识与团队合作精神； ◇　性格温和，对顾客热情、有耐心，网络沟通能力强； ◇　做事积极主动，能服从公司制度和管理； ◇　有一定的处理突发事件的能力

(5) 仓储与配送管理。客户完成网上交易后，企业还需要将产品配送到客户手里，配送的速度直接影响到客户的购物体验，因此很多企业都非常重视产品的仓储与配送管理。仓储与配送管理的主要内容包括仓储与配送策略选择、仓储中心设计、仓储运作管理、配送方案设计、配送网络设计、配送线路优化、配送信息管理等。表 1-11 所示为某企业仓

储管理专员的岗位职能和任职要求，其主要负责仓储管理的相关工作。

表 1-11　某企业仓储管理专员招聘要求

岗位职能
◇　出入库管理，存储管理，仓储人员日常管理；
◇　仓库布局优化，系统应用管理，设备设施维护；
◇　仓库运营效率提升，仓库安全管理，仓库标准化体系审核管理
任职要求
◇　熟悉仓储管理的基础业务，具有基本的业务知识水平；
◇　熟悉仓储设备知识，具有一定正确操作与保养设备的能力；
◇　具有仓储统计、进出库管理、物料的盘点能力；
◇　熟练使用办公软件

1.3　电子商务绩效管理

一天，三只老鼠一同去偷油。它们在某户人家里找到了一个油瓶，但瓶口很高，一个老鼠是够不到的。三只老鼠便商量着一只踩着一只的肩膀，用叠罗汉式的方法轮流爬到瓶口享受美味。不巧的是，最后一只老鼠爬上另外两只老鼠的肩膀上时油瓶突然倒了，惊动了这家的主人，三只老鼠只好匆忙逃跑。

回去后，它们相聚讨论为什么大家都没有成功享受到美味。第一只老鼠说，我没有喝到油，而且推倒了油瓶，因为当时我感觉到第二只老鼠抖了一下。第二只老鼠说，我是抖了一下，因为最底下的老鼠也抖了一下。第三只老鼠说，我好像听到有猫的声音，我才发抖的。于是三只老鼠哈哈一笑，共同把责任推给了那只猫。

本节主要讲解电子商务绩效管理的内容和常用工具。学习完成后，请从绩效管理的角度试想一下，这个老鼠偷油的故事给了我们什么启示？如果在企业管理中出现这种情况，我们应该如何解决？

1.3.1　绩效管理的内容

企业的电子商务发展离不开有效的绩效管理。绩效管理可以把公司的战略、资源、业务和行动有机结合起来，有助于提高企业的竞争力，还可以带动其他管理(如薪酬管理、培训开发、员工职业规划等)水平的提高。因此，企业应适应变化，通过有效的绩效管理方法来推动整体管理水平的不断提高。

电子商务绩效管理的过程包括绩效计划、绩效辅导、绩效考核与绩效反馈四个环节，如图 1-14 所示。

1) 绩效计划

绩效计划是指考核者和被考核者双方对应该实现

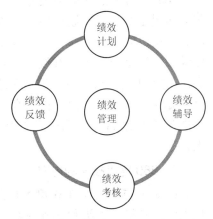

图 1-14　绩效管理的四个循环过程

的工作绩效进行沟通，形成可行的共识内容，并将沟通的结果落实为正式的书面计划，即绩效计划和评估表。它是双方在明晰责、权、利的基础上达成的协议。绩效计划应从公司顶层开始，将绩效目标层层分解到各级子公司及部门，最终落实到员工个人，从而确保企业战略逐步实施和工作目标的实现。

2) 绩效辅导

绩效辅导是指考核者和被考核者讨论相关工作进展情况、遇到的障碍和问题、解决问题的办法、员工取得的成绩等内容。绩效辅导贯穿绩效管理的始终，是管理者帮助下属员工实现工作绩效的过程。

根据辅导内容的不同，可以把绩效辅导分为两类：第一类是矫正员工行为，在被考核者出现目标偏差时，及时对其进行纠正；第二类是提供资源支持，被考核者由于自身职能和权限的限制，在某些方面可能会遇到资源调度困难的情况，而这些资源正是其完成工作所必需的，此时，考核者应提供必要的资源支持，协助被考核者完成工作任务。

3) 绩效考核

绩效考核是指企业在既定的战略目标下，运用特定的标准和指标，对员工的工作行为及取得的工作业绩进行评估，并运用评估结果对员工进行正面引导的过程和方法。绩效考核是一项系统工程，是绩效管理的关键环节。

4) 绩效反馈

绩效反馈是指考核者与被考核者进行沟通，目的是为了让被考核者了解自己在本绩效周期内的业绩是否达到预定的目标，行为态度是否端正，使考核者和被考核者双方对评估结果达成一致的看法，同时双方共同探讨绩效未达标的原因并制定改进计划，最终形成新的绩效计划。

在企业中，常用绩效考核工具有 360 度考核法、关键绩效指标法、平衡计分卡等。下面将简要介绍 360 度考核法、关键绩效指标法的具体使用方法和步骤。

1.3.2　360 度考核法

360 度考核法又称为全方位考核法，最早由英特尔公司提出并加以实施运用。该方法是指通过员工自己、上司、同事、下属、顾客等不同主体来了解其工作绩效。其优点是评价维度多元化(通常是 4 个或以上)，适用于对中层及以上的员工进行考核，能够比较全面地评估其工作能力，也有利于团队建设和沟通；它的缺点是来自各方面的评估所造成的工作量比较大。

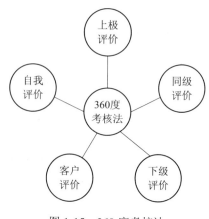

图 1-15　360 度考核法

1. 360 度考核法的内容

如图 1-15 所示，360 度考核法的内容主要包括来自上级、同级、下级和服务的客户所作的评价，以及被考核员工的自我评价。

(1) 上级评价。上级主管对员工工作绩效的评价是绩效制度的核心。因为主管人员不但了解下属员工的工作情况，而且对评价的内容也比较熟悉，因此能够比较客观地评价员工的工作业绩。

(2) 同级评价。当员工所在的工作团队较为稳定，团队成员在合作中相互了解后，就可以采用同级评价的方法。因为团队成员之间对彼此的业绩更为了解，能够作出较准确的评价。

(3) 下级评价。下属人员对他们的主管人员进行工作绩效的评价，可以诊断企业管理层的管理作风，发现公司的潜在问题。

(4) 客户评价。可以从被考核者的客户那里获得反馈信息，以客户的满意度来衡量其工作能力和表现。

(5) 自我评价。在员工了解企业所期望他们达到的目标时，就能进行自我评价。分析自己在工作中哪些做得好、哪些需要改进，客观地评价自己的工作业绩，并采取必要的改进措施。

2．360 度考核法的实施步骤

一般情况下，有效实施 360 度考核法应遵循以下步骤：

(1) 确定使用范围。确定 360 度考核法的使用范围，如针对企业中层以上的员工使用。若公司内部员工的互相信任程度比较低，则不建议引入 360 度考核法对员工进行评价。

(2) 设计考核问卷。通常实施 360 度考核法采用的问卷法包括以下两种题型。

　　✧　提供等级量表，由评价者选择相应的分值。

　　✧　提供开放式问题，由评价者写出评价意见。

(3) 确定实施评价的人员。通常 360 度考核法采用匿名评价。例如通用公司在实施 360 度考核法时，将与被考核员工有联系的人分成四组，每组至少选择 6 个人，让多名评价者匿名参与对被考核者的评价，扩大了信息搜集的范围。

(4) 利用好结果反馈。360 度考核法能否改善被考核者的业绩在很大程度上取决于评价结果的反馈。在考核完成以后，通常由被考核者的上级和人力资源部根据评价的结果面对面地向被考核者提供反馈，帮助被考核者分析优势与不足。

3．360 度考核法适用的范围

360 度考核法适用的范围包括：

(1) 适合处于成熟期的企业。企业一般有初创期、成长期、成熟期、衰退期 4 个阶段。成熟期的企业战略、组织架构、人员较为稳定，有利于全方位进行考评。

(2) 适用于企业的中高层。

(3) 适用于对行政类和研发类人员的考核。行政类和研发类人员的工作难以量化，可使用定性考核方法来侧重考核行为。生产类和销售类的人员更适用定量考核(如关键绩效指标法)。

 实务应用

某企业的人力资源部在最近的一次 360 度绩效考核中，遇到了一个大难题：市场部的一名主管对自己的考核结果不满，向人力资源部投诉，认为同部门的个别同事对自己心怀不满，在反馈考核时有报复行为，故意打低分，导致他的绩效考核结果与往月相比差别非常大。

这一投诉让人力资源部处于非常尴尬的困境，因为这名主管的确在近两月与部门的多位同事有过不愉快的争执，而且这次他的绩效偏低也的确与同事给出的低分颇有关联。但是，同事给出的低分是否与冲突有必然联系？作为 HR 却无法查证。

小组讨论：360 度考核出现这种问题主要是什么原因导致的？有没有相应的措施避免这种情况发生？

1.3.3 关键绩效指标考核法

关键绩效指标(Key Performance Indicator，KPI)考核法是指通过对组织内部流程的输入端、输出端的关键参数进行设置、取样、计算和分析，进而衡量流程绩效的一种目标式量化管理。

关键绩效指标考核法符合"二八原则"的管理理念，即 80%的工作任务是由 20%的关键行为完成的，因此必须抓住 20%的关键行为，对之进行分析和衡量，这样才能抓住绩效评价的重心。在实施关键绩效指标考核法中，建立关键绩效指标体系对于考核结果的合理性尤为重要。下面简要介绍建立关键绩效指标的步骤及原则。

1. 关键绩效指标(KPI)的建立步骤

建立关键绩效指标需要注重流程性、计划性和系统性，具体可分为以下几个步骤：

(1) 明确企业的战略目标，找出关键业务领域，然后再找出这些关键业务领域的关键业绩指标，即企业级 KPI。

(2) 各部门主管需要依据企业级 KPI 建立部门级 KPI，对部门 KPI 进行分解，分析绩效驱动因素(技术、组织、人)，制定实现目标的工作计划。

(3) 将部门级 KPI 进一步细分为岗位业绩衡量指标，这些岗位业绩衡量指标就是员工考核的要素和依据。电商企业运营部门部分岗位的 KPI 如表 1-12 所示。

表 1-12 电商企业运营部门部分岗位的 KPI

考核岗位	KPI
运营专员	浏览量、访客数、成交人数、成交金额、人均停留时长、客单价
推广专员	访客数、到达率、跳失率、访客平均获取成本、投资回报率、平均点击率
活动专员	活动订单比例、活动成交额、活动订单转化率、投资回报率
客服专员	平均响应时间、回复客户数量、服务态度、差评次数、咨询转化率、退货率、退款率

(4) KPI 体系确立之后，还需要设定评价标准。关键绩效指标解决"评价什么"的问

题；而评价标准指的是各个指标应该达到什么样的水平，解决"被评价者怎样做，做多少"的问题。

(5) 对 KPI 进行审核。审核主要是为了确保这些关键绩效指标能够全面、客观地反映被评价对象的绩效。

2．关键绩效指标建立的 SMART 原则

建立关键绩效指标需要符合 SMART 原则。SMART 分别是 5 个英文单词首字母的缩写，如表 1-13 所示。

表 1-13　SMART 原则

Specific(具体的)	要明确具体的工作指标，不能笼统
Measurable(可衡量的)	绩效指标是可量化或者行为化的，验证这些绩效指标的数据或者信息是可以获得的
Attainable(可实现的)	绩效指标的目标值在付出努力的情况下可以实现，避免设立过高或过低的目标
Relevant(相关的)	指标与指标之间、指标与工作之间需要具备一定的关联。如果实现了某个指标，但与其他指标的相关度很低，那这个指标即使达到了，意义也不大
Time-bound(有时限的)	完成绩效指标的特定期限

【本章小结】

1. 电子商务可分为广义电子商务和狭义电子商务两种。
2. 常见的电子商务模式主要包括 B2B、B2C、C2C、O2O、C2B 等。
3. 电子商务的企业组织通常包括虚拟企业、企业电子商务和电子商务企业。
4. 电子商务岗位职能分为电子商务网站系统管理和电子商务应用业务管理两大类。
5. 电子商务绩效管理过程包括绩效计划、绩效辅导、绩效考核与绩效反馈四个环节。
6. 常用绩效考核方法包括 360 度考核法及关键绩效指标考核法等。

【拓展阅读】

1. 中国互联网络信息中心：http://www.cnnic.net.cn/
2. 中国电子商务研究中心：http://www.100ec.cn/
3. 艾瑞网：http://www.iresearch.cn/
4. 派代网：http://www.paidai.com/
5. 亿邦动力网：http://www.ebrun.com/

【实践作业】

1．任务名称

互联网发展状况调研。

2．任务描述

学习本章内容后，读者对电子商务的基本概念已经有初步的认识。接下来需要主动了解更多的互联网发展状况和电子商务行业的市场规模、发展趋势、用户特征等内容，加深对电子商务市场的了解。

3．任务实施

(1) 以小组为单位(3～5 人)，选取某一领域/行业(如跨境电商、移动支付、服装、家电等)作为调研对象。

(2) 登录中国电子商务研究中心、艾瑞咨询、易观国际和亿邦动力等互联网信息媒体平台，浏览平台关于该领域/行业的分析报告、动态、专家分享等内容。

(3) 整理收集的相关内容，形成《XXX 领域/行业发展状况调研》PPT 文档，组织各小组汇报分享。

第2章 电子商务战略管理

本章目标

- 理解电子商务战略管理内涵
- 了解电子商务战略管理的过程
- 了解电子商务战略选择的类型
- 了解电子商务战略实施的模式
- 掌握电子商务战略分析工具的使用

学习导航

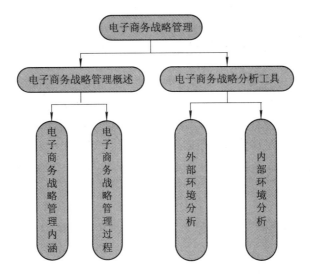

在网络经济环境下，如何引领或紧跟电子商务潮流，保持或强化自身的竞争优势，已经成为企业的重大挑战。企业应该从战略的高度系统地规划和实施电子商务活动。

本章主要讲述电子商务战略管理的过程及基本战略分析工具的使用。战略管理过程中的战略选择及战略实施部分要求结合具体企业加深了解；战略分析工具为重点掌握内容，要求在理解基本理论的前提下，通过大量应用训练逐渐形成系统的电子商务战略分析思维。

2.1 电子商务战略管理概述

有三个人要被关进监狱三年，好心的监狱长答应他们每人一个要求。美国人爱抽雪茄，要了三箱雪茄；法国人追求浪漫，要一个美丽的女子相伴；而犹太人说，他要一部能与外界沟通的电话。

三年过后，第一个冲出来的是美国人，嘴里鼻孔都塞满了雪茄，大喊道："给我火，给我火！"原来他忘记要火了。接着出来的是法国人，只见他手里抱着一个小孩子，美丽女子手里还牵着一个小孩子。最后出来的是犹太人，他紧紧握住监狱长的手说："这三年来我每天与外界联系，我的生意不但没有停顿，反而增长了200%，为了表示感谢，我送你一辆劳斯莱斯！"

这则有趣的寓言故事告诉我们，不同的选择就会决定不同的结果。电子商务企业也是一样，选择不同的战略方向就决定不一样的未来。本节将从基本理论开始，讨论电子商务战略管理的重要性。

2.1.1 电子商务战略管理内涵

"战略(Strategy)"一词最早是军事方面的概念，由希腊语"Strategos"演化而来，是指将军指挥军队的才能。20 世纪 60 年代，战略思想开始运用于商业领域，并与达尔文"物竞天择"的生物进化思想共同成为战略管理学科的两大思想源流。

战略管理是指企业确定其使命，根据外部环境和内部条件设定企业的战略目标，为保证实现目标而进行谋划，并依靠企业力量将这种谋划和决策付诸实施，在实施过程中进行控制的一个动态管理过程。

电子商务战略管理表示了电子商务对于企业战略、营销和组织的意义，其内涵就是企业应对竞争的一种战略选择，是对经营领域的进一步拓展，所以任何企业从事电子商务活动必然从"战略"这样的顶层设计开始。电子商务战略的四个层次包括：全球电子商务战略、国家级电子商务战略、产业电子商务战略和企业电子商务战略。本章主要围绕企业电子商务战略进行讲解。

如图 2-1 所示，企业的使命、目标、战略和战术是一个自上而下逐步由抽象、笼统到具体、明确的四个层次。这些层次与大型企业集团的等级制度层次有大致对应的关系。在公司高层，战略管理主要侧重于企业使命和目标的形成；具体到每个事业部，战略管理主要侧重于为实现企业使命和目标所制订的战略；而事业部内的各职能部门主要着重于战术层面的执行。

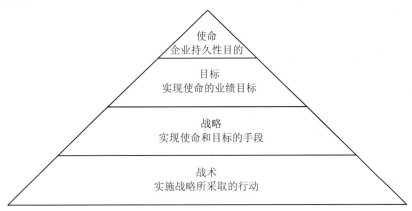

图 2-1　战略等级定义的构成

实务应用

阿里巴巴企业使命：让天下没有难做的生意。

京东商城企业使命：让生活变得简单快乐。

唯品会企业使命：传承品质生活，提升幸福体验。

滴滴出行企业使命：让出行更美好。

2.1.2　电子商务战略管理过程

进行电子商务战略管理首先要明确企业使命，然后再进行战略分析、战略选择、战略实施、战略评估与调整四个环节，如图 2-2 所示。

图 2-2　电子商务战略管理过程示意图

1. 战略分析

确立企业使命后，需要对企业的战略环境进行分析和评价，并预测这些环境的发展趋势，以及可能对企业造成的影响。电子商务战略分析主要由企业外部环境分析和内部环境分析两部分组成，在战略分析中使用的工具将在本章 2.2 小节详细介绍。

2. 战略选择

电子商务战略选择是为了发挥企业优势以适应电子商务环境的变化，从而击败竞争对手获取可持续的竞争优势。企业外部的机遇与威胁、同行的竞争是企业战略选择的外在动力；企业内部的资源、技术、能力、文化等因素是企业战略选择的内在约束条件。

通常，电子商务战略选择类型主要有成本领先战略、抢占快车道战略、差异化战略和专一化战略四种。

1) 成本领先战略

成本领先战略的主导思想是以低成本取得行业中的领先地位。适用成本领先战略的企业通常具有以下特点：

(1) 同行企业之间的价格竞争非常激烈。

(2) 市场上的产品大部分是标准化或者同质化的。

(3) 实现产品差异化的途径很少。

(4) 消费者使用产品的方式基本一致。

(5) 消费者转换产品的成本很低。

(6) 消费者具有较强的议价能力。

成本领先战略的优势：企业处于低成本地位上，可以有效抵挡竞争对手，即使对手将利润降低到极限来进行竞争，企业仍能保持获利生存的空间。同时，企业建立起的生产规模和成本优势，使欲进入该行业的企业望而却步，形成进入障碍。

成本领先战略的风险：新技术的出现可能使过去的投资或经验变得无效；行业中新进入者通过模仿、总结经验或购买更先进的生产设备，使得他们的成本更低，这时企业就会丧失成本领先地位；采用此战略的企业过于关注于降低产品成本，容易使它们丧失预见产品市场变化的能力，即使产品价格低廉，却不为消费者青睐，这是成本领先战略的最危险之处。

因此，企业在选择成本领先战略时，必须正确地评估市场需求状况及特征，努力使成本领先战略的风险降到最低。

实务应用

小米手机通过扁平化的销售模式、严格的物料成本控制、精明的饥饿营销手段以及充分利用社交平台等措施，有效地降低了生产和经营成本。小米手机价格大部分都在 1000～2000 元，在市场上属于偏低的价格，再加上手机配置也符合消费者需求，这样的价格基础为其赢得了大量消费者青睐。2012 年全年售出手机 719 万台，2015 年售出手机超过 7000 万台，2017 年"双十一"小米天猫旗舰店销售支付金额为 24.64 亿元。不难发现，小米手机在低成本战略这条路上确立了自己的一席之地。

2) 抢占快车道战略

抢占快车道战略是一种抢先控制市场的战略。

抢占快车道战略的优势在于：能迅速增强企业的业务扩展能力；易于调动企业各方面的力量为抢占市场形成一种合力；易于吸引人才；易于增强和对手谈判的主控力；易于调动媒体宣传，动摇竞争对手在同一业务领域扩展的信心。

抢占快车道战略的风险在于：战略目标具有不可替代性，不能够随意变动，否则将有丧失有利形势和主动地位的风险；战略目标是暴露的，企业的所有运作都会成为对手研究分析的对象。另外抢占快车道战略还具有冒险性，这种冒险性主要表现在：较早地进行了大量的资源投入，用于竞争的成本过大，短期难以收回；迅速壮大的企业组织容易造成管理上的混乱；进入快车道后，需要强大的技术和资金支持，一旦有些环节出现问题，被别人反超的可能性很大。

实务应用

　　在武侠世界里，天下武功，唯快不破，互联网行业同样如此。众多共享单车企业在各个城市如雨后春笋，同质化竞争十分严重，但是ofo小黄车却稳占行业快车道，市场占有率超过50%。截至2017年5月，ofo小黄车已在全球4个国家的100座城市投放了近600万辆共享单车，累计的骑行人次已超10亿次。ofo小黄车拥有的先发优势，也是通过各种"策略"实现的。

　　从运营成本的角度来看，ofo的共享单车在竞争初期占据很大优势，制造维护成本低，甚至是竞争对手的十分之一。随着共享单车领域竞争节奏的加快，成本优势也被快速放大。

　　保持领先的同时，ofo顺势推出"ofo开放平台"，并面向全球合作伙伴开放API(应用程序编程接口)，也是共享单车领域第一家提出开放概念的企业。滴滴出行、蚂蚁金服、中国电信、中信银行、万科地产等行业巨头已成为ofo开放平台首批战略合作方。可以想象的是，在这些合作中，ofo小黄车或将成为重要的线下应用场景与入口，未来在这个开放平台上，ofo的App可以植入更多的个性化定制内容，比如美食出行等服务信息、保险理财等金融信息，这或将成为ofo小黄车最终在行业同质化竞争中脱颖而出的终极武器。

3) 差异化战略

　　差异化战略就是企业在行业中别具一格，并且利用有意形成的差异，建立起差别竞争优势。

　　电子商务差异化战略有几种表现形式：一是自有品牌产品，例如凡客诚品，其已成为目前中国较具规模的互联网快时尚品牌；二是垂直细分市场，例如聚美优品是为女性提供优质化妆品的电商平台，避免了与天猫、京东等电商巨头的直接竞争；三是个性化的定制产品和服务，例如携程旅行网的个性化在线定制服务，在提供住宿、交通、票务等预订服务的基础上，形成了旅游线路个性化设计和定制的整体出游解决方案。

　　电子商务与传统商务渠道相比，在实施差异化战略方面具有明显优势。互联网能够更准确、更低成本地找到目标用户，有利于开发长尾市场，而且差异化产品的毛利率相对较高，竞争程度要小一些。

小贴士

　　长尾市场理论是网络时代兴起的一种新理论，是指那些需求不旺或销量不佳的产品所共同构成的市场，它们看似微不足道，但能够积少成多，聚沙成塔。在亚马逊商城的图书销售中，市场畅销书只占据总销量的一半，而绝大部分的图书虽然销量小，但凭借其种类的繁多却能占据总销量的另一半。

实施差异化战略可能存在的风险有：消费者对企业差异化产品的认同和偏好不足，难以接受该产品的价格；竞争者易于模仿，差异化会被迅速消除；缺乏核心技术创新，难以长久保持产品的差异性。

扫一扫

视频：网易力推美好生活联盟，走向差异化竞争

2017 年 11 月网易考拉海购与 9 家企业宣布共同成立"美好生活联盟"，为消费者提供更具品质感的消费体验。请观看视频了解"美好生活联盟"的发展战略。

4）专一化战略

专一化战略是指主攻某个细分市场或某种产品，以更高的效率、更好的效果为消费者服务，从而在特定方面超过那些有较宽业务范围的竞争对手。当企业在抵抗拥有系列化产品或广泛市场的竞争对手时，采取专一化战略往往能形成局部竞争优势。

适用专一化战略的企业主要有以下特点：具有完全不同的用户群；在相同的目标市场群中，其他竞争对手不计划实行重点集中的战略；企业的资源不允许其追求广泛的细分市场；行业中各细分市场在规模、成长率、获得能力等方面存在较大差异。

实施专一化战略的优势在于：便于企业整合运作，实现规模化的生产；利用地点、时间、对象等特殊性形成企业的专一服务范围，以更高的专业化程度构成强于竞争对手的优势；以低成本的特殊产品形成优势，例如可口可乐公司就是利用其特殊配方而构成的低成本生产，在饮料市场长期保持其竞争优势。

实施专一化战略的风险在于：容易限制获取整体市场份额，目标市场独立性越强，与整体市场份额的差距就越大；企业对环境变化适应能力差，实行专一化战略的企业往往是依赖特殊市场而生存和发展的，一旦出现有极强替代能力的产品或者市场发生变化时，这些企业容易遭受巨大损失。

实务应用

在众多天猫原创品牌中，如白领时尚引导者 OSA、棉麻艺术家茵曼、首创植物护肤理念者芳草集以及休闲坚果健康食品三只松鼠等，都有着一个共性：只专注于一类产品或一类概念，最终成为细分领域的佼佼者。

想一想：专一还是多元化，企业应该如何选择？走专一化道路的企业要如何应对凶猛来袭的多元化企业？多元化企业又该如何避免多而杂的产品线？

企业选择何种电子商务战略都不是一成不变的。无论是成本领先战略、抢占快车道战略，还是差异化战略或者专一化战略等，国内外都存在大量的成功和失败的案例。面对电子商务市场竞争，战略实施的结果如果超过企业成本和资源容忍的范围，企业管理者就需进行反思，并作相应的战略调整。

3．战略实施

战略实施意味着企业将已制订的战略付诸行动。战略实施阶段包括培育企业文化，建立有效的组织结构，制订预算，建立和使用信息系统，制订各种行动方案等。战略实施受

企业管理者及所有员工素质和行为的直接影响，是战略管理过程中难度最大的阶段。

企业战略的实施可以根据自身情况使用不同的战略实施模式。电子商务战略实施模式是指企业管理人员在战略实施过程中所采用的手段，一般分为指挥型、变革型、合作型、文化型和增长型五种。这五种模式虽然在制订和实施战略上的侧重点不同，但并非各自独立，通常交叉使用。

1) 指挥型

指挥型模式的特点是由企业总经理根据企业经营报告独立制订实施战略。运用指挥型模式通常有以下约束条件：

(1) 总经理要有较高的权威，能够通过各种指令来推动战略实施。

(2) 只能在战略容易实施的条件下运用，不需要对企业现行运作系统进行重大变革。

(3) 要求企业能够准确有效地收集信息并能及时向总经理反馈。

(4) 企业需要配备一定数量的、有全局眼光的规划人员来协调各事业部的计划，使其更加符合企业的总体要求。

指挥型模式的缺点是把战略制订者与执行者分开，即高层管理者制订战略，强制下层管理者执行，容易导致下层管理者缺少执行战略的动力，甚至会拒绝执行战略。

2) 变革型

变革型模式的特点是在战略实施中，企业总经理需要对企业进行一系列的变革，如建立新的组织机构、信息系统，甚至是兼并经营范围，采用激励手段以促进战略的实施。为保障战略实施成功，企业总经理往往采用以下三种方法。

(1) 利用新的组织机构和管理人员向全体员工传递战略方向，把企业的注意力集中于重点战略领域。

(2) 建立战略规划系统和效益评价系统，采用各项激励政策支持战略的实施。

(3) 充分调动企业内部人员的积极性，争取所有员工对战略的支持。

变革型模式通过建立新的组织机构及控制系统来支持战略实施的同时，也容易失去战略的灵活性，在外界环境变化时使战略的实施更为困难。从长远来看，环境不确定的企业，应该避免采用不利于战略灵活性的措施。

实务应用

企业还小的时候不要太笨重

2016 年电商行业内产生重大影响的阵亡企业，警示着电商创业者们：在我们还小的时候应尽量避免重大变革，实施重资产运营容易让企业倒下。

生鲜电商企业"美味七七"：在拿到融资的一年里，开启了"自建冷链物流""直采点""自建加工中心"等重资产运营项目。

百货电商企业"神奇百货"：无任何经验的情况下，轻易涉足重模式的电商供应链，导致管理混乱。

服装电商企业"绿盒子"：2010 年底资本进入，2011 年和 2012 年"绿盒子"因为建立 B2C 官网造成了较大的亏损，而在这之后"绿盒子"又接连涉足线下实体门店，企业越来越重，从此再也没回过正轨。

3) 合作型

合作型模式的特点是企业总经理考虑如何让其他高层管理人员从一开始就承担战略责任，发挥集体智慧，对企业战略问题进行充分讨论，形成一致意见后制订企业战略，再进一步落实战略实施。

合作型模式克服了指挥型模式及变革型模式存在的局限性，使企业总经理接近一线管理人员，容易获得比较准确的信息。同时，由于战略的制订是建立在集体考虑的基础上，从而提高了战略实施成功的可能性。

该模式的缺点是企业战略是由不同观点、不同目的的参与者相互协商的产物，有可能会使战略的经济合理性有所欠缺。

4) 文化型

文化型模式的特点是企业总经理运用企业文化的手段，不断向企业全体成员灌输战略思想，建立共同的价值观和行为准则，使全体成员在共同文化基础上参与战略活动的实施。

文化型模式也有其局限性，主要表现为：该模式在实施中容易受员工文化程度及素质的限制；采用该模式会耗费较多的人力和时间。

5) 增长型

增长型模式的特点是企业总经理考虑如何激励下层管理人员，认真对待下层管理人员提出的一切有利企业发展的方案，只要方案基本可行，符合企业战略发展方向，应及时批准，以鼓励员工的创新精神。采用这种模式，企业战略不是自上而下的推行，而是自下而上的产生，因此，总经理应该具有以下认识：

(1) 总经理需要给下层管理人员以宽松的环境，激励他们把主要精力用于有利于企业发展的经营思考。

(2) 总经理的权力有限，不应在任何方面都把自己的愿望强加于企业成员。

(3) 一个稍微逊色，但能够得到企业成员广泛支持的战略，要比那种"最佳"的却得不到多数人支持的战略更有价值。

4．战略评估与调整

电子商务战略评估与调整贯穿电子商务战略实施的过程。战略评估就是评价企业的经营业绩，审视战略的科学性和有效性。战略调整就是根据企业以及市场环境的发展变化，及时对所制订的电子商务战略进行调整，以保证战略指导的有效性。

1) 电子商务战略评估

在实际操作中，战略评估一般分为事前、事中和事后三个层次。

(1) 事前评估即战略分析评估，是对企业所处的现状和环境进行评估，其目的是发现较好的机遇。

(2) 事中评估即战略风险评估，它在战略选择过程中进行，评估战略选择的风险因素。

(3) 事后评估即战略绩效评价，它是在战略实施末期对战略目标完成情况的分析、评价和预测。

2) 电子商务战略调整

电子商务市场的发展和不同产业间的相互渗透都会迫使企业不断调整自己的电子商务发展战略。当企业在实施电子商务战略的过程中遇到下述情况时，一般需要作出战略调整。

(1) 企业所处的市场环境发生了重大变化。这种变化可能源自某种突发性的社会、经济、技术变革，打破了原先市场的平衡。

(2) 企业外部环境本身并无特殊变化，但企业对市场环境的认识产生了变化，或企业自身的经营条件与能力发生了变化。

不论何种原因，企业能否及时进行有效的战略调整，决定着企业在未来市场上的生存和发展能力。同时，为了使电子商务战略调整合理有效，企业在进行战略调整时应遵循及时反应、有效控制、动态适应以及局部调整四个原则。

 案例分析

京东的五次业务战略调整

截止于 2018 年，京东依然是我国最大的自营式电商企业。2014 年 5 月 22 日，京东集团正式在纳斯达克挂牌，成为仅次于阿里巴巴、腾讯和百度的中国第四家互联网上市公司。京东发展至今总共经历了五次业务战略调整。

(1) 从线下到线上。1998 年，刘强东成立京东公司。公司代理销售光磁产品，并在短短两年内成为全国最具影响力的光磁产品代理商。2004 年，"非典"刚过，中国电子商务尚处萌芽时期，刘强东毅然关掉赢利的 12 家线下实体门店，彻底转型做电商，当年销售额仅 1000 万元。

(2) 从使用第三方物流到自建物流。在配送方面，京东起初只通过邮局邮寄货物，在用户的要求和提醒下，京东才开始与圆通等快递公司合作，大大提高了配送的速度。但到了 2007 年 6 月，京东的日订单量超过 3000 个，月销售额达到 3000 万元，第三方快递公司的时效性和服务品质又成了新的瓶颈，客户屡有投诉。2007 年 8 月，京东在北京、上海、广州三地建立自己的配送队伍，其余地方继续采用第三方快递。2009 年初，京东融资的 2100 万美元中有 70%用于成立控股物流子公司，购买新的仓储设备，建设自有的配送队伍。按照刘强东的规划，京东要投资百亿资金来建设自有仓储物流体系。

(3) 从专注 3C 品类到全品类扩张。2008 年下半年，刘强东在董事会上提出，京东要在 3C 和家电的基础上增加日用百货商品。在与传统零售巨头国美、苏宁打价格战的同时，涉足范围由 3C 拓展到包括图书、服装在内的多种业务，最终涉及全品类。

(4) 从自营到上线第三方开放平台。刘强东把第三方开放平台置于重要的战略高度，通过第三方开放平台提高京东的交易总额，提高电商运营赢利能力。

(5) 京东的第五次转型。现在京东开始的第五次转型即优化完善供应链，实现全面扩张和整体升级，打造一个全新的综合型电商帝国。

2.2 电子商务战略分析工具

从前，一个农夫有三个儿子，他们分别去开垦一片荒地。大儿子想种稻子，因为稻子是生活必需品，就算卖不出去，也能解决温饱。二儿子想种鲜花，因为城里人喜欢鲜花，他想把鲜花卖到城里去赚大钱。三儿子没有匆忙作决定，他首先观察地形，发现这块地方离水源很远，也不靠近城市，然后又查了气象局的长期预报，预计今年雨水会很少，于是就琢磨着要选择抗旱抗寒的农作物，最后决定种土豆。

一年过后，大儿子的水稻因为连续干旱，收成很差。二儿子的鲜花由于距离城市较远，运输成本高，无人问津。幸亏三儿子的土豆大丰收了，虽然不赚钱，但一家人冬天的口粮总算有了着落。

故事中，大儿子只看到自己的需求，二儿子只看到市场的需求，只有三儿子是经过综合分析后才作的决定，最终获得收获。

电子商务企业在制定企业战略前同样需要通过收集和整理大量资料、分析内外部环境、把握市场趋势以发现市场机会和威胁。本节从外部环境和内部环境两个方面讲解几种战略分析工具，以便在实际应用中能够梳理出清晰的框架思路。

2.2.1 外部环境分析

在电子商务战略管理的过程中，分析和评价外部环境，有助于权衡利害得失，从而制订出正确的电子商务战略。电子商务外部环境有宏观和微观之分。宏观外部环境分析主要使用 PEST 分析法；微观外部环境分析主要使用五力分析模型。

1．PEST 分析法

PEST 分析法是指对宏观环境的分析，包括政治(Politics)、经济(Economy)、社会(Society)、技术(Technology)四类要素。这些要素会直接或间接地影响企业的经营环境。

1) 政治要素

政治要素是指对企业经营活动具有实际或潜在影响的政治力量和法律法规等因素。当政府对企业所经营业务的态度发生变化或者政府发布了对企业经营具有约束力的法律法规，如税法、贸易管制、知识产权法规、劳动保护和社会保障等，企业的经营战略必须随之作出调整。

2) 经济要素

经济要素是指一个国家的经济制度、经济结构、产业布局、资源状况、经济发展水平以及未来的经济走势等因素。企业是处于宏观大环境中的微观个体，经济环境决定和影响着企业战略的制订。另外经济全球化还增强了国家之间的经济依赖，企业涉及跨境战略决策时还需要关注和评估其他国家的经济状况。

3) 社会要素

社会要素是指企业所在社会的民族特征、人口规模、年龄结构、文化传统、自然环境、价值观念、宗教信仰、教育水平以及风俗习惯等因素。

4) 技术要素

技术要素不仅包括那些引起革命性变化的发明，还包括与企业生产有关的新技术、新工艺以及新材料等内容。在过去的半个世纪里，最迅速的变化就发生在技术领域，像微软、谷歌、苹果等高科技公司的崛起改变着世界和人类的生活方式。

 案例分析

2016 年我国移动音乐市场 PSET 分析

移动音乐是指依托手机、平板电脑等可移动终端设备，通过移动通讯网络或互联网进行传输的音乐。以 App 为载体的移动音乐涵盖音乐播放器、音乐电台、音乐铃声、音乐娱乐、音乐学习等层面以及游戏、秀场等领域。

1) 政治环境
◇ 2006 年，《文化部关于网络音乐发展和管理若干意见》；
◇ 2009 年，《文化部关于加强和改进网络音乐内容审查工作的通知》；
◇ 2015 年，国家版权局《关于责令网络音乐服务商停止未经授权传播音乐作品的通知》；
◇ 2015 年，国家版权局《关于大力推进我国音乐产业发展的若干意见》。

2) 经济环境
◇ 中国宏观经济增长势头良好，网民娱乐消费需求上升；
◇ "互联网+"上升为国家战略，互联网行业资本活跃，资本市场普遍看好以网络为基础的应用及业务；
◇ 移动音乐备受资本市场热捧，阿里、腾讯等巨头纷纷拓展移动音乐业务；
◇ 农村宽带基础设施建设成效显著，释放大量网络娱乐消费需求。

3) 社会环境
◇ 随着社会结构的调整，基于网络的娱乐消费需求增加；
◇ 中国网民渗透率高，PC 端音乐用户规模趋于饱和，移动音乐发展迅速，成为重要娱乐应用之一；
◇ 用户在上班路上、家中休息、运动、开车等多个场景对音乐有较高需求；
◇ 移动互联网重构音乐生态，以音乐众筹、智能硬件为代表的创新业务形态初见雏形。

4) 技术环境
◇ 2014 年中国移动推出 4G 网络，网络技术的成熟加强了移动音乐的传播；
◇ 2015 年李克强总理在全国两会提议网络提速降费，降低了用户获取高品质音乐服务的门槛；
◇ 伴随智能手机为代表的智能终端普及，音频传输技术走向成熟；
◇ 4K (4096×2160 像素分辨率) 直播技术成熟，可实现音乐在线视频直播。

2. 五力分析模型

五力分析模型是将大量不同的因素汇集在一个简便的模型中，以此分析一个行业的基本竞争态势，主要用于竞争战略的分析，可以有效地分析企业的竞争环境。20 世纪 80 年代初美国学者迈克尔·波特(Michael Porter)提出的五力分析模型对制订企业战略产生了深远影响。

五力分析模型将行业存在的竞争力量分为五种，分别是行业内现有企业间的竞争者、潜在进入者、供应方的讨价还价能力、购买方的议价能力和替代品的威胁，如图 2-3 所示。

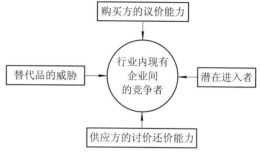

图 2-3 五力分析模型

1) 行业内现有企业间的竞争者

电子商务的发展意味着会产生更多的竞争。一方面，行业竞争者可以来自全世界任何地域；另一方面，电子商务也使得市场范围扩展到全世界。现有企业之间的竞争常常表现在产品、价格、广告、售后服务等方面。

一般来说，出现下述情况将意味着行业中现有企业之间的竞争加剧。

(1) 行业进入障碍较低，势均力敌的竞争对手较多。

(2) 市场趋于成熟，产品需求增长缓慢。

(3) 竞争者提供几乎相同的产品或服务，用户转换成本低。

(4) 退出障碍较高，即退出竞争要比继续参与竞争代价更高。

2) 潜在进入者

潜在进入者在给行业带来新生产能力、新资源的同时，也希望在已被现有企业瓜分完毕的市场中赢得一席之地，与现有企业发生原材料与市场份额的竞争，最终导致行业中现有企业赢利水平降低，甚至危及生存。例如京东商城家电零售业务的持续高速增长，对已趋成熟的传统家电连锁卖场构成很大威胁。

3) 供应方的讨价还价能力

供应方是指企业经营所需要的原材料、配件等资源的供应单位。供应方通常采取提高产品价格或降低质量及服务的手段，向行业下游企业施加压力，榨取行业利润。供应方的讨价还价能力越强，行业中现有企业的赢利空间就越小；反之赢利空间则越大。决定供应方讨价还价能力的因素主要有行业集中度、行业重要性、供应方的重要性、产品差异化程度和转换成本的大小、产品的可替代程度等。

4) 购买方的议价能力

购买方主要通过压价或要求提供较高质量的产品或服务，影响行业中现有企业的赢利能力。电子商务的发展可使购买方的议价能力快速提升，因为购买方可以通过互联网了解更多关于产品价格、质量和成本的信息；同时供应方也不遗余力地利用价格吸引更多购买方的注意力。

5) 替代品的威胁

两个处于不同行业中的企业，可能会由于所生产的产品是互为替代品，从而产生竞争行为。这种行业替代品价格越低、质量越好、用户转换成本越低，其产生的竞争能力就越大。例如电子邮件的出现，替代了传统书信在人们生活中的重要地位，而如今更先进的通信方式，如微博、微信、Facebook 等社交平台也在冲击着电子邮件的地位。

案例分析

2016 年白酒行业五力分析

1) 行业内现有企业间的竞争者

由于国家相关政策的影响，2014—2016 年白酒行业的整体需求增长缓慢，各白酒企业竞争激烈。目前国内约有 1.8 万家白酒企业，前 100 家白酒企业占据了 90% 的市场份额，其中茅台、五粮液等高端品牌具有垄断地位。

2) 潜在进入者的威胁

白酒行业中的高端品牌所面临的潜在进入者的威胁是比较小的。高端品牌白酒作为一种特殊的消费品，蕴含着浓厚的文化底蕴，在消费者中早已形成了深刻的影响力。新进入者建立高端品牌不仅需要雄厚的资金实力，更要经历较长时间的深耕细作。

但是，白酒行业中的中低端品牌，特别是低端品牌所面临的潜在进入者的威胁是非常大的。中低端白酒市场充斥着大量企业，它们品牌差异性低，消费者的转换成本低，所以形成的进入障碍就比较低。

3) 供应方的讨价还价能力

白酒企业的供应商主要是粮食作物供应方，包括高粱、小麦、大米、玉米等粮食。规模较大的企业由于原材料采购量较大，具有议价优势，而规模较小的企业由于原材料采购量较小，不具有规模采购优势，此时供应方讨价还价的能力较强。

4) 购买方的议价能力

高端品牌白酒市场已形成强大的品牌效应，产品差异化程度较高，消费者的价格敏感度较低，购买方讨价还价的能力较弱。但在中低端市场，中小型酒企众多，其产品缺乏差异性，购买方的选择很多，在讨价还价中处于优势地位。

5) 替代品的威胁

啤酒的饮用场合更宽泛，价格相对便宜，替代威胁相对较大。

红酒随着人们对高品质健康生活的不断追求，市场潜力巨大。

保健酒基于保健养生的功能，在中老年市场也具有相当的吸引力。

酒精饮品口感较好，具有现代感的包装，也深受年轻群体的青睐。

2.2.2 内部环境分析

外部环境分析给电子商务战略的制订提供了宏观及微观层面的分析，但是要全面把握正确的战略还需要结合企业内部环境。常用内部环境分析方法有 SWOT 分析法以及内部因素评价(IFE)矩阵。

1. SWOT 分析法

SWOT 分析法又称为态势分析法，在 20 世纪 80 年代初由美国旧金山大学的管理学教授韦里克提出，包括企业内部的优势(Strengths)和劣势(Weaknesses)，企业外部的机会(Opportunities)和威胁(Threats)。

(1) 优势 S，如有利的竞争态势，充足的资金储备，良好的企业形象，技术力量，规模经济，产品质量，市场份额，成本优势，广告攻势等。

(2) 劣势 W，如设备老化，管理混乱，缺少关键技术，研究开发落后，资金短缺，经营不善，产品积压，竞争力差等。

(3) 机会 O，如新产品，新市场，新需求，市场壁垒解除，竞争对手失误等。

(4) 威胁 T，如新的竞争对手，替代产品增多，市场紧缩，行业政策变化，经济衰退，客户偏好改变，突发事件等。

SWOT 分析矩阵使用方法如表 2-1 所示，首先将 SWOT 各项因素按轻重缓急进行罗列，同时要注意信息及数据尽量真实、客观和精确，然后按照 SO、WO、ST 和 WT 四种组合将这些似乎独立的因素相互匹配进行综合分析，最后形成具有一定决策性的战略思路。

表 2-1　SWOT 分析矩阵

内部分析〱外部分析	优势 S 列出因素	劣势 W 列出因素
机会 O 列出因素	SO 战略 利用机会　发挥优势	WO 战略 利用机会　克服劣势
威胁 T 列出因素	ST 战略 发挥优势　克服威胁	WT 战略 回避威胁　减少劣势

(1) SO 战略是企业发挥内部优势与利用外部机会的战略，是一种理想的战略模式。当企业具有特定方面的优势，而外部环境又为发挥这种优势提供有利机会时，可以采取该战略。

(2) WO 战略是指利用外部机会来弥补内部劣势，使企业转变劣势，从而获得优势的战略。面对外部机会的同时，如果企业存在一些内部劣势，可采取措施先克服这些劣势。

(3) ST 战略是指企业利用自身优势，规避或减轻外部威胁所造成的影响。如竞争对手利用新技术大幅度降低成本，若企业拥有充足的现金和较强的产品开发能力，便可利用这些优势研发新产品，提高产品质量，从而减轻外部威胁影响。

(4) WT 战略是一种旨在减少内部劣势，规避外部威胁的防御性战略。当企业处于内忧外患时，往往面临生存危机，这时将迫使企业采取专一化战略或差异化战略。

扫一扫

视频：企业环境分析利器——SWOT 分析法
观看教学视频，掌握 SWOT 分析的使用方法及注意事项，然后进行个人 SWOT 分析训练，把自己的优势、劣势、威胁及机会填在分析矩阵中，尝试分析个人发展方向。

2．内部因素评价(IFE)矩阵

内部因素评价(Internal Factor Evaluation，IFE)矩阵是一种企业内部因素分析工具。企业可以通过建立内部因素评价矩阵完成对内部环境的分析，总结和评价企业各职能领域的主要优势与劣势。

建立 IFE 分析矩阵通常包括以下五个步骤：

(1) 从优势和劣势两个方面列出影响企业发展的关键因素(10～20 个)，先列优势，后列劣势。

(2) 给每个因素分配权重，其数值范围由 0.0～1.0。权重表明企业在某一行业取得成功的过程中，各因素的重要程度。无论该因素是内部优势还是劣势，只要对企业发展有较大的影响，就应当给予较高的权重。所有权重之和等于 1.0。

(3) 对各因素进行评分。1 分代表重要弱点；2 分代表次要弱点；3 分代表次要优势；4 分代表重要优势。注意，优势的评分必须为 3 或 4，弱点的评分必须为 1 或 2。评分以公司为基准，而权重则以行业为基准。

(4) 将各因素的权重乘以对应的评分，即得到每个因素的加权分数。

(5) 将所有因素的加权分数相加，最后得到企业的总加权分数。

无论 IFE 矩阵包含多少个因素，总加权分数的范围都是从最低的 1.0 到最高的 4.0，平均分为 2.5。总加权分数低于 2.5 的企业的内部状况处于弱势，而分数高于 2.5 的企业的内部状况则处于强势。因素数量不影响总加权分数的范围，因为权重总和永远等于 1。

 案例分析

华润雪花啤酒 IFE 矩阵分析

华润雪花啤酒(中国)有限公司是一家生产、经营啤酒的全国性的专业啤酒公司。目前华润雪花啤酒在中国经营 98 家啤酒厂，旗下含雪花啤酒品牌及 30 多个区域品牌。2016 年华润雪花啤酒总销量达到 1171.5 万千升，约占中国啤酒市场 26% 的份额。如表 2-2 所示，通过 IFE 矩阵对华润雪花啤酒进行内部资源及能力分析。

表 2-2 华润雪花啤酒 IFE 矩阵分析

序号	内部优势	权重	评分	加权得分
1	华润集团强大的资本及行销优势	0.07	3	0.21
2	营销团队积极、年轻、有活力	0.07	3	0.21
3	品牌名称容易记忆，联想度高	0.07	3	0.21
4	产品创新速度快	0.12	4	0.48
5	产品生产能力强	0.12	4	0.48
6	营销投放能力强	0.12	4	0.48
合计				2.07
内部劣势				
7	品牌知名度尚不够高	0.12	2	0.24
8	中高端产品不够成熟	0.12	2	0.24
9	利润能力不足	0.12	2	0.24
10	西部市场布局不足	0.07	1	0.07
合计				0.79
总计		1		2.86

总结：华润雪花啤酒内部因素评价矩阵总加权得分是 2.86 分，高出平均值 2.5 分，说明华润雪花啤酒内部资源和能力水平较高。其中，对优势的利用(加权得分 2.07 分)比对劣势的应对(加权得分 0.79 分)表现得更加积极。

【本章小结】

1. 电子商务战略管理过程包括战略分析、战略选择、战略实施和战略评估与调整四个环节。

2. 电子商务战略选择类型主要有成本领先战略、抢占快车道战略、差异化战略和专一化战略四种。

3. 电子商务战略实施模式一般分为指挥型、变革型、合作型、文化型和增长型五种。

4. 电子商务外部环境有宏观和微观之分。宏观外部环境分析主要使用 PEST 分析法；微观外部环境分析主要使用五力分析模型。

5. 电子商务内部环境分析方法有 SWOT 分析法以及内部因素评价(IFE)矩阵。

【拓展阅读】

1. 中国电子商务中心：http://www.100ec.cn/

2. 艾瑞网：http://www.iresearch.cn/

3. 弗雷德·R·戴维. 战略管理：概念与案例[M]. 13 版. 北京：中国人民大学出版社，2012.

【实践作业】

1．任务名称

电子商务企业 SWOT 分析训练。

2．任务描述

通过学习本章内容，读者已掌握了 SWOT 分析矩阵的使用方法和注意事项。接下来通过具体的实践训练，加强对 SWOT 分析法的理解。

3．任务实施

(1) 选取您所熟悉的某一电子商务公司，将该公司作为研究对象，查阅它的最新资料，熟悉公司的基本情况。

(2) 运用 SWOT 分析矩阵对该公司的外部环境和内部条件进行比较分析，并尝试制订相应战略方向。

(3) 完成《XXXX 企业 SWOT 分析报告》。

第3章　电子商务常用思维工具

本章目标

- 掌握六顶思考帽的应用方法
- 掌握思维导图的绘制方法
- 掌握 5W2H 分析法的应用方法
- 理解长尾理论的由来和含义

学习导航

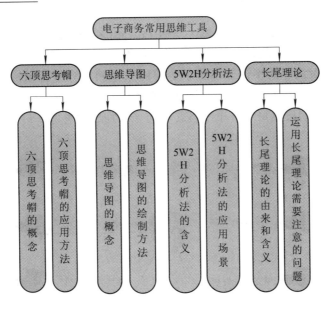

面对竞争日益激烈的电子商务市场，在运营工作中切忌用"拍脑袋"式的粗放决策。只有科学地运用思维工具，在错综复杂的数据信息中分析提炼出有价值的信息，才能帮助我们作出及时、正确的决策。常用的思维工具有六项思考帽、思维导图、5W2H 分析法、长尾理论等。

在本章的学习中，需要认真掌握不同思维工具的使用方法，并且通过大量的思维训练，逐渐形成自己的思维习惯，提升个人综合素质，将来面对繁杂的电子商务运营工作时，才能从容应对。

3.1 六顶思考帽

当一头非洲羚羊听到草丛里有响动的时候，它所有防范危险的神经就会立刻紧张起来，一旦看到狮子在草丛中出现，它就会迅速逃掉。非洲羚羊能保持这种敏锐的关键正是其时刻高速运转的大脑。

我们都没有三头六臂，不可能在同一时间对所有的方向都保持敏锐，但是通过"六顶思考帽"的思维训练，我们可以促使大脑在不同时间对不同方向的变化保持高度的敏锐性。

3.1.1 六顶思考帽的概念

六顶思考帽是英国学者爱德华·德·博诺(Edward de Bono)博士开发的一种思维训练工具。如图 3-1 所示，六顶思考帽是指使用六种不同颜色的帽子代表六种不同的思维模式，这样可以依次对问题的不同侧面给予足够的重视和充分的考虑。就像彩色打印机一样，先将各种颜色分解成基本色，然后将不同基本色打印在相同的纸上，就会得到彩色的打印效果。同理，我们按照每一种思维模式对同一事物进行思考，最终就能得到全方位的"彩色"思考。

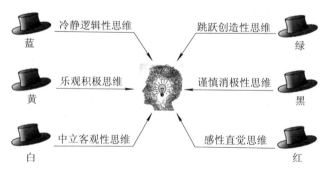

图 3-1 六顶思考帽

六顶思考帽的优势在于能为我们建立一个思考框架，在这个框架下按照特定的顺序进行"平行思考"，取代了对抗型和垂直型的思考方法，能够极大地降低决策时间成本，增加建设性意见的产出，激发团队潜能和提高团队协作能力。

小贴士

什么是平行思考？

假设有一座漂亮的大房子，一个人站在房子的面前，一个人站在房子的后面，另外两个人分别站在房子的左右两边。四个人看房子都有不同的视角，四个人都在争论自己看到的那一面是正确的一面。

如果运用平行思考，那么这四个人就会绕房子一圈，分别看到房子前后左右四个面。平行思考能促使每个人都对房子有更全面的观察，意味着在任意时刻团队成员都能看到相同的方向。

1. 白色思考帽

白色思考帽是中立而客观的，代表信息、事实和数据，使用时需要将注意力集中在三个地方：现在有什么信息？还需要什么信息？怎么得到所需要的信息？

实务应用

在电子商务运营工作中，许多会议和讨论往往没有准备大量客观的事实和数据，提出建议的人和讨论意见的人仅从个人角度出发，各执一词，互不理解，最终浪费大量的时间。如果运用白色思考帽对这些内容进行有序而全面的准备，则情况就会明显好转。

思考的真谛：如表 3-1 所示，白色思考帽可以帮助我们用事实和数据支持某种观点，信任事实和检验事实，处理不同观点的冲突，评估信息的相关性和准确性，明确区分事实和推论两者的差距。

表 3-1　白色思考帽示例

普 通 思 维	白 帽 思 维
网站最近流量下滑了	网站日均流量降低 20%
用户客单价有所提升	客单价从 120 元提升至 160 元
网站老客户流失比较严重	网站老客户回访率降低了 11%
公司的人员流动率很高	公司的人员流动率为 20%

白色思考帽的使用原则：不能任意提高事实的层次，除非你有能力去验证它；在使用白帽时，态度必须是中立的；白帽的使用应该成为习惯，但也不能过度使用白帽。

2. 红色思考帽

红色容易使人联想到热烈的情绪。红色思考帽是对某件事或某种观点的预感、直觉和印象。它既不是事实也不是逻辑思考，它与客观的、不带感情色彩的白帽思维相反。红色思考帽就像一面镜子，反射人们的一切感受。

思考的真谛：如图 3-2 所示，不管你看到的是少女还是老妇，都属于你的直观感受。红色思考帽可以帮你将情感与直觉表达出来，无须提供理由和根据。在使用红色思考帽时，通常将思考时间限制在 30 秒内就给出答案。

图 3-2　少女还是老妇

实务应用

　　在讨论电子商务营销方案时，经常会遇到这种情况：有人提出做折扣促销、有人提出做赠品促销，等等，大家提出了太多不同的想法。这个时候不能直接否定大家的建议，需要组织大家统一使用红色思考帽，对不同方案作出直观的判断，充分利用每个人宝贵的运营经验，帮助我们筛选出最可能实现的营销方案。

　　红色思考帽的运用原则：

　　(1) 正确运用直觉、预感。它可能是对的，也可能是灾难性的错误，如果把它当作百试不爽的灵丹妙药，那就很危险。

　　(2) 不要证明或解释自己的感觉。红色思考帽没有必要对自己的感觉进行任何解释，但也并不提倡人们把红色思考帽当作情感发泄的工具。

　　(3) 情绪的快速转换。红色思考帽需要让我们在片刻之内转换情绪，以免影响其他帽子的使用。

　　(4) 避免过度使用。最普遍的滥用红色思考帽的方式是在讨论过程中频繁地使用。红色思考帽的主要价值是在开始(使感觉被人所知)和最后(评价和选择)，频繁地使用会影响思维过程。

　　3. 黄色思考帽

　　黄色代表阳光和乐观，是事物合乎逻辑性、积极性的一面。黄色思考帽追求的是解决问题的可能性。在使用黄色思考帽时要想到以下问题：

　　◇　有哪些积极因素？

　　◇　存在哪些有价值的方面？

　　◇　这个理念有没有特别吸引人的地方？

　　◇　这样可行吗？

实务应用

　　在日常工作中，对于某一运营方案经常会有赞成者和反对者，如果不能够让持反对意见的同事充分了解方案的可行性和价值，即便作了决策，也很难得到他们的全力支持。如果我们使用黄色思考帽让双方聚焦于方案或决策的价值和收益，就能帮我们解决这个矛盾。

　　思考的真谛：黄色思考帽可以让我们做到深思熟虑，强化创造性方法。它与黑色思考帽正好相反，一个是向积极的、正面的思考方向；一个是往负面的、否定的思考方向。但是它们有一个共同要求，就是要符合逻辑，要有充分的现实条件使可能性转化为现实。

4．黑色思考帽

黑色是逻辑上的否定，象征着谨慎、批评以及对风险的评估。使用黑色思考帽的主要目的有两个：发现缺点，作出评价。

◇　思考中有什么错误？

◇　这件事可能的风险是什么？

黑色思考帽具有检查的功能，可以用它来检查证据、逻辑、可能性、影响、适用性和缺点。

实务应用

“对于某个很吸引人的营销方案，我们已经考虑了它可能带来的所有利益。接下来，我们就需要运用黑色思考帽，了解这个方案有哪些潜在的危险和困难、有哪些不利因素？”

“自从广告大战以后，我们的销售量戏剧性地上升了。这里有我们需要谨慎的地方吗？让我们戴上黑色思考帽思考一下。”

思考的真谛：通过黑色思考帽可以让我们发现潜在困难；对所有的风险给出合乎逻辑的理由；用在黄色思考帽之后，黑色思考帽就是一个强有力的评估工具，用在绿色思考帽之前，可以提供改进和解决问题的方法。总而言之，黑色思考帽的核心是“哪里有问题”。

5．绿色思考帽

绿色是充满生机的颜色，绿色思考帽不需要以逻辑性为基础，允许人们作出多种假设。使用绿色思考帽时，要时刻想到以下问题：

◇　还有其他方法来做这件事吗？

◇　还能做其他事情吗？

◇　有什么可能发生的事情吗？

◇　什么方法可以克服遇到的困难？

绿色思考帽可以帮助我们寻求新方案和备选方案，修正现有方案的错误；为有创造力的设想提供时间和空间。

实务应用

在面对同事的质疑时，很多不错的想法和创意都灰飞烟灭了！如果我们运用绿色思考帽让参会人员对质疑和问题提出更多的解决方案，往往能让看起来不可能的事情变为可能。

“戴上绿色思考帽，让我们来想些新点子。”

“我们一直在旧调重弹，现在迫切需要新的办法。让我们用绿色思考帽谨慎地思考一下吧。”

“你提出的是传统的处理方式，我们会加以考虑，但是先让我们戴上绿色思考帽 10 分钟，看看有没有新的办法。”

思考的真谛：与绿色思考帽密切相关的就是"可能性"，我们寻找各种可供选择的方案以及新颖的理念。"可能性"包括了不确定性的存在，允许想象力的发挥。

6. 蓝色思考帽

蓝色是天空的颜色，有纵观全局的气概。蓝色思考帽是"控制帽"，掌握六项思考帽的使用过程，被视为"过程控制"。蓝色思考帽常在讨论的开始、中间和结束时使用。我们需要用蓝色思考帽来定义目的，制定思维计划，观察和作结论。使用蓝色思考帽时，要时刻想到以下问题：

◇ 议程是什么？

◇ 下一步怎么办？

◇ 现在使用的是哪一种帽子？

◇ 如何总结现有的讨论？

◇ 最后决定是什么？

实务应用

芭蕾舞的舞步需要由编舞者来编排顺序，而我们的思考顺序也需要由蓝色思考帽来安排。面对会议偏离主题、过程进展缓慢、没有总结时，蓝色思考帽需要以冷静的思绪，聚焦核心问题，不断对达成的共识进行总结，让我们收获创意，制定可行的方案。

"没有多少时间考虑这个问题，所以我们要提高效率。有人愿意戴上蓝色思考帽，组织一下思考过程吗？"

"讨论到目前为止还没有什么进展。蓝色思考帽告诉我，我们应该戴上红色思考帽，整理一下自己的情绪。"

思考的真谛：蓝色思考帽可以让我们发挥思维促进的作用；按需要对思考进行总结；促进团队作出决策。用蓝色思考帽提问的是"需要什么样的思维""下一步是什么""用了哪种思维"。

不同颜色的帽子分别代表着不同的思考方向，我们要学会在不同的时间戴上不同颜色的帽子去思考。创新的关键在于思考，从多角度去思考问题和观察事物，才能产生新想法。

3.1.2 六顶思考帽的应用方法

六顶思考帽已被美、日、英、澳等 50 多个国家政府设为教学课程，广泛用于教育领域，同时也被世界许多著名商业组织作为创造组织合力和创造力的工具所使用。

实务应用

德国西门子公司有 37 万人学习六顶思考帽课程，随后产品开发时间减少了30%。六顶思考帽还曾经拯救了奥运会的命运。1984 年洛杉矶奥运会的主办者就是运用了六顶思考帽的创新思维，获得了 1.5 亿美元的赢利。2002 年 5 月，爱德华·德·博诺曾应邀来北京为奥运组委会官员做"六项思考帽"培训,当时中国媒体尊称其为"创新思维之父"。

J. P. 摩根国际投资银行用"六项思考帽"思维方式减少了 80% 的会议时间,并且影响了整个欧洲的企业文化。

1. 六项思考帽的思考要求

任何人都有能力运用六项思考帽,但往往不知道什么时候该戴哪顶帽子。团队成员常常出现在同一时刻戴着不同颜色帽子的情况,导致思维混乱、相互争吵,甚至作出错误的决策。因此,在运用六项思考帽时要注意以下要求。

(1) 严肃性。这是一种慎重、严肃、用尽心智的思考,而不是随随便便想一想,也不是在多种可能性中随意选择。

(2) 一起戴同一顶帽子。小组所有成员都理解思考问题的方向,在同一时间用同一种思考方式进行思考。例如,把鱼从市场买回来后要思考鱼的做法,所有的人要同时去思考这件事,不管此时爱吃不爱吃,因为这个时候每个人已经失去自我了。假设最后选择了红烧,那就要换一顶帽子,所有人都去思考红烧鱼应该怎么做。这样,"平行思考"才能在同一个事实、同一个起因的前提下集中所有人的注意力,一项一项地考虑不同的可能性,尽可能运用集体的智慧和经验,把事情各方面思考透彻。

(3) 全体成员的认可。小组所有成员都需要认可六项思考帽是有益的。如果有人认为这种思考方式没有意义,那么他就会起到一定的破坏作用。

(4) 共同遵守游戏规则。运用六项思考帽有一个非常重要的原则要遵循,即所有参与者都应该是平等的,不管是领导还是下属,只有平等、公开,把自己的想法跟小组成员分享,才能发挥六项思考帽的作用。

2. 六项思考帽的两种应用方法

1) 偶尔使用

偶尔使用是最普遍的用法。在会议或者对话中,中途可能提议使用一项或两项帽子进行讨论,然后继续进行会议和对话。偶尔使用思考帽使我们可以转换思考方向,下面列举出于不同目的的帽子使用顺序。

◇ 对主意作出迅速评估:黄色—黑色—红色。

◇ 产生创意:白色—绿色。

◇ 改进既有的主意:黑色—绿色。

◇ 总结并说出各种可能的选择:蓝色—绿色。

◇ 看看思考是否已经有成果:蓝色—黄色。

2) 系统使用

在系统使用六项思考帽时,通常先用蓝色帽子来设立不同帽子的使用顺序,然后思考者按照这个顺序逐一使用帽子。在遇到发生争论或争吵、思考变得没有进展的情况下,系统使用六项思考帽是很实用的。

使用帽子的顺序并不是唯一的,因情况而异,可以自由设立帽子的使用顺序。下面主要列举"寻找主意"和"对既定的主意作判断"两种情况下帽子的使用顺序。

✧ 寻找主意

白色：搜集可获得的信息。

绿色：作进一步的考察，并提出各种可能方案。

黄色：逐一评估每个方案的优点。

黑色：逐一评估每个方案的缺陷和风险。

绿色：将最可行的方案作进一步的优化，然后作出选择。

蓝色：总结和评价目前思考的进展。

黑色：对被选择出来的方案作出最后的评价。

红色：表达对最终结果的感觉。

✧ 对既定的主意作判断

红色：表达对既定主意的已有感觉。

黄色：努力找出这个主意的优点。

黑色：指出这个主意存在的缺陷和风险。

绿色：看看能不能改进这个主意，从而增强黄色帽子提出的优点，并克服黑色帽子提出的缺点。

白色：看看可获得的信息是否有助于改进主意，使之更容易被接受。

绿色：对最后的建议作进一步的发展。

黑色：对最后的建议作最后的评判。

红色：表达对最终结果的感觉。

 案例分析

应用六顶思考帽解决办公室台式电脑速度缓慢的问题

蓝帽：目前办公台式电脑年限长、速度慢。本次会议讨论解决方案，先用白帽介绍情况。

白帽：

(1) 随着工作应用软件的增多，公司 70%台式电脑不能满足配置要求(要求内存≥4G，2009—2012 年的电脑内存都在 2G 或以下)。

(2) 电脑设备所需的更新时间大于 3 年，且实际的情况是只能更新三分之一。

蓝帽：大家出出主意，怎么办？

绿帽：

(1) 是否可以采用笔记本代替台式电脑；

(2) 采取策略，每半年重装软件；

(3) 加装新硬盘，升级配置；

(4) 对人群进行分类，优先满足急需更换配置人群；

(5) 采用新软件，节省内存。

蓝帽：请先用黄帽讨论这些方案的可行性。

黄帽：

(1) 笔记本是比较普及的设备，且配置能很好地满足需求；

(2) 配置升级，节省资金，发挥旧设备的余热；

(3) 软硬件的调整、改善是最常用的方法，已在其他单位应用，效果不错。

蓝帽：现在讨论以上方法的局限性。

黑帽：

(1) 更换笔记本设备资金不足，不能满足需求；

(2) 目前公司使用统一正版软件，不是正版的不能在电脑上使用；

(3) 软件重装耗费时间太长。

蓝帽：那么从目前看，解决方案主要集中在配置升级和调整配置更换策略，大家举手表决一下优先顺序。

红帽：表决顺序如下：

(1) 把少量更换笔记本的机会留给对计算机速度要求高的员工；

(2) 对大部分员工电脑进行硬件升级，延长使用寿命，节约成本；

(3) 定期重装操作系统和应用软件(如：一年左右)。

蓝帽：本次会议经充分讨论，找出了具有高可操作性的方法，顺利结束。

【总结】在这个案例中主持人(蓝帽)发挥了积极的作用：首先在序列的选择上非常得当，使得会议简捷有效。同时，在重点问题的讨论上充分体现了六项思考帽的优越性。白帽的数据很详细，绿帽的发散很丰富，黄帽和黑帽讨论充分。

3.2　思维导图

英国教育学家托尼·巴赞(Tony Buzan)在他的大学时代，曾遇到信息吸收、整理及记忆的困难，前往图书馆寻求协助，却惊讶地发现没有指引如何有效使用大脑的相关书籍和资料，于是他便自主思索和探寻相关的思想或方法。

1971 年托尼·巴赞开始将他的研究成果集结成书，并慢慢形成了思维导图法的概念。它被认为是全面调动分析能力和创造能力的一种思考方法。在电子商务运营过程中可以利用思维导图的拓展性来开展业务，也可以用思维导图来指引运营思路，刺激想象力和创造力。

3.2.1　思维导图的概念

思维导图又叫心智图，如图 3-3 所示，是表达放射性思维的图形思维工具。思维导图运用图文并重的技巧，把各级主题的关系用相互隶属的层级图表现出来，把主题关键词与图像、颜色等建立记忆链接。不论是感觉、记忆或是想法，都可以成为一个思考中心，并由此中心向外发散出成千上万的关节点，而每一关节点又可以成为另一个中心主题，再向外发散出成千上万的关节点，呈现出放射性立体结构。

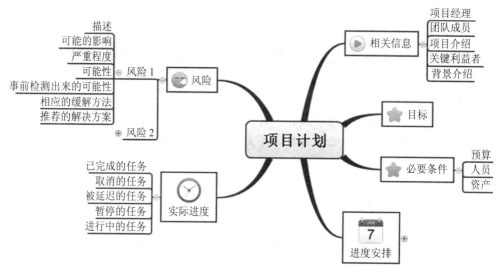

图 3-3　思维导图模型示例

1. 思维导图的功能特点

◇　将人们的信息交换活动形象化(如项目会议、头脑风暴会以及战略研讨会)。

◇　对收集的信息进行组织以及过滤。

◇　实现信息结构化，并辨识出信息所包含的关键要点之间的联系。

◇　完善知识管理系统。思维导图可以被用作可视化工作界面，蕴藏各种信息以及外部链接。

◇　以最佳方式生成和展示信息，如项目管理文件、幻灯片(PPT)、Word 文档以及Outlook 任务文档等。

◇　管理会议报告、提议讨论、调查研究等活动产生的信息，纵观项目活动的准备、执行和后续等阶段。

2. 思维导图的用途

◇　个人用途。提高个人工作效能，如阐述个人的主意、规划，控制复杂信息以及梳理工作思路。

◇　团队用途。提高团队的创造力和团队精神，包括头脑风暴法、员工会议、项目会议、知识管理。

◇　具体事件。在处理具体事件过程中，增强与利益相关者的沟通及合作，使讨论、交流的信息可视化。

◇　企业用途。创造开放、合作的企业文化，使工作流程标准化，如项目管理、人力资源管理、销售与市场管理、研发管理等。

3.2.2　思维导图的绘制方法

绘制正确的思维导图既有利于充分发挥发散性思维，又有利于各种信息清晰地联系展现，便于思考与阅读。下面将围绕思维导图的基本要素、绘制步骤与绘制技巧三个方面介绍思维导图的绘制方法。

1. 思维导图的基本要素

思维导图利用图形、关键词、分支、色彩等图文并茂的形式来增强记忆效果，使思维过程更具有创造性。

(1) 图形。思维导图本身就是图形。图形可以使人充分发挥想象力，将不熟悉的内容与熟悉的事物联系起来，不仅能刺激创意性思维，同时也会强化记忆。无论是思维导图中的中央图像，还是分支上的关键图像或者是思维导图整体，越生动有趣，越有利于使人集中注意力和发挥联想。

(2) 关键词。记忆的主体是某些关键特征的组合，而不是逐字逐句再现的过程。关键词可以勾起人们的感受，有利于产生新创意，能够使思维导图更加醒目。

(3) 分支。思维导图呈现出一种放射状的结构。分支是由关键词和连接曲线构成的，关键词既可以用文字表达，也可以用图形表达。不同分支按照层级关系连接起来，围绕中心主题延伸出来的是一级分支，从一级分支延伸出来的是二级分支，以此类推。

(4) 色彩。色彩是增强记忆和提高创造力的有力工具，有效利用色彩能极大地刺激大脑，使思维导图明显区别于其他常规的平面信息。

2. 思维导图的绘制步骤

绘制思维导图可分为手绘和机绘(通过计算机应用软件绘制)两类。如图 3-4 所示，手绘的主要绘制步骤为：

(1) 拟定主题，绘制一个圆形，把主题置于中心，并利用彩色突显主题，强化注意力。

(2) 在中心点引出若干支线，将有关主题的观点或数据填入，若有类似观点便在原支线上进行分支，若有不同或不能归类的论点则另引一条支线，同时将各支线加以简单说明。

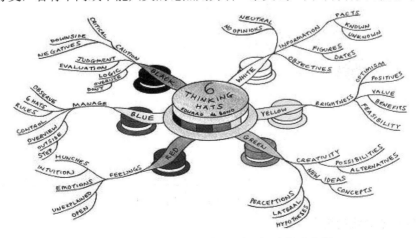

图 3-4　手绘思维导图示例(以六项思考帽为主题)

(3) 整理数据，形成放射状的立体结构。

通过计算机应用软件可以更快地绘制思维导图，如图 3-5 所示。几乎所有绘图软件都可以用来绘制思维导图，如 Word、PowerPoint 和 WPS 等。目前，针对思维导图的设计特点而开发的绘图软件有 XMind、MindManager 和 Freemind 等。

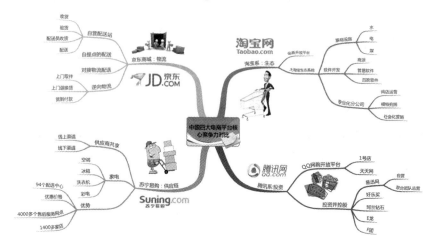

图 3-5　机绘思维导图示例(以四大电商平台核心竞争力为主题)

XMind 是一款非常实用的思维导图软件，如图 3-6 所示。它采用 Java 语言开发，基于 Eclipse RCP 体系结构，能运行于 Windows/Mac/Linux 平台。可以使用 XMind 绘制思维导图、鱼骨图、二维图、树形图、逻辑图、组织结构图等结构化的展示内容。在用 XMind 绘制图形的时候，有利于保持头脑清晰，把握计划或任务的全局，提高学习和工作效率。

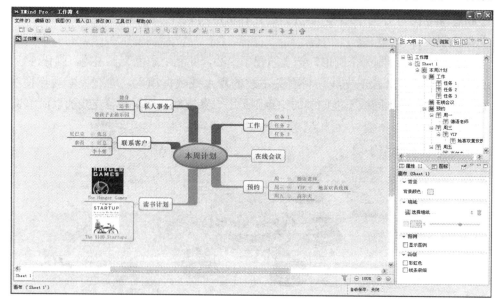

图 3-6　XMind 软件界面示例

3. 思维导图的绘制技巧

思维导图的绘制技巧是为了让绘制出的思维导图能够反映大脑的工作过程，最终形成独具个人风格的思维导图和思考方式。

(1) 突出重点。要在思维导图中尽量多地采用图像、颜色、层次、间隔以及线条等方式，突出思维导图的重点。

(2) 发挥联想。联想也是改善记忆和提高创造力的一个重要因素。通过箭头能够将思维导图的一部分与另一部分连接起来，给思维一种空间指引。

(3) 清晰明白。清晰明白的思维导图能够给人以美感，增强感知力。思维导图分支上最好使用关键词；线条的粗细要有区别，特别是与中心主题相连的线条要粗；图形要能清楚表达相应的含义。

(4) 形成个人风格。独具个性的思维导图更能显示绘制者的大脑工作成果。

3.3　5W2H 分析法

提出疑问对于发现问题和解决问题是极其重要的；对问题不敏感、看不出毛病，与平时不善于提问有密切关系；而对一个问题刨根问底就可能发现新的知识和新的疑问。

电子商务运营人员首先要学会提问，善于提问。在电子商务运营中采用 5W2H 分析法可以帮助运营人员更有针对性地提出问题、思考问题和解决问题，避免盲目决策。比如在衡量一个方案是否有实施价值的时候，通过 5W2H 分析法的比较评价，就能清楚方案是否可行。

3.3.1　5W2H 分析法的含义

5W2H 分析法又叫七何分析法，由二战中的美国陆军兵器修理部首创。发明者用五个以 W 开头的英语单词和两个以 H 开头的英语单词进行设问，如图 3-7 所示。该分析法简单方便，易于理解，富有启发意义，广泛用于企业管理和技术活动。

5W2H 主要有以下提问方向：

(1) What——是什么？

扩展含义：要做什么；目的是什么；需准备什么；需要协助什么；要预防什么……

(2) Why——为什么？

扩展含义：为什么要做；为什么要这样做；为什么出现这样的结果……

(3) When——何时？

扩展含义：什么时间开始；什么时间完成；什么时机最适宜……

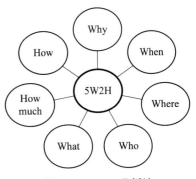

图 3-7　5W2H 分析法

(4) Where——何处？

扩展含义：在哪里做；从哪里入手；到哪里结束……

(5) Who——谁？

扩展含义：由谁来做；由谁来主管；由谁来监督；由谁来协助……

(6) How——怎么做？

扩展含义：如何提高效率；如何实施；方法怎样……

(7) How much——多少？

扩展含义：做到什么程度；数量如何；质量水平如何；费用产出如何……

如果现行的方案经过以上七个方向的提问已经无懈可击，便可认为这一方案可取；如果七个提问中有任何一个答复不能令人满意，则表示这方面还有改进余地；如果哪方面的答复有独创的优点，则可以扩大这方面的效用。

3.3.2　5W2H 分析法的应用场景

电子商务运营工作人员需要具备较高的综合素质，无论是制定策略还是处理具体事务，5W2H 这一原则都可以帮我们梳理思路，在最短的时间内将计划和方案做得更全面细致，杜绝盲目性。下面主要结合工作计划、方案设计、日常交流等应用场景进行 5W2H 分析案例讲解。

案例分析

工作计划：运用 5W2H 分析法找准数据分析定位

从事电子商务运营工作会面对各种各样的原始数据以及数据指标，如图 3-8 所示，通过 5W2H 分析可以在大数据时代找准自身数据分析的定位。

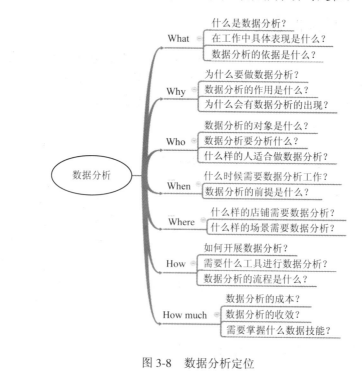

图 3-8　数据分析定位

案例分析

方案设计：网络营销策划书的运用

what：营销方案要解决的问题是什么？

who：谁负责创意和制定？总执行者是谁？各个实施部分由谁负责？

where：执行营销方案时要涉及什么地方？通过哪些渠道进行产品推广？

why：为什么要这样执行？

when：营销方案执行多长时间？各时间节点是怎么样安排的？

how：各系列活动如何操作？在操作过程中遇到的问题如何解决处理？

How much：方案需要多少资金？能产生多少收益？

知己知彼，百战不殆。如果我们制定的方案能较好回答上述提问，就可以做一份合格的网络营销策划书。

案例分析

日常交流：工作沟通应用情景

工作情景对话："张小姐，请你将这份调查报告复印 2 份，于下班前送到总经理室交给总经理，请留意复印的质量，总经理要带给客户参考。"

5W2H 分析：

Who(执行者)——张小姐

What(做什么)——复印调查报告

Where(地点)——总经理室

Why(为什么)——总经理要给客户作参考

When(时间)——下班前

How(怎么做)——复印高质量的副本

How much(工作量)——2 份

如果在日常工作交流中，能够充分利用 5W2H 分析法的提问要点，一次性将所有问题准确传达，避免反复沟通，就能极大提高沟通效率。

3.4　长尾理论

长尾理论是网络时代兴起的一种新理论。Google 是一个最典型的"长尾"公司，其成长历程就是把广告商和出版商的"长尾"商业化的过程。以 Google 的 AdSense(合成词，相关广告的意思)为例，它面向的客户是数以百万计的中小型网站和个人。这部分群体对于普通媒体和广告商而言，其价值微小得简直不值一提，但是 Google 通过为其提供个性化定制的广告服务，将这些单一价值小，但是数量众多的群体汇集起来，形成了非常可观的经济利润。Google 也被认为是"最有价值的媒体公司"。

3.4.1 长尾理论的由来和含义

长尾(The Long Tail)这一概念最早是由《连线》杂志主编克里斯·安德森(Chris Anderson)在 2004 年 10 月的"长尾"一文中提出，用来描述诸如亚马逊和 Netflix 等网站的商业和经济模式。长尾理论是指只要产品的存储和流通渠道足够大，需求不旺或销量不佳的产品所共同占据的市场份额可以和那些少数热销产品所占据的市场份额相匹敌甚至更大。

长尾理论告诉我们：过去人们只能关注重要的人或重要的事，如果用正态分布曲线来描绘这些人或事，人们通常关注曲线的"头部"，而忽略需要更多的精力和成本的"尾部"，如图 3-9 所示。

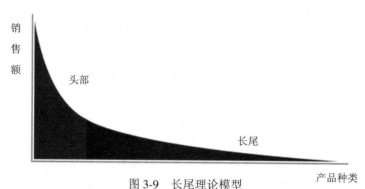

图 3-9　长尾理论模型

长尾理论的基本原理是聚沙成塔，创造市场规模。为了满足消费者的个性需求，通过创意和网络，提供更具价值的产品和服务，在得到消费者认同的同时，激发其隐性需求，开创一种面向固定细分市场的、个性化的商业经营模式。

 案例分析

唯品会：时尚零售尾巴的长度

传统时尚零售业的顽疾：由于长期存在信息不对称的状况，导致了巨大的商品溢价空间，也推高了消费者的消费成本，同时形成了过季产品的大量积压。

唯品会是一家定位于品牌特卖，专门经营大幅折扣名牌商品的 B2C 企业，它执行的闪购模式其实并不复杂，核心就是帮助品牌商处理过季尾货，同时在互联网上利用限时特卖的方式，刺激和调动消费者的冲动型消费。除了填补部分有时尚个性需求的消费者提供集中打折商品的市场空白之外，还为众多时尚品牌商提供了一个体面地处理库存的平台，也保证了货源的供给。

【思考】你能想到属于长尾理论的企业例子还有哪些？

3.4.2 运用长尾理论需要注意的问题

虽然长尾理论在电子商务市场中已经得到一定的验证，但多数人仍然坚持认为：一个企业关注的重点是有限的，在资源有限的情况下，企业必须重点营销销售量大且利润丰厚的少数商品，才能获取最大效益。而过多关注品种繁多的长尾商品，会分散企业精力，反而降低了企业竞争力。所以，并不是所有企业都能运用"长尾理论"获得成功，这需要一定的条件。

首先，长尾理论更适用于采取窄而深的商品结构的电子商务企业。这类企业力图营造一种商品特色：只经营某类窄小市场的商品，并使消费者拥有足够多的消费选择。

其次，应用长尾理论不能忽视可能带来的成本增长。从理论上来说，无数个冷门商品汇聚起来，完全可以得到与热门商品相匹敌的巨大利润空间。但事实上，销售每件新产品都可能会提高成本，如果致使产品的成本过高，冷门产品的经营则得不偿失。

最后需要强调的是，电子商务运营人员不能因为长尾理论而对"二八理论"全盘否定，长尾理论只是一个补充。长尾理论提醒运营人员需关注长尾商品，并不是要运营人员忽略热门商品的存在，而是提供一个新的运营思路。

小贴士

二八理论又叫帕累托定律，是 19 世纪末 20 世纪初意大利经济学家巴莱多发现的。他认为，在任何一组事物中，最重要的只占其中一小部分，约 20%，其余 80% 尽管是多数，却是次要的，因此又称二八定律。生活中普遍存在二八定律。如商家 80% 的销售额来自 20% 的商品，80% 的业务收入是由 20% 的客户创造的；在销售公司里，20% 的推销员带回 80% 的生意。

【本章小结】

1. 六项思考帽是指使用六种不同颜色的帽子代表六种不同的思维模式。

2. 思维导图利用图形、关键词、分支、色彩等图文并茂的形式来增强记忆效果，使思维过程更具有创造性。

3. 5W2H 分析法分别从 What、Why、When、Where、Who、How、How much 七个方向进行提问。

4. 长尾理论的基本原理是聚沙成塔，创造市场规模。

【拓展阅读】

1．爱德华·德博诺. 六项思考帽：如何简单而高效地思考[M]. 北京：中信出版社，2016.

2．东尼·博赞. 思维导图[M]. 北京：化学工业出版社，2015.

3．克里斯·安德林. 长尾理论[M]. 北京：中信出版社，2012.

【实践作业】

1．任务名称

5W2H 分析法训练。

2．任务描述

金店"微信集赞送吊坠活动"处理不当，险成事故现场

李经理是某金店的店长，但在微信营销领域还只是个新手。4 月份是黄金销售的淡季，李经理想通过开展微信活动拉动店铺人气。

4 月 3 日，李经理让店员用私人微信账号发布了一条微信集赞消息： 4 月 4 日至 4 月 7 日，只要网友在朋友圈里集齐 18 个赞，每天 10 时 30 分至 11 时和 17 时至 17 时 30 分就能到店领取价值 388 元的含金合成水晶吊坠(没有明确每天发放礼品的限额)。

李经理预计为期四天的活动能派送几十个吊坠。但在店员劝说下，李经理共准备了 600 个吊坠。但金店所有者黄老板一直不满："用不着嘛，一个微信活动，能来多少人？"

4 月 4 日一早，李经理出差了，他把活动执行的一切事务交给了店员。4 月 4 日 10 时 30 分，陆续有 50 多名网友来到店里领走了吊坠。而当天 17 时，活动现场挤进了 100 多名网友。

由于领取时间只有半个小时，店员要核实、登记、发放，时间根本不够。此外，吊坠虽然免费，可是红绳却要收费 10 元。部分网友等候多时，却没能领到礼品，不满情绪爆发了。身在外地的李经理打电话要求店员向网友做好解释工作，并在店里贴出"每天限制发放 100 个吊坠"的告示。但解释并不起作用，还引发了更大的不满。李经理意识到情况不妙，当天从外地赶回了店里。

4 月 5 日清早，李经理发现微信朋友圈转发的活动规则出现了"变异"版本：只要集齐 68 个赞，就能领取 1388 元的"黄金水晶吊坠"。面对这种恶意窜改，李经理毫无办法。

一场微信集赞活动在混乱中匆匆结束，不仅没有提升店铺人气，反而影响了店铺形象。

3．任务实施

运用 5W2H 分析法对"金店微信集赞送吊坠活动"进行复盘思考，指出该活动策划过程中存在的问题和改善方法。

实务篇

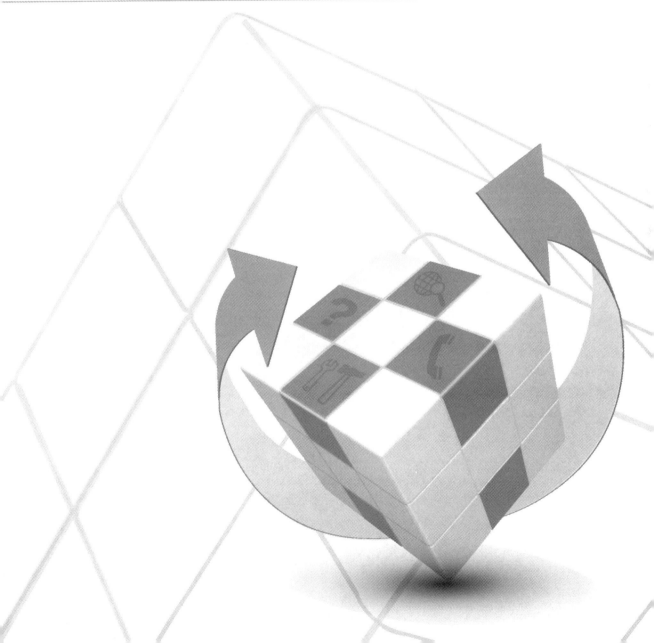

第4章 电子商务运营

本章目标

- 理解电子商务运营的概念
- 掌握电子商务运营实际的工作内容
- 了解市场定位理论
- 掌握市场定位的方法
- 掌握电子商务运营的产品策略、渠道策略、价格营销策略
- 掌握活动策划方案撰写、活动规划与执行过程

学习导航

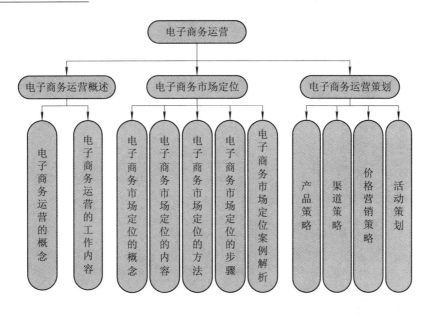

运营是企业以获取利润和获得客户认同为目的，用有限的资源创造最大附加值，再用附加价值来满足客户无限需求的过程。为了让企业不断成长，运营是一个不断叠加，不断扩大的过程。

本章主要介绍电子商务运营基本工作内容，着重讲解市场定位和运营策划两大部分。学习前应先了解电子商务运营工作体系，然后逐个模块深入学习，并通过实践练习将理论知识和案例经验转化成个人专业经验。

4.1　电子商务运营概述

2016 年"双十一"，互联网时尚品牌韩都衣舍仅用 10 小时 53 分 30 秒便取得了 GMV（商品交易总额）3 亿的成绩，超过 2015 年全天的 2.844 亿，最终以 3.62 亿元的 GMV 获得了中国互联网服饰集团冠军、中国快时尚服饰品牌冠军。韩都衣舍官方旗舰店同时收获了搜索点击数第一、粉丝关注量第一的服饰类官方旗舰店的称号。

韩都衣舍能够取得如此奇迹般的成绩，与其强大的运营能力密不可分。韩都衣舍采用以产品小组为核心的运营模式，构建强大的数据化平台作运营支撑，具备快速反应的柔性供应链体系等运营优势。在"双十一"巨大的订单压力下，韩都储运系统在 3 天时间里发完了 200 万件商品，客户服务行业指数位列互联网服饰品第一。可见，电子商务运营能力的强弱是企业能否取得成功的关键。本节将简要介绍电子商务运营的相关概念和内容。

4.1.1　电子商务运营的概念

电子商务运营是企业在互联网渠道上的经营，是企业扩展线上业务获取利润的必要手段。企业借助电子商务平台与客户之间产生信息传递的通道，通过电子商务运营即可将产品信息和营销信息直接传递给客户，最终达到销售产品和获取利润的目的。如图 4-1 所示，是电子商务运营示意图。

图 4-1　电子商务运营示意图

4.1.2　电子商务运营的工作内容

电子商务运营工作主要分为：市场定位、运营策划、推广与营销、数据分析、客户服务、仓储配送等部分，如图 4-2 所示。

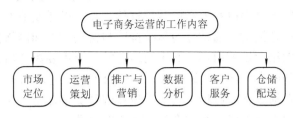

图 4-2　电子商务运营的工作内容

1．市场定位

市场定位是指企业根据竞争者现有产品在市场上所处的位置，针对客户对该类产品某些特征或属性的重视程度，为本企业产品塑造与众不同的、给人印象鲜明的形象，并将这种形象生动地传递给顾客，从而使本企业产品在市场上确定适当的位置。

精准的市场定位具有以下作用：

(1) 确定企业战略方向和市场营销领域；

(2) 占领目标市场份额；

(3) 确定产品特色，强调产品差异化；

(4) 强化产品在客户心中的位置，增强产品在市场上的竞争力。

2．运营策划

运营策划是电子商务运营最核心的部分，包括产品策略、渠道策略、价格营销策略、活动策划等一系列运营活动。本节仅对以上部分作简要说明，具体内容在 4.3 小节详解。

1) 产品策略

一切在产品层面上能够在市场上引起消费者注意并取得结果的方法和手段统称为产品策略。产品策略包括(但不限于)产品系列化规划、产品价格带规划、产品生命周期策略、产品价格策略、产品分类策略、产品组合策略等。

2) 渠道策略

渠道策略是指企业根据战略目标，选择合适的营销渠道模式。制定电子商务渠道策略前应先了解渠道类型。网络渠道主要分为两种，一种是自建渠道，通过互联网实现的从生产者到消费者的渠道；另外一种是分销渠道，利用互联网中间商将产品传递到客户手中。

3) 价格营销策略

价格营销策略是指在价格上采取各种措施激发消费者购买欲望并引导消费。价格营销策略包括(但不限于)免费价格策略、低价定价策略、拍卖竞价策略等。

4) 活动策划

活动策划是企业根据总体营销战略方向，对某一时期各产品的促销活动作出总体规划，并为具体产品制订出详细而严密的活动计划，包括(但不限于)确定活动主题、制订活动方案、工作安排、选择促销方式、活动执行、活动总结等过程。

3．推广与营销

推广与营销是指以各种手段和方法向客户宣传产品，以激发他们的购买欲望，从而扩大产品销售量的一种经营活动。通常分为传统推广与营销方式和网络推广与营销方式。本书仅讨论网络推广与网络营销的内容，其中网络营销部分主要讲解新媒体营销。新媒体营销是建立在网络营销基础上的新型营销方式，具体内容请查看本书第 6 章。

网络推广是指企业通过互联网提供的各种免费或付费渠道将产品或服务展示给客户的一种推广方式，如搜索引擎推广、网站推广、社交平台推广等。

网络营销也称线上营销或电子营销，是以互联网为主要载体，为达到营销目的而进行的一切营销活动，如电子邮件营销、微博营销、微信营销等。

4．数据分析

电子商务数据分析是指企业利用海量的互联网数据以及内部运营数据，通过系统性的数据分析和挖掘，发现其背后隐含的具有商业价值的信息，辅助完成运营决策，如图 4-3 所示。

图 4-3　电子商务数据分析的意义

电子商务的数据分析应注重数据的收集与整理、数据分析模型的搭建、数据分析方法的合理使用以及业务逻辑的应用。

5．客户服务

客户服务是一种以客户需求为导向的工作内容，任何能提高客户满意度的内容都属于客户服务的范围。

客户服务一般分为三个阶段，包括售前准备、售中服务及售后服务。售前准备是指企业在销售产品之前进行的准备工作，如产品系列说明、产品使用说明以及服务话术的准备。售中服务是指在交易过程中，向客户提供接待、讲解、答疑、推荐等服务。售后服务是指客户下单之后的一系列服务，包括订单跟踪、退换货处理、投诉纠纷处理等，如表 4-1 所示。

表 4-1　客户服务类型与服务内容

客户服务类型	服 务 内 容
售前服务	准备产品系列说明、使用说明、服务话术
售中服务	提供接待、讲解、答疑、推荐等服务
售后服务	订单跟踪、退换货处理、投诉纠纷处理

6．仓储配送

系统有序的仓储配送是企业电子商务能够稳定运营的后端基础。客户下单之后，该购物流程便进入订单处理和分拣配送环节。在订单分拣配送的环节中，仓库内部的货品管理、库存管控，以及信息系统的协调工作，有效保证了销售环节的顺利完成。

案例分析

韩都衣舍产品小组运营模式创新

韩都衣舍电商集团创立于 2006 年，是中国最大的互联网品牌生态运营集团之一。凭借"款式多，更新快，性价比高"的产品理念，深得全国消费者的喜爱和信赖。

2011 年 3 月，韩都衣舍获得美国国际数据集团(International Data Group, IDG)近千万美元投资，2014 年 9 月，获得李冰冰、黄晓明、任泉三人成立的 StarVC 投资。2014 年，韩都衣舍签约韩国著名女星全智贤和"国民弟弟"安宰贤等，系中国拥有国际明星代言人最多的互联网企业。

目前，韩都衣舍集团设有营销中心、产品中心、供应链中心、信息化中心等 58 个部门。通过内部孵化、合资合作以及代运营等项目运作，韩都衣舍运营的服装品牌已达 70 个以上，包含女装、男装、童装、妈妈装、户外等不同品类的互联网品牌。韩都衣舍立足国内电子商务市场，正在向互联网时尚品牌孵化平台的目标不断迈进。

韩都衣舍以产品小组为核心的单品全程运营体系为支撑，对设计、生产、销售、库存等环节进行全程数字化跟踪，从产品、价格、促销策略等环节对每一款产品进行精细化运营。

【分析】产品小组模式的核心优势是什么？这种运营模式起到了哪些至关重要的作用？

第一，韩都衣舍的产品小组极大提高了工作效率。韩都衣舍的产品小组从设计部门、商城管理部门、订单管理部门中各抽调出 1 个人组成 3 人小组，这个小组可以决定产品款式、定价、生产数量和促销方案，极大加快工作效率。同时，拍摄组、生产组以服务性小组的身份配合每个产品小组完成业务，形成了高效的业务闭环。

第二，产品小组运营模式激励了个体价值，实现 1+1>2 的人才价值。无论是产品小组还是服务性小组，他们的资金额度自由支配，产品小组的产品销量越大，订单越多，收入就越多，同样服务性小组接到的工作量越多，收入就越多。因此，公司内部的各个小组成员的个体价值在收入的激励下被极大地发挥出来。

韩都衣舍总经办下设品牌规划组与运营管理组，对于孵化期或已有高增长的品牌进行服务和运营。韩都衣舍平台中每个子品牌除了产品团队，还会配备营销团队来提炼产品卖点、作产品规划。

【启示】韩都衣舍品牌孵化平台和产品小组运营模式的密切配合，造就了韩都衣舍快速而稳健的发展。对于互联网时尚品牌孵化平台的发展目标，韩都衣舍无论从组织管理上，还是从资源配置上，都做到了服务和支持的最大化。

4.2 电子商务市场定位

在国内最大的网购零售平台——淘宝网上，女装市场的庞大需求促使女装行业不断地向更加细分化的市场发展。在风格迥异的各类女装子行业中，传统中国风服饰以其浓重的民族文化底蕴形成了风格鲜明的细分市场。淘宝原创品牌"裂帛"则是该市场中最典型的品牌之一。裂帛在品牌创建初期发现传统中国女性对于中国风的依赖和喜好仍然存在，但当时很多淘宝女装卖家并没有发现这一空白市场。裂帛便在服饰设计、图片调性、文案风格等各个方面向客户传达中国风的定位。显然，这种差异化的市场定位使裂帛取得了成功。了解市场定位理论并将其应用到电子商务运营中是企业把握正确方向的第一步。

4.2.1 电子商务市场定位的概念

电子商务市场定位就是企业确定品牌、产品在电子商务市场中的位置。市场定位不是企业对一件产品本身作出特别的改变，而是在潜在客户的心中植入某些内容，让彼此建立联系。其实质是打造企业的差异化，使客户明显感觉和认识到这种差别，从而让这种差别在顾客心目中占有特殊的位置。

4.2.2 电子商务市场定位的内容

电子商务市场定位包括消费者定位、产品定位、品牌形象定位等方面。

1. 消费者定位

消费者定位是指对目标消费群体的定位，即目标市场的选择。大而全的消费者定位有碍于企业找到目标消费人群，而精准的消费者定位能够帮助企业锁定消费群体，并深度挖掘目标消费者的需求。

消费者定位可以从以下三个维度进行综合分析：

(1) 人群属性：年龄、性别、职业、收入、教育、民族等。

(2) 消费属性：购买时间、购买动机、客户忠诚度、购买准备阶段。

(3) 心理属性：兴趣爱好、价值取向、生活方式、个性化追求。

使用以上维度可以把消费者进行区分，从而形成不同的消费群体。针对这些消费群体的特性和需求，即可进行消费者定位。

实务应用

按人群属性的差异进行消费者定位是商家常用的方式，如针对中老年女性群体的妈妈装，以及针对肥胖女性群体的大码女装等。

"迪葵纳"是韩都衣舍旗下专注于中老年时尚女装的原创设计品牌。据了解，迪葵纳的消费人群为年龄在 40~50 岁的女性，具备中档消费能力，是追求美丽和时尚的中年妈妈。迪葵纳的产品风格、品牌形象以及商城的视觉设计、营销方式、推广渠道、客户服务体系完全依据妈妈群体的兴趣特征来展开。可见，精准的消费者定位为品牌的持续运营奠定了坚实的基础。

2．产品定位

产品定位是指企业用什么样的产品来满足目标消费者的需求，是目标消费市场与产品匹配的过程。产品定位可以从产品的基本属性、价格、功能、使用人群等方面全面进行，但必须遵循以下基本原则：

(1) 定位要能满足消费者的需求。

(2) 定位需要结合市场竞争情况确定差异化特征。

(3) 定位必须以消费者为中心，投其所好。

实务应用

几年前，中老年女装市场几乎是千篇一律的基础款和暗淡色系的服装。但爱美是女人的天性，妈妈们也拥有追求时尚、追求气质的需求。

迪葵纳品牌专注中老年女装市场，在兼顾舒适度和时尚感的需求推动下，设计师团队不仅重新设计了适合中老年女性的基本廓形和版型，还将时尚韩风元素加入服装设计中，如图 4-4 所示。在忽视设计感的中老年女装市场竞争中，迪葵纳充分满足妈妈们追求时尚的消费需求，将产品定位为时尚韩风款式，让爱美的妈妈们告别了款式单调、色系灰暗的穿衣风格。满足消费需求，确定产品差异化是迪葵纳产品定位的核心。

图 4-4 迪葵纳产品展示图

3．品牌形象定位

品牌形象就是品牌个性，它是由许多因素混合在一起而构成的，其中包括品牌名称、品牌价值观、产品属性以及广告风格等内容。

鲜明的品牌形象能够建立起产品与客户之间的情感需求关系，满足客户被爱、被尊重、被肯定的诉求等客户通过品牌形象传达的内容能够深刻感受到与自我认知相符，进而产生认同和偏好。

 案例分析

三只松鼠定位策略

三只松鼠是 2012 年推出的一款年轻化的零食品牌，上线仅两个月时间，销售额便跃居天猫商城坚果行业第一名。在天猫"双十一"购物狂欢节中，三只松鼠蝉联五届坚果行业销量冠军的宝座，创造了中国互联网食品行业的一个奇迹。

【分析】从市场定位理论分析三只松鼠的定位策略。

第一，消费者定位。三只松鼠品牌的消费者多为 80、90 后互联网用户群体，追求时尚，享受生活，习惯网购，乐于分享，注重全方位的消费体验。三只松鼠针对目标消费群体的人群特征和心理特征进行了一系列的消费体验设计，例如分享包装袋的设计、赠送坚果开口器的贴心设计，等等。每个环节都契合目标客户群的心理需求和消费需求。

第二，产品定位。2012 年前后，很多坚果零食品牌开始进入电商市场，淘宝网的坚果细分市场已进入红海阶段，但并未形成相对稳定的形势，行业领导品牌处于孕育阶段。此时，三只松鼠主打的爆款商品碧根果市场在坚果市场正处于蓝海阶段，其借助碧根果单品的爆发之势一举成名，快速占领市场发展为行业巨头。随着市场占有率的不断扩大，三只松鼠的产品从坚果品类开始扩充至肉类熟食、果脯蜜饯、饼干威化、素食豆干等更多的零食品类，并且产品的价格适中，宣扬健康绿色的产品理念，符合消费群体的需求。

第三，品牌形象定位。三只松鼠以松鼠小美、松鼠小酷和松鼠小贱的卡通动物为核心品牌形象，并赋予特别的人格特性，向消费者传播爱和快乐的品牌特色。三只松鼠客服以松鼠宠物自称，把消费者当主人，全心全意为主人服务。不仅满足客户对美好事物的向往，还能够满足客户被尊重、被焦点化的心理需求。三只松鼠的品牌形象定位为其创造了极高的产品复购率。显然，客户喜爱三只松鼠不仅仅因为产品本身的价值，更是其极致服务带来的附加价值。

【启示】三只松鼠的成功得益于精准的定位策略。在某细分市场中，想要分一杯羹或者成为行业领导者，企业必须知道目标市场环境如何、客户是谁、喜欢什么、有哪些需求。同样，经营者要充分了解自己的产品，知道我们是谁，我们的产品能解决客户的哪些需求。企业在市场定位时，如能明确产品与客户之间的关系，抓住目标人群的某些特质，即可增加客户对品牌的认可度，达到销售目标。

4.2.3　电子商务市场定位的方法

常用的市场定位方法有对比定位法、非可乐定位法、寻找空位法、空降法、重新定位法。

1. 对比定位法

企业新产品上市前，想要在市场上找到区别于其他产品的特有位置，可以使用对比定位法，直接告诉客户其产品价值。

> **实务应用**
>
> 蒙牛是中国领先的乳制品供应商，专注于研发生产适合国人健康的乳制品。蒙牛创业初期，曾使用过"向伊利老大学习"的广告语。显然，刚刚起步的蒙牛在市场上并没有足够的影响力，却借助行业第一的企业成功上位，奠定了行业第二的市场地位。

2. 非可乐定位法

非可乐定位法是指当本企业产品没有明显特色时，可以通过市场占有率高或者较有影响力的某件事或某人与客户建立联系，增强自身在顾客心目中的形象和地位。

> **实务应用**
>
> "七喜"汽水是一种专注碳酸饮料市场的柠檬口味饮料。在美国的碳酸饮料市场，"可口可乐"和"百事可乐"占据着巨大份额。两个品牌在客户心中也占据着相当重要的位置，据调查在美国每消费三份软饮料，就有两份是可乐类。
>
> 面对"可口可乐"与"百事可乐"这样的竞争对手，"七喜"深知无法与之抗衡，便另辟蹊径，以"七喜，非可乐"定位目标市场，通过把产品与已经占据目标客户心智的品牌联系到一起，结果取得了销量的高速增长，这就是著名的"非可乐"定位法。如今，"七喜"成为世界上销量第三的软饮料。

3. 寻找空位法

客户对某一种产品或服务的认知认同程度越高，代表该产品对客户心智的占领程度越高。由于客户无法在某一个领域记住更多的产品或品牌，企业如想在某一领域将自己的品牌塑造成行业第一的形象，可以使用寻找空位法。寻找空位可以从产品外观、功能、价格等几个维度出发。

> **实务应用**
>
> 大众汽车为了寻找到人们心中对于汽车尺寸"小"的追求，研发了一款又短又宽又丑的"甲壳虫"系列汽车。

苹果智能手机的出现夺走了高端手机的大部分市场，而小米手机以"为发烧而生"的性价比极高的策略，夺取了部分中端手机市场。这些品牌都使用了寻找空位法进行市场定位。

4．空降法

空降法是指凭空塑造一种定位，或者一种理念、一种风格，或者是一类人群的消费习惯等，也可以是核心优势升级带来的定位。

实务应用

AFU（阿芙）品牌是一家以精油为主要产品的化妆品公司，经过多年的发展，AFU成为精油和植物护理品界的全球合作典范。在精油市场没有知名品牌的情况下，阿芙以空降法进行产品定位，推出"阿芙，就是精油"的广告语，创造了一种精油护肤的理念。根据这一广告语，AFU迅速打开精油和植物护理品市场并迅速占领市场。现在，AFU不仅成为专业精油的代名词，还是高端精油的启蒙品牌。

5．重新定位法

企业在经营过程中，如果出现以下情况应考虑重新定位：

(1) 竞争者推出的新产品定位与本企业产品相似，使本企业产品市场占有率下降。

(2) 客户需求或偏好发生变化，本企业产品销售量骤减。

重新定位对于企业适应市场环境、调整市场营销战略是必不可少的，可以视为企业的战略转移。重新定位可能导致产品的名称、价格、包装和品牌的更改，也可能导致产品用途和功能上的变动。

实务应用

多年以来，黑作坊小吃残害小学生健康的新闻层出不穷，辣味豆制品行业龙头企业"卫龙"饱受舆论压力。在传统企业转型电商的大环境下，"卫龙"在2015年开始进行线上各大电商平台的布局，进入战略转型和产品重新定位阶段。"卫龙"针对年轻客户群的兴趣和喜好，设计了带有极简理念的包装，公开了干净卫生的生产车间，明确了健康放心的制作食材，让"辣条"从黑作坊小吃变成话题感十足的时尚休闲食品，同时也制造了"双十一"过后销量仍然递增的业绩。

4.2.4 电子商务市场定位的步骤

市场定位的关键是在自身产品上找出更具竞争优势的特性，企业应采取一切措施追逐产品上的差异化和精细化。企业市场定位的过程可以通过以下三大步骤来完成。

1) 分析市场环境和竞争产品概况，识别潜在竞争优势

企业运营人员可以通过查找相关数据了解行业市场概况。例如，近年来淘宝生鲜市场的市场容量是多少？女装各细分类目的市场容量是多少？该细分市场的行业竞争度如何？经过对比和分析数据，企业能大概估算市场环境和竞争产品概况，从而找到适合本企业的目标市场。

识别潜在竞争优势需要考虑以下三个问题：第一，竞争对手的产品定位是什么；第二，目标市场还有哪些需求；第三，针对目标市场需求，企业能做到什么创新和突破。企业运营人员需要通过市场调研，系统地设计、搜索、分析市场数据，才能正确识别竞争优势，掌握市场主动权。

2) 核心竞争优势定位

竞争优势是指竞争对手拥有的可持续性优势。企业可以通过 SWOT 分析模型来比较与竞争者在经营管理、技术开发、成本控制、市场营销等方面的优劣势和机会威胁，从而选择最适合本企业的竞争优势。

实务应用

OPPO 手机深挖客户需求，以高清晰度、具有极致美颜功能的"拍照手机"打入市场，充分满足了客户使用手机拍照的需求。手机一经上市便获得消费者认可，并迅速抢占了数码相机的市场。OPPO 用手机的拍照功能取代消费者对数码相机的需求，正好满足消费者一机多用的愿望。拍照手机的精准定位也确立了 OPPO 的核心竞争优势，在行业的竞争中取得了优异成绩。

3) 制定市场战略计划

市场战略计划的实施，首先要让目标客户了解、知道、熟悉、认同、喜欢和偏爱本企业的市场定位，在客户心中建立与该定位相一致的形象；其次，强化目标客户形象，保持目标客户的认知，稳定目标客户的态度并加深感情，从而巩固市场形象；最后，及时纠正目标客户对其市场定位理解出现的偏差或由于企业宣传失误而造成的与市场定位不一致的形象。

4.2.5　电子商务市场定位案例解析

如今，在共享经济的繁荣发展之下，共享单车、共享空间、共享汽车已从进入人们视野变成了一种改变人们生活方式的途径。由此我们可以想象，服装行业与共享经济结合的产物可能会是什么形态？它将会解决什么问题？

自 2015 年以来，国内出现了不少服装租赁 APP，衣二三是其中之一，目前已获得阿里巴巴、软银中国、红杉中国联合投资。衣二三有了资本的支持，将开启日常服装租赁的蓝海市场。

1．衣二三背景介绍

衣二三是一款创新的女性时装月租 APP 应用，主打包月租衣的服务，以订阅会员制的方式为都市白领女性提供品牌时装的日常租赁。会员只需要支付月费，即可在平台上不限次数地换穿数万款时装。衣二三像一个魔法盒，装满了国际时尚大牌的服装配饰，满足女性的日常穿着打扮，实际上是"共享衣橱"的概念。

2．市场定位解析

日常服装租赁市场有两个最大的问题，一是衣物卫生问题，相当大部分的消费者认为完全不能接受穿别人穿过的衣服；二是消费者接受程度的问题，很多消费者不愿对日常服装租赁行为进行主动分享和传播。

衣二三如何通过定位策略来找到潜在消费者？下面从消费者定位、产品定位、品牌形象定位三个方面来分析衣二三的市场定位策略。

1）消费者定位

衣二三的消费者定位于爱美爱时尚、乐于分享的白领女性，并且愿意接受"租"衣服这种生活方式的人群，平均收入为 6000 元至 2 万元人民币，年龄在 20～35 岁。

衣二三卖的并不是产品，而是一种尝鲜服务和新的生活方式，这种服务恰好能够满足目标人群的物质需求和精神需求。其官网海报如图 4-5 所示。

图 4-5　衣二三官网海报

2）产品定位

衣二三的产品定位主要从以下三个方面介绍：

(1) 会员制方面。衣二三采用会员制时尚租衣方式，会员费用为每月 499 元。客户享有会员期限内无限次换穿品牌服装、免运费免清洗的服务。

(2) 服饰产品方面。衣二三的共享服装集中在轻奢和设计师级别，衣服单品平均市场售价在 1500 元左右。现在已达成了 100 多个时尚品牌、设计师品牌的合作关系，线上供会员选择的产品总计拥有 15 万件。

衣二三买手团队独到的眼光和对时尚的感知使得他们不但能把握市场流行趋势，同时更懂得考虑目标客户的需求，对于服装季节性、体验感和职场性上都有很好的把控能力。

(3) 衣物洗护方面。自营的中央干洗工厂，实现过滤、清洗、消毒、烘干全封闭一体式管控，再经过人工质检、定向去渍、定型、熨烫、精查、封袋等 16 道自动工序，保证每一件产品的清洁程度，解决消费者对于卫生的顾虑问题。

3) 品牌形象定位

衣二三的前身是"久物"，取"历久弥新，物尽其用"的意思，定位高端奢侈品租赁，面向商务会议和婚礼派对等消费场景。因为定位场景较为特殊，消费频率较低。随后其改变战略方向，将业务重点转移至日常服装租赁行业，让女性不但拥有海量服装，还能尝试更多不同的风格，满足女性无限次换穿服装的需求。从"久物"到衣二三的转变，不仅是品牌名称的转变，更是战略方向的转变。

衣二三 APP 界面简洁、色调单一、设计感强，给人高端时尚的感觉，也是品牌形象定位的一种表现，如图 4-6 所示。

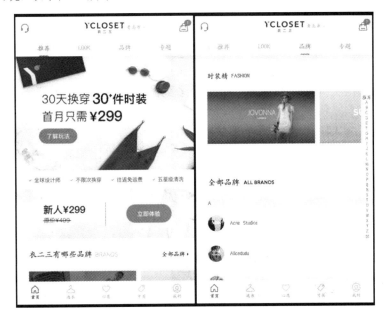

图 4-6　衣二三 APP 界面展示

会员制时装月租平台可租可买的方式，让客户在试穿体验极佳的情况下产生购买欲望，与传统电子商务女装相比更容易形成以租带售的场景转化，是服装电商未来的重要方向。这种新型的服装消费模式，清晰地展示了其对于传统电子商务女装行业的竞争地位。

4.3　电子商务运营策划

通常一个网店运营人员日常工作有以下几方面：产品管理包括选品、产品线规划、产品测试等。页面管理包括店铺装修、促销商品价格管理、活动及热销商品检查、产品页内容检查。运营管理包括与各渠道资源对接、促销及活动准备、竞争对手分析、销售分析等。客服管理包括客服工作检查、发货情况检查、退款订单处理、客服 KPI 数据分析等。

这些细碎的运营策划工作中，遵循着一定的系统规律。本节从产品策略、渠道策略、价格营销策略、活动策划四个方面来帮助读者梳理和掌握相关工作内容。

4.3.1　产品策略

产品策略包括产品系列化规划、产品价格带规划、产品生命周期策略、产品分类策略、产品组合策略等。

1. 产品系列化规划

产品系列化，即对产品进行归类，按照产品的某一属性、功能、结构或技术参数等将同一类型的产品有规则地排列在一起，形成具有同一属性的系列化产品，以满足消费者多个方面的需要。

产品系列化规划有两方面特点：

(1) 分析客户需求。根据不同客户的需求特点，在产品质量、性能、外观上明确体现出来，形成具有同一类型的系列产品。

(2) 设计有层次空间的价格体系。每一个系列的产品尽量保证能覆盖在一个合理的价格区域。

小米手机上市初期的目标人群是那些对科技、技术有着极致兴趣但对价格相对敏感的中等收入人群。针对此类人群的需求，小米设计了一款性价比超高的发烧级智能手机，不仅满足了目标人群追求高端科技的需求，同时使得产品价格符合消费者的消费能力。随后，小米手机每年在产品质量、性能、外观以及价格方面均在不断地创新和规划。这些都是小米手机产品系列化的体现，如图4-7所示。

| 小米手机

小米MIX 2	小米Note 3	小米6	小米Max 2	小米5X	小米MIX	小米Note 2
3299元起	2499元起	2499元起	1699元起	1499元起	3499元起	2799元起

图4-7　红米和小米手机系列化产品展示图

实务应用

小米手机主要拥有两大产品系列，包括经典款小米系列手机和千元智能红米系列手机。小米手机保持"为发烧而生"的产品定位；红米手机则定位中低端消费人群，弥补了小米手机价位高难以满足中低端消费者需求的问题。两个系列的产品都有其明确的定位和风格，如表4-2所示。

表4-2　小米手机与红米手机区别

项目	小米手机	红米手机
价格	1000 元以上	＜1000 元
配置	高端	中低端
外壳材料	不锈钢、陶瓷等	塑料、金属外壳
定位	高端机型	大众机型

2. 产品价格带规划

价格带是指同一类产品的最低价和最高价之间的价格区间。与价格带相关的概念有价格带宽度、价格带深度、价格带广度和价格线、价格点、价格区。

价格带宽度是价格带中最高价和最低价的差值。如图 4-8 所示，价格带为 10～70 元，价格带宽度即为 60 元。

价格带深度是指体现在价格带中的产品 SKU 数，图 4-8 的圆形表示在该价格带宽度中共有 15 个 SKU，所以价格带深度为 15。

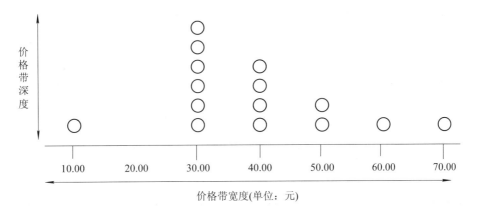

图 4-8　价格带宽度及深度示意图

价格带广度是指体现在价格带中的不重复销售价格的数量，每一个不重复的价格叫做一条价格线。如图 4-8 所示，价格带广度为 6，价格线为 6。

价格点是指在价格带中最容易被顾客接受的某一条价格线，如图 4-8 中可以确定 30 元的价格线为价格点。

价格区是价格带中包含价格点的消费者主要购买的价格区间。根据二八法则，80%的消费者在购买时会选择价格区内的商品。

小贴士

SKU=Stock Keeping Unit(库存量单位)，即库存进出计量的基本单元，可以是以件、盒、托盘等单位。SKU 为产品统一编号的简称，每种产品均对应唯一的 SKU 编码(上文即为此用法)。

在电子商务中，SKU 有另外的注解：(1)SKU 是指一款商品，每款都有一个唯一的 SKU 编码。(2)一款商品多色多码，则有多个 SKU。例如一款衬衫，有红色、白色、蓝色三个颜色和 S 码、M 码、L 码三个号码，则红色的 S 码是一个 SKU，红色 M 码是一个 SKU，该款衬衫共有 9 个 SKU。

在电子商务运营中，一个商城的价格带宽度要适中，过长或过短均不利于市场竞争。价格带过长会分散顾客的注意力，影响客户群体消费层级的定位。而价格带深度也要达到一定数量，过少的 SKU 数量不利于满足更多客户的需求，容易导致客户流失。

价格带规划要点有以下方面：

(1) 通过市场的数据分析确定价格点，确保符合目标人群的消费能力。

(2) 根据价格点确定价格区间，价格区间可以设置为中低端价格区、高端价格区、基础价格区等，一般设置 1～3 个。

(3) 合理设置价格带深度。在一个商城中，至少需要 30 款以上的 SKU，才能保证较高的客户购买频次。

实务应用

某淘宝店主在调研淘宝市场行情中发现18～24 岁年轻女性对于时尚饰品的需求量巨大，且该市场并没有形成绝对的垄断。因此，该店主准备进入淘宝网时尚饰品市场。

目前该市场销量较大的商品单价在 10～40 元，该店主参考以上价格，作出如下规划：在产品系列规划上，店内准备上线耳环、项链、手链三个品类，分为气质系列、潮流系列、少女系列、文艺系列；在价格带规划上，以 10 元和 25 元作为两个价格点，10 元价格点附近的产品以基础款为主，在该价格区培养爆款商品来获取新客户；25 元价格点附近的产品以高质量、利润款为主，服务于消费者更多的需求；全店的产品数量计划在 3 个月内增加到 200 个。

每一款产品的研发、生产、包装、推广等环节均需要一定的时间周期和成本投入，但销售额和市场竞争力却不会同比例增长，超过一定的增长限度后，甚至会呈现反比例增长。因此，一个合理适度的价格带规划要在尽可能提高市场竞争力的前提下实现投入和产出的最优化。

3. 产品生命周期策略

产品生命周期是指产品从面市到退市之间所经历的整个过程。对产品生命周期的规划，就是对产品更新速度和销售节奏的把控。一个产品的生命周期需要经历引入期、发展期、成熟期、衰退期四个阶段，如图 4-9 所示。

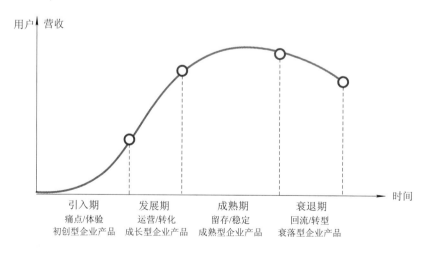

图 4-9　产品生命周期曲线图

新上市的产品尚处于引入期，产品能够给市场带来新鲜感和创意，利润较大但销量相对较低。随着时间推移加上市场宣传和促销活动，产品开始从发展期进入成熟期，进入利润最大化的区间，但也面临着价格逐渐降低、利润开始渐少的境况。衰退期产品在有效的时间内，可以作为低价产品来阻击竞争对手。

☑ 实务应用

科技产品更新换代的速度非常之快，如苹果手机每年研发新品一样，小米手机也会定期推出新品。

每一款小米手机的生命周期都经历了引入期、发展期、成熟期和衰落期四个阶段。小米善于使用"饥饿营销"作为引入期的市场预热手段，使用小批量供货的方式助威成长期，使用大量现货和传统渠道铺货的方式支撑成熟期的市场需求，最后使用适当降价的方式完美落幕。

小米 2 代、3 代等早期产品已经退出市场，取而代之的是近两年的小米 MIX，这种换代不仅是对新技术的应用升级，也体现了企业对市场需求变化的适应。小步迭代，试错快跑是小米甚至是更多互联网产品不断迭代更新的指导法则。

每一个产品所处的生命周期不同，在整个产品线中所起到的作用也不同。规划好各系列产品的生命周期，形成新老产品的不停迭代和更新，是把控产品线节奏的关键。

4．产品分类策略

产品分类是根据产品的品类、价格、功能、外观等对产品进行类别划分。产品分类可以有效帮助客户快速找到目标商品。

一般来说，产品分类要以消费者需求为中心或以竞争对手为导向进行合理分类。电子商务平台产品分类策略有以下几种情况。

1) 按属性分类

按产品属性分类是指根据产品的特有属性对所有商品进行归类。

以女装为例，某天猫女装店铺主营 18～25 周岁女性服装。该店铺在 2017 年某时期的产品分类导航如图 4-10 所示，上装、下装、连衣裙、半身裙、针织衫、外套等的分类即属于产品的属性分类。

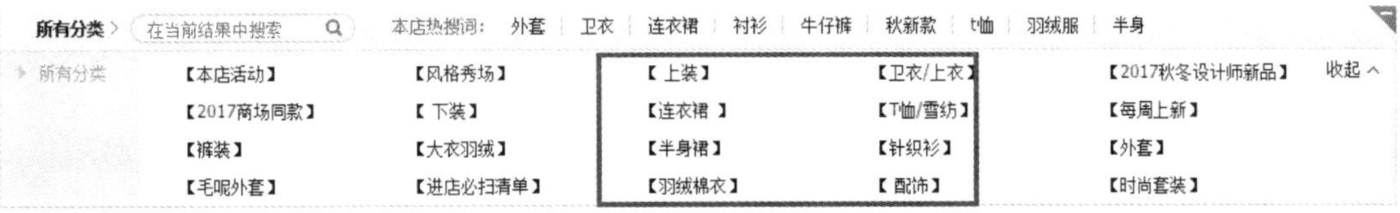

图 4-10　某女装产品分类导航图

按属性分类是网络商城对产品的最基本的分类方式。这种分类能让客户一目了然，并快速找到店铺主营商品。

2) 按产品的目标人群分类

一些中大型品牌，由于其产品品类丰富、产品系列完整，针对不同的人群拥有不同的产品系列。针对不同客户群体进行分类，可避免客户在搜索产品时接触不必要的信息。

ZARA 天猫官方旗舰店分类导航如图 4-11 所示，其分类方式以人群和属性分类为主。

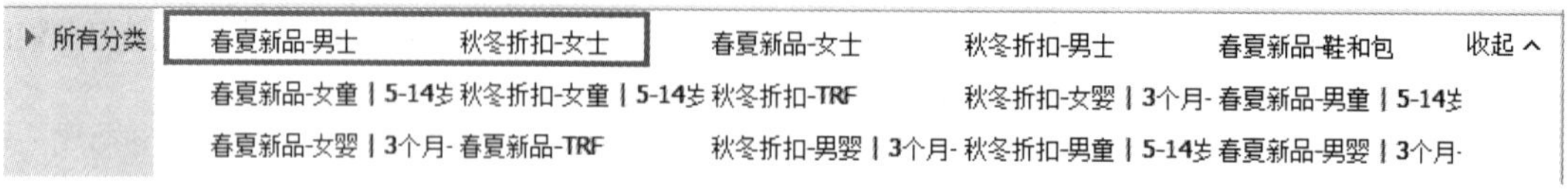

图 4-11　ZARA 天猫官方旗舰店分类导航图

3) 按产品功能分类

客户购买某件产品实际上就是购买该产品所具有的功能，通过使用该产品来满足自我需求。

以保健品为例，客户购买保健品非常重要的原因是其能够在某一方面提高自己的身体机能。所以一般情况下，在主营保健品的商城中，按产品功能分类是首选分类策略。某保健品牌商城的保健功能分类导航如图 4-12 所示。

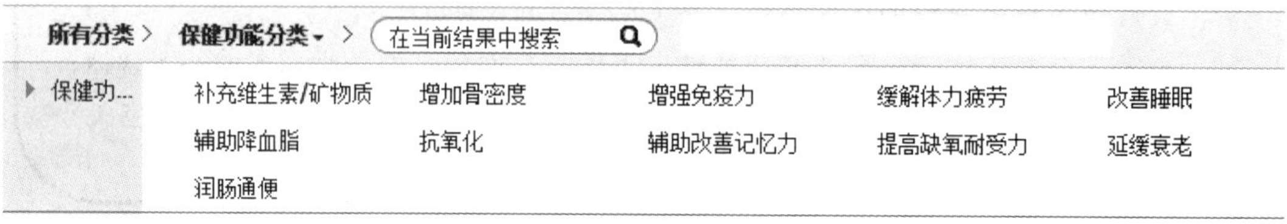

图 4-12　某保健品商城的保健功能分类导航图

4) 按产品促销分类

网络商城运营中，促销信息应及时显示在商城首页、分类导航中，方便客户及时收到优惠信息，提高购买意愿。如图 4-13 所示，某女装商城是按照产品促销信息进行的产品分类。

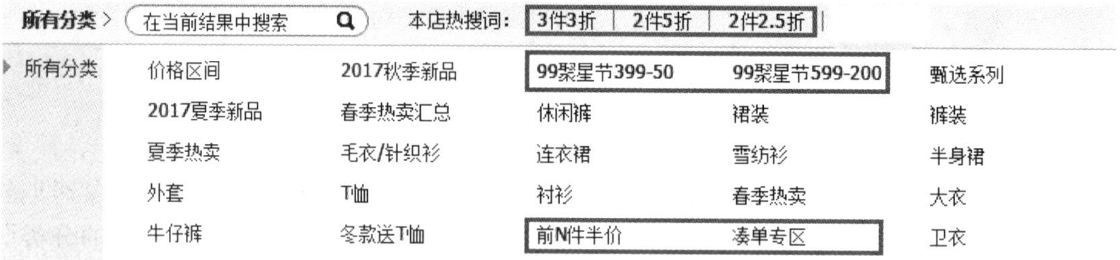

图 4-13　某女装商城的促销信息分类导航图

按照属性和产品功能分类的方式对于功能性突出的产品，尤其对 3C 产品来说较为合适。天猫商城的小米官方旗舰店设置了"爆款推荐""新品"的模块供用户选择，是对上述分类方式的补充，便于长期关注小米商城动态的用户及时了解促销活动或找到新品。

5．产品组合策略

产品组合是将具有某种特殊关系的商品关联在一起进行搭配销售。这种营销方式也称做组合营销或搭配营销。在电子商务运营中，产品组合销售能够提高客单价，从而提高销售额。

产品组合可以通过价格、功能、风格、色系、市场需求等多种维度进行。以下简要介绍套装组合策略、色系组合策略、功能补充组合策略、礼品组合策略。

1）套装组合策略

套装组合是指通过不同品类商品的搭配达到一种整体的效果，在服装类目使用居多。如图4-14所示，该套装既可以上装和下装单卖，也可以套装的形式搭配销售。

图4-14 秋冬毛衣短裙两件套套装

两件商品本是不同品类的商品，但很多消费者不愿意自己搭配，或更愿意选择专业搭配，基于这种需求催生了套装搭配市场的兴起。

该商家单件上装的价格是88元，单件下装的价格是78元，但套装的价格为148元，低于两件商品单价总和18元，相当于商家在套装搭配上采取了"搭配＋折扣优惠"的营销手段。

这种营销方式对于那些想以便宜的价格买到服装，还能买到专业穿衣搭配的消费者来说是双重诱惑。

2）色系组合策略

色系组合策略是指通过颜色来搭配商品。例如，男士大多数会有几件T恤或衬衣，那么一黑一白的搭配就能满足喜欢素色的消费者，加上折扣诱惑就可以促进成交。

3）功能补充组合策略

功能补充组合策略是指某些商品因功能的互相补充可以为使用者带来更好体验或更高价值的组合策略。功能互补搭配策略的要点，一是保证商品的叠加能够达到1+1>2的价值，二是组合套餐的价格比单品相加的价格优惠。

如图4-15所示，某照明企业的一款套餐商品。该商品是一组家装灯具，包括客厅灯、餐厅灯、主卧灯、次卧灯等，基本能够满足三室两厅

图4-15 功能补充组合产品示意图

的空间需求。并且根据各个空间的功能不同，每款灯具拥有不同的尺寸、颜色、款式。让使用该商品的空间既有统一的风格，又有各自的特色。

功能补充组合策略能够解决消费者对一种功能的多种需求，但这种策略不一定适合所有行业。因此，在工作中可以灵活运用这种组合的思维方式。

4) 礼品组合策略

礼品组合策略是指将某些相同系列或不同系列的商品重新组合包装形成一款新的产品，从而满足礼品市场需求。食品、美妆、3C 数码、饰品、母婴等很多行业都可以使用此类组合策略。图 4-16 是三只松鼠零食品牌的一款礼品盒，该礼品盒内拼装了几款不同商品，并搭配了精美包装。

图 4-16　三只松鼠礼品组合示意图

使用礼品组合策略有以下几个优点：一是扩充产品系列，将现有产品重新组合包装满足礼品市场需求；二是通过组合爆款商品和利润款商品来提高产品的利润率；三是可以作为商家降低库存的一种手段，当某种商品库存较高难以消耗时，可以推出礼品装来降低库存。

礼品组合商品的价格相比单品叠加的价格或高或相同，一般不要设置礼品包装比单品叠加偏低的价格投入市场。

4.3.2　渠道策略

电子商务营销渠道是依托互联网实现将产品从生产者流向消费者的中间环节。网络渠道一方面要为消费者提供产品信息，让消费者进行多元化比较和选择；另一方面向消费者提供产品和服务，促成交易。

网络渠道主要分为两种：一种是自建渠道，通过互联网实现从生产者到消费者的渠道；另外一种是分销渠道，利用互联网中间商将产品传递到客户手中。

1. 自建渠道

企业自建渠道的方式取消了中间商环节，不仅大大降低渠道成本，还缩短产品流通到消费者手中的时间，降低了客户购买价格，直接让客户得到便利和实惠。例如企业可以在天猫商城、京东商城、当当、苏宁易购等大型电子商务网站申请品牌旗舰店。随着移动互联网的兴起，企业也可以在有赞商城、微盟商城等移动电子商务平台申请品牌旗舰店(本书将企业自主入驻电子商务平台或独自组建网站、研发移动 APP 均归类为自建渠道)。

2．分销渠道

网络分销渠道是指企业直接面向其他企业或个人网络分销商提供商品，以此扩大分销渠道。

企业通过加入电子商务平台分销系统即可变成其他商家的供应商。例如，淘宝网卖家可以通过卖家后台的分销系统的"阿里进货"功能一键上传商品。处理订单时可同步物流信息，大大加快了分销、代销、上传商品、订单处理等工作的效率。

移动分销系统以分级代理模式为主。企业开通分销功能后，代理可直接分销商品获利。图 4-17 是移动互联网电商平台分级代理模式示意图。

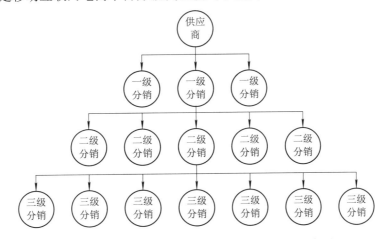

图 4-17　移动互联网电商平台的分级代理模式示意图

分销渠道对于扩展企业的营销渠道具有重大意义。每个企业都希望以适当的成本，在适当时期和场景下，把客户需求量大的商品卖给客户。选择渠道时主要考虑以下几个方面：

(1) 确定渠道选择的影响因素。企业是否能根据现有情况选择合适的渠道，对于企业短期，其至中长期发展有一定影响。从营销角度来说，目标市场情况、市场定位、企业实力以及成本投入力度，都是选择渠道的重要影响因素。例如，某数码家电用品企业选择酒类商品的垂直电子商务销售平台作为重点销售渠道，则显然不符合客户购买习惯的，是不合理的选择。

(2) 确定较为合适的渠道方案。选择自建渠道还是分销渠道要看企业目前的经营状况和企业实力。有些规模较大的企业会选择全渠道战略，同时展开自建渠道和分销渠道的建设。但对于实力不足的中小企业来说，全渠道战略显然是不合适的。中小企业应根据目标市场和目标客户的聚集地选择合适的分销渠道。当销售额上升，企业实力不断扩大后，可以考虑扩大渠道或自建销售渠道。

(3) 确定备选方案测试评估。企业根据渠道测试和评估结果最终确定渠道方案。测试评估维度从目标市场覆盖面、销售效率两个方面来考量。简单地说，某渠道最终能体现出最大价值，则作为重点渠道，其他渠道辅助进行。

企业在选择渠道时，一定要经得住诱惑，不要看到其他企业或产品渠道策略效果好，就不假思索地模仿与跟进，而忽视了企业自身情况和产品特点。

实务应用

小米手机是一家以互联网营销为主的公司，小米官方网站、天猫商城旗舰店、京东旗舰店等均为其主要销售渠道。除线上渠道外，小米近几年还发展了如苏宁、移动通信运营商等线下渠道，如图 4-18 所示。

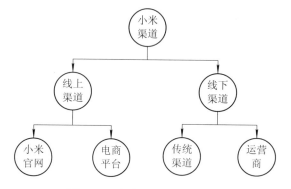

图 4-18　小米渠道扩展示意图

小米是一家极具互联网思维的公司，从产品、营销、品牌等各个方面都渗透着互联网思维。依靠互联网营销的红利，小米手机积累了一批忠实用户，实现了线上渠道的销量爆发，带动线下渠道的需求增长。

4.3.3　价格营销策略

价格营销策略是指企业按市场规律来制定价格以实现营销目标。价格营销策略主要包括：免费价格策略、低价定价策略、拍卖竞价策略等。

1. 免费价格策略

免费价格策略主要用于促销和推广产品，这种价格策略一般是短期和临时性的。在网络营销中，免费价格策略不仅是一种促销策略，还是一种有效的产品和服务定价策略，许多电子商务企业凭借免费价格策略获得成功。免费价格策略主要有以下几种形式：

(1) 完全免费。即产品(服务)从购买、使用到售后服务的所有环节都实行免费。

实务应用

淘宝网的试用中心是全国最专业的试客分享平台。试用中心商家提供发布免费使用商品的平台，同时也为消费者聚集了上百万个试用产品的机会。消费者免费试用中，可以完全免费地获取试用品专业试用机会，如图 4-19 所示。消费者只需要通过试用报告分享试用感受，给商家的商品作出公正专业的描述，从而帮助其他消费者作出购物决策。

图 4-19　试用中心免费申请入口示意图

这种策略适用于新品上市前的预热，通过免费策略吸引消费者眼球，通过试用获取真实消费者的使用感受，便于更多消费者形成购买决策。

(2) 限制免费。即产品(服务)可以被有限次使用，超过一定期限或次数后，取消免费服务，用户付款后可申请继续使用。限时免费策略一般常用在虚拟商品中。

图 4-20 是某在线教育平台上某课程的限时免费活动。因为视频课程具有典型重复使用的特点，所以限时免费活动并不会消耗太多成本，反而会带来很多为免费而来的流量。如果课程内容有价值，还会引导消费者消费，最终将免费客户变为付费客户。

(3) 部分免费。即产品(服务)仅对部分功能或服务免费，用户如需使用更多功能或更广的范围，要支付相应的费用。部分免费最典型的使用案例是视频网站的会员政策，如图 4-21 所示。非会员可以观看平台的一些免费视频资源。但最新电影、独家视频、版权费高的视频资源，一般需要付费观看。即视频网站尽量保留免费业务来满足部分用户的需求，同时也提供升级服务，为一些愿意付费的用户提供更优质的资源。

图 4-20　某在线教育平台上某课程的限时免费活动

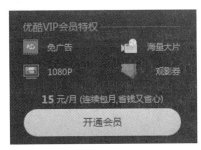

图 4-21　优酷会员介绍

2．低价定价策略

消费者选择网上购物，一方面是因为网上购物相对方便，另一方面能以较为优惠的价格购买商品。低价定价策略主要有以下几种形式：

(1) 直接低价定价。为了在产品初入市场时能够抢占部分市场份额，企业可以采用直接低价定价法，以极低的价格吸引客户购买，获取大量销售订单。

实务应用

　　小米手机一直以高性价比的产品来抢占市场。也就是说，同样的质量，小米具有更低的价格。因此在手机的价格策略上，小米采用了直接低价策略。

　　直接低价策略可理解为薄利多销，是在产品上市初期通过价格吸引消费者关注的一种策略。低价可以让产品尽快被市场接受，并借助大批量销售来降低成本，获得长期稳定的市场地位。

　　但如何从低价手机上获取利润？小米手机虽然价格较低，但手机配件、周边衍生品的价格相比市场价是偏高的，如图 4-22 所示，小米手机的获利点主要来自手机配件和其他产品。

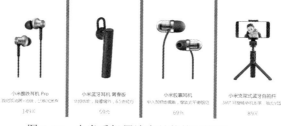

图 4-22　小米手机周边产品价格示意图

　　(2) 折扣定价。这种方式是在原价基础上打折，让客户直接获知产品降价幅度以促进客户购买。网络商城的产品销售一般会采用折扣定价策略。图 4-23 是折扣定价的典型案例，这种方式能够满足一些消费者爱占便宜的心理需求，起到催促消费者下单的作用 (但这种折扣定价方式已被要求进行合理解释，如：划线价格可能是商品的专柜价吊牌价或正品零售价)。

| 价格 | ~~¥298.00~~ | | 2464 累计评论 | 1435 交易成功 |
| 淘宝价 | **¥118.00** 秋季新品 | | | |

图 4-23　折扣定价的典型案例示意图

　　折扣定价运用了心理学中的沉锚效应，是指人们对某件事的判断会受到前一个事物的影响。即图 4-23 中 298 元的定价在消费者心目中制造了一个锚点，当价格折扣为 118 元时，则会在消费者心中留下非常便宜的印象，从而达到催促下单的目的。

小贴士

　　沉锚效应，心理学名词，指的是人们在对某人某事作出判断时，易受第一印象或第一信息支配，就像沉入海底的锚一样把人们的思想固定在某处。作为一种心理现象，沉锚效应普遍存在于生活的方方面面。第一印象和先入为主是其在社会生活中的表现形式。

(3) 促销定价。促销定价是指企业暂时将其产品价格定得低于正常销售价格，或将部分产品利润用于折扣或推广活动的一种定价方式，以此来快速提升销量。促销定价主要手段有：抽奖促销、赠品销售等。

实务应用

　　天猫"双十一"的促销活动中，天猫平台和各商家都会采用促销定价策略来完成"双十一"的销售目标。"双十一"购物节当天，阿里巴巴会引入大量的流量，平台通过使用"满减""优惠券""红包"等多种优惠手段来刺激消费者的消费欲，而商家除使用"促销定价"的手段来降低商品价格外，也同样配合多种促销手段来引导消费者购买，最终达到销售目的。

3．拍卖竞价策略

网上拍卖竞价主要有以下几种形式：

(1) 竞价拍卖。在 C2C 交易中使用较为广泛，是将一些二手商品、收藏品或普通商品以拍卖的方式出售，如图 4-24 所示为某竞价拍卖活动的海报。

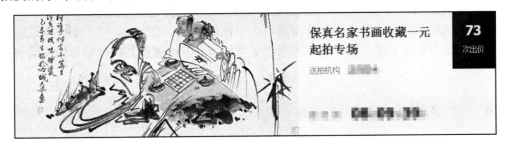

图 4-24　某竞价拍卖活动的海报

　　(2) 竞价拍买。这种形式是竞价拍卖的反向过程，客户提出一个价格范围，求购某一商品，由商家出价，出价可以是公开的，也可以是隐藏的，客户与出价最低或最接近的商家成交。

　　(3) 集体议价。这种形式是指多名客户集体购买共同议价的方式。传统渠道中，这种方式主要是多个零售商结合起来向批发商以量大从优的方式换取低价。电子商务行业中，主要以团购的形式出现。

实务应用

　　聚划算是典型的团购网站，它的定价方式即运用了集体议价。聚划算的商品价格相比市场价是极低的，但巨大的销量弥补了利润的不足。

　　图 4-25 是某天猫水果店参与聚划算量贩团的一款商品，每份商品包含 8 颗猕猴桃，重量在 800g 左右。从图中可以看到，该商品的第二份 0.1 元，第 3 份 0.01 元，那么 29.91 元就可以买到 5 斤猕猴桃。

对于消费者来说，性价比高是最好的下单理由，该产品已经售卖近 13 000 份。而对于商家来说，13 000 份换算成重量单位后大致有 10 吨。这个量级足够支持商家以超低的价格来进行采购，最终获取利润。所以，集体议价策略既能让消费者获得实惠，也能让商家获得利润。

图 4-25　某天猫水果店聚划算商品

以上仅简要介绍了几种常用定价策略。企业在进行产品定价前，应了解并不是所有产品和服务都适合采用上述方法，企业应考虑多方面因素，根据产品特性和营销渠道来确定价格。

4.3.4　活动策划

企业在进行经营活动时，通常会在各个时间节点进行非常规的营销活动，以此提高销售额。活动策划则是为了有序地执行营销活动而作出总体规划，并为具体产品制订出详细而严密的活动计划。

策划一个成功的营销活动需要协调多方面资源，制订详尽的活动方案、合理的促销方式。本节将从常用促销方法、撰写活动策划方案以及活动执行与跟进三个方面来讲解活动策划部分的相关内容。

1. 常用促销方法

促销是运营人员向客户传递企业或产品信息，并说服或吸引消费者购买其产品，以达到扩大销量的目的。常用的促销方法有以下几种：指定促销、借力促销、赠品促销、时令促销、临界点促销、主题促销、特殊日期促销、另类促销等。

(1) 指定促销。指定某种条件下的消费者享有某种权利，或某种产品在特定环境下拥有特殊优惠。常用形式有：

① 指定对象促销：如前 100 名立减 50 元，宝妈专享 8 折优惠，新客户第一次消费享 8 折优惠。

② 指定产品促销：如本店经典款帆布鞋 8 折优惠。

(2) 借力促销。通过借助明星、热点等来吸引消费者关注从而助力营销。常用形式有：

① 明星促销：如某明星最爱，某明星同款。

② 热点促销：如雾霾光临，带上口罩回家。

③ 依附式促销：如世界杯赞助商，某某活动赞助品牌。

(3) 赠品促销。除正品外可赠送其他附加商品，以增加服务项目的附加价值，与竞争对手形成差异化。常用形式：买一送一，满额送，多买多送，满额送红包，买送积分等。

实务应用

某品牌的促销活动广告图如图 4-26 所示。由图中促销内容可知：购买雅姿产品满 1680 元(含指定精华)即可获得雅姿时尚手提包+化妆包一套。从活动细则上看，该活动采用了赠品促销和指定促销两种促销形式。某种程度上来说，是一种提高活动门槛的体现。

图 4-26　某品牌促销活动广告图

(4) 时令促销。根据季节变化进行的促销活动。常用的形式有：

① 清仓类促销：换季清仓，季末促销。

② 季节性促销：季节性热卖促销，反季促销。

(5) 临界点促销。在促销活动中直接加入数字、"最高""最低"等文字引起消费者兴趣。常用的形式有：

① 最高额促销：全场 50 元封顶。

② 最低额促销：1 折起，全场最低 2 折。

③ 极端式促销：全网最低价。

(6) 主题促销。根据某一主题为宣传重点，策划促销活动。常用的形式有：

① 公益性促销：买就捐赠 XX，如图 4-27 所示。

该商品参与了公益宝贝计划，卖家承诺每笔成交将为"爱的分贝"听障儿童救助项目捐赠0.02元。该商品已累积捐赠62笔。

善款用途简介：我国7岁以下聋儿目前有20万，每年还有3万新生聋儿。这些聋儿如果在7岁前得到及时治疗，其康复率可以超过90%。聋儿在植入人工耳蜗

图 4-27　公益宝贝促销

② 电子商务平台发起的主题促销：如"双十一"天猫购物狂欢节。

③ 主题性促销：开学季特惠，年货大集全场 5 折。

(7) 特殊日期促销。从消费者、店铺、传统节日维度展开的具有特殊意义日期的促销。常用的形式有：

① 会员促销：会员生日特惠，会员日促销。

② 节日促销：如中秋节特惠，六一儿童节童装全场 5 折。

③ 特定周期促销：每周二特惠，每月 18 号部分商品半价优惠。

(8) 另类促销。除以上促销外的其他促销方式。

① 稀缺性促销：绝版，独家。

② 通告式促销：预售日促销。

③ 悬念式促销：价格竞猜。

 案例分析

某天猫商城周年庆当天活动玩法说明

10 月 18 日是某商城的店庆日，每年该商城都会举办折扣力度较大的促销活动。图 4-28 是该商城的某一次店庆活动的玩法介绍，它使用优惠券、满减、折扣、包邮、赠送运费险和满赠的组合促销形式。一般在商城做大型促销活动时，不会单一使用一种促销方式，而是联合多种方法，给消费者一种极致优惠的感觉。

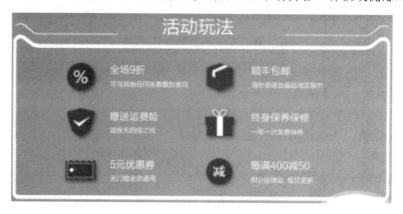

图 4-28　某商城店庆活动玩法介绍

2. 撰写活动策划方案

一份计划详尽、逻辑缜密、创意新颖并且具有良好可执行性的活动策划方案，对于执行活动和达成销售目标都将起到积极的作用。

电子商务运营中，一份活动策划方案应具备以下几个部分：

(1) 活动目的。营销活动的目的一般有两个：增加销量，提升品牌知名度。但如果细分还可以有很多种，比如吸引流量、提高商城的收藏量，或召回流失客户等。只有确定活动目的，才能有针对性地设计整个活动。

(2) 活动主题。活动主题应简洁清晰，有吸引力，并突出促销活动的力度。如"清凉夏日，全场 5 折"，既交代了主题，也明确了促销力度。

(3) 活动时间。即活动开展的时间，主题促销活动的时间不宜过长，仅在固定时间段进行即可。

(4) 活动平台。活动平台的选择决定了活动的推广渠道和目标人群。不同的平台需要制订的活动形式和活动方案均不相同。一般可以根据目前的平台资源配合活动目的来选择合适的平台。

(5) 活动方式。根据活动平台的人群特点、活动目的以及自身情况制订合理的活动方式。常用的活动方式将会在下文详细介绍。

(6) 预期目标。活动效果预期从流量、销量、销售额、新客户数量、老客户数量等维度进行设定。

(7) 活动细则。活动细则越详细，活动执行过程将会越顺利。该部分可以从活动流程、活动规则、奖品设置三个方面来考虑。

① 活动流程：使用文字或图片的形式来展示活动流程，做到表达清晰，要点明确。

② 活动规则：说明活动的限制条件、免责声明等。如"本次活动的最终解释权归 XX 公司所有"，如图 4-29 所示。

③ 奖品设置：即本次活动设置的奖品是什么。如"一等奖——海尔冰箱，二等奖——电饭煲，三等奖——购物券"等。

图 4-29　活动细则案例

(8) 推广渠道。推广渠道是根据活动目标来确定的。一般推广渠道可以分为站内渠道和站外渠道。例如，淘宝网的站内推广可以使用钻展、直通车、淘宝客等；站外可以使用微博、微信等。

(9) 费用预算。活动费用一般包括奖品费用和推广费用。通常费用占比应不超过预期销售目标的 30%。

(10) 任务时间表。活动的执行需要做很多前期准备工作，使用任务时间表来明确任务和责任人能够对活动筹备阶段的工作推进情况进行监控。

(11) 应急方案。活动策划案中应包含应急方案以应对突发情况。

 案例分析

某品牌年中大促活动方案

6月26—28日为淘宝全网服饰类清仓大促活动。全网商家都在清理库存，做促销打折活动。为了保持店铺人气及热度，迎合淘宝大促活动，引导消费者，激发新老顾客的消费冲动，并且想要在大促期间取得较好的销售业绩和较有影响力的社会效应，某品牌商特别策划了本次营销活动。活动策划方案如下：

活动目的：清理库存。活动主题：年中大促，疯狂盛夏，冰点低价。

活动时间：6月26日—6月28日。活动平台：淘宝平台官方旗舰店。

活动方式：全场包邮；会员折上折；

全店满130减20，满339减50，满499减100;

设置秒杀专区(3折秒杀，5折秒杀，6折秒杀)。

预期销售目标：20万元。推广渠道：直通车、钻展。

费用预算：销售目标的22%，即4.4万元，如表4-3所示。

表4-3　预算费用明细表

项　　目	预测指标	备　　注
销售目标	20万	3天
客单价	200元	经验值
需购买人数	700人	按人均1.2~1.5件购买量
需总访客数	87 500人	按转化率0.8%计算
需付费引导访客数	63 000人	按付费流量占比73%计算
平均推广费用	0.7元	经验值 (付费引导一个访客的费用)
推广费用	44 100元	访客数×转化率
费用占比	22%	推广费用/销售目标

任务时间表：如表4-4所示。

表4-4　任务时间表

任　　务	内　　容	时　　间	负责人
促销方案	确定方案	6.1—6.8	李丽
活动准备	页面准备	6.9—6.22	王安
活动预热	前三天	6.23—6.25	刘同
活动开始	按时上线	6.26—6.28	刘同

应急方案：无。

(注：总访客数 = 700÷0.8% = 87 500；付费访客数 = 87 500×73% = 63 875；推广费用 = 63 875×0.7 = 44 712.5，费用占比 = 4.4÷20 = 22%)

3. 活动执行与跟进

在确定活动策划方案后，要对整个流程的每一个环节进行妥善安排，并不断跟进，确保各个环节之间衔接顺利。

(1) 确定活动组成员。针对营销活动，需成立一个项目组。组员需涵盖运营策划、视觉设计、市场推广、仓储管理、客服、数据分析等相关人员。项目组成员的主要工作内容如下：

① 讨论活动内容与细节、提出异议及解决方案，并最终确定活动内容。同时，从整体运营的角度，去思考活动的可执行性。

② 划分工作内容区域，并将具体工作安排到相关负责人，保证职责清晰、按时完成工作任务。

③ 各部门商定各衔接环节，确定时间和方式。

④ 衡量各部门工作负荷，提前作出安排。

(2) 制定活动工作推进表与推进内容。根据项目的任务和负责人将项目任务安排到个人，并监督完成状态。

在项目推进表中，主要考虑策划、美工、推广、客服和仓储几个岗位的工作规划和时间节点的确定。图 4-30 是大型促销活动倒计时 30 天工作推进表，也可根据不同商城不同工作内容制定相应的表格。

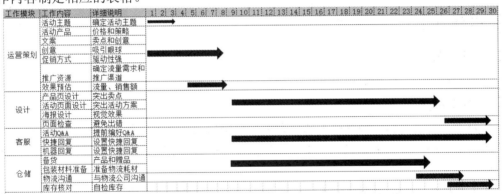

图 4-30　大型促销活动倒计时 30 天工作推进表

(3) 根据活动推进表跟进工作状态。活动推进表根据工作模块划分工作内容，整个工作条理清晰。将各个工作任务安排到个人并确定完成时间，保证按时完成。工作进度可以通过邮件汇报、定期开会的方式来掌控，确保工作顺利进行。

本节主要讲述了电子商务运营中的产品策略、渠道策略、价格营销策略以及活动策划的相关内容。除此之外，视觉设计也是运营策划中非常重要的一部分内容。考虑到本书侧重于培养运营与策划能力，视觉设计部分相关内容暂不介绍。运营策划是系统性工作，涉及庞大知识体系，本书仅介绍了一些主要知识点，其他知识请读者在学习和工作中不断体会和积累。

【本章小结】

1. 了解电子商务运营概念及相关工作内容。

2．掌握市场定位原理，能够通过市场定位的方法、步骤对项目进行市场定位。

3．掌握产品策略、渠道策略，能够在运营前期进行产品系列、价格、生命周期、分类、组合等维度的规划，能够合理选择运营渠道。

4．掌握价格营销策略，熟练运用各种价格营销策略吸引消费者，提高销售额。

5．掌握常用促销方法、活动策划方案的撰写以及活动执行与跟进规划。

【拓展阅读】

1．阿里巴巴商学院．新电商精英系列教程——电商运营[M]．北京：电子工业出版社，2016.

2．刘涛．淘宝、天猫电商运营百科全书[M]．北京：电子工业出版社，2016.

3．吴伟定，等．电商运营之道：策略、方法与实践[M]．北京：机械工业出版社，2015.

4．黄有璨．运营之光：我的互联网运营方法论与自白 2.0[M]．北京：电子工业出版社，2017.

5．(美)艾·里斯，杰克·特劳特．定位[M]．北京：机械工业出版社，2017.

6．(美)威廉·庞德斯通．无价：洞悉大众心理玩转价格游戏·纪念版[M]．闫佳，译．北京：北京联合出版有限公司，2017.

【实践作业】

1．任务名称

制定"双十一"促销活动方案。

2．任务描述

"双十一"是天猫商城最盛大的官方大型促销活动，商家往往在 8 月份就开始进入准备阶段，于 10 月 20 日开始进入"双十一"活动预热期，在 11 月 11 日零点正式进入活动执行期。

假如你是某商城的运营负责人，应该如何规划"双十一"的促销活动？请在天猫商城中选择一个店铺，为它制作"双十一"促销活动方案。

3．任务实施

按照以下要求制定"双十一"活动方案：

(1) 按照 4.3.4 中活动策划的格式来撰写活动策划方案。活动方案中必须包含：活动目的、活动主题、活动时间、活动形式、费用总计等内容。

(2) 活动形式至少 3 个以上，包括但不限于 4.3.4 中介绍的促销类型。

4．任务拓展

除"双十一"当天活动外，预热活动也是"双十一"必不可少的环节。请在"双十一"活动方案的基础上增加预热环节的活动策划方案。

第5章 网络推广

本章目标

- 了解 SEO 与 SEM 的概念
- 掌握关键词优化和其他辅助优化的方法
- 了解内部链接与外部链接的作用
- 掌握数据监测及调整的方法
- 了解网络广告的形式和投放步骤
- 掌握问答平台推广的操作步骤和注意事项

学习导航

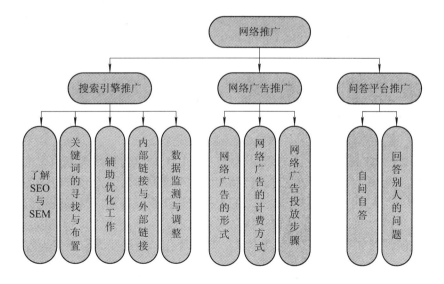

在互联网高速发展的大环境中,企业无论是运营官方网站、平台网店,还是进行品牌宣传,都需要通过网络推广获取更多的流量,从而增加产品曝光率和提高品牌知名度。

本章主要讲解搜索引擎推广、网络广告推广、问答平台推广三个方面的内容。读者在学习时可以浏览大量优秀的电子商务平台以及企业网站,分析并借鉴其推广和优化的方法。读者学习完本章内容后,请使用"凡科建站"建立模拟网站,并根据所学知识对网站进行优化。

5.1 搜索引擎推广

青岛某酒店管理公司的市场定位是打造二三线城市的中小规模连锁酒店品牌。该公司旗下拥有快捷酒店、连锁酒店、精选酒店、假日美地酒店四大品牌,全国连锁门店超过 1500 家。公司主要依靠搜索引擎进行品牌宣传,吸引大量加盟商的加入。旗下每一个品牌都建立了独立网站,并结合搜索引擎优化和付费竞价排名等推广手段,增加品牌曝光,最高每月达到成功签约 50 家加盟商的效果。

据数据显示,中国有超过 80%的网民使用搜索引擎,因此企业使用搜索引擎进行网络推广是非常必要的。本节主要以百度为例讲解搜索引擎推广的方法。

5.1.1 了解 SEO 与 SEM

搜索引擎推广是通过搜索引擎优化、搜索引擎排名以及研究关键词的流行程度和相关性在搜索引擎的结果页面取得较高排名的营销手段。通常可以使用搜索引擎优化(SEO)及搜索引擎营销(SEM)来实现搜索引擎推广的目的。

搜索引擎优化 (Search Engine Optimization,SEO)是指在了解搜索引擎自然排名机制的基础上,对网站进行内部及外部的调整优化,改进网站在搜索引擎中关键词的自然排名,获得更多流量,从而达成网站销售及品牌建设的预期目标。

搜索引擎营销(Search Engine Marketing,SEM)是指基于搜索引擎平台的网络营销,利用人们对搜索引擎的依赖和使用习惯,在人们检索信息的时候将信息传递给目标用户。SEM 主要方法包括:竞价排名、付费广告、站外优化等。

人们通常把 SEO 理解为免费搜索引擎推广,SEM 理解为付费搜索引擎推广。相对而言,SEO 性价比较高,通过 SEO 方式得到的网站关键词排名具有较长时间的稳定性。例如,SEO 工作人员耗时 3 个月将企业网站的某关键词在百度搜索的排名优化到第二位,那么几个月后很可能该网站的这个关键词排名仍然靠前。本节将重点讲解 SEO 的相关优化方法,包括关键词的寻找与布置、辅助优化、链接优化、数据监测与调整等内容。

5.1.2 关键词的寻找与布置

关键词优化是网站 SEO 的核心工作。网站关键词的选择不能凭空想象,必须经过研究才能确保某个关键词的用户搜索量大。SEO 人员选择关键词时需要站在用户的角度，首先对网站进行定位分析，明确网站的核心业务方向，然后再查找相关关键词。

1. 关键词的分类

在 SEO 工作中，一般将网站关键词分为核心关键词和长尾关键词。

核心关键词是指网站主题中最简单的，也是用户搜索量最高的词语。通常网站会有多个核心关键词。例如，经营扫地机器人的网站核心关键词可以是"扫地机""扫地车""洗地机"等。

长尾关键词是对核心关键词的扩展。以扫地机器人为例，长尾关键词包括"扫地车价格""小型扫地车""扫地机品牌"等组合词，也包括"哪个牌子的扫地车好""哪里能买扫地车"等短句。长尾关键词相对于核心关键词的搜索量会低，但数量多，可以自由扩展，因此优化好长尾关键词可能会比核心关键词更能吸引精准客户。

2. 寻找关键词的方法

常用的寻找关键词的方法主要有以下几种：

1）咨询业务人员

SEO 人员通过咨询网站业务人员获得关键词。由于网站业务人员与客户接触较多，比较了解客户的核心需求和搜索习惯，因此他们提供的网站关键词会较为精准。

2）研究竞争对手网站

SEO 人员通过找出某关键词在百度搜索结果自然排名前三页的竞争对手网站，并研究其网站标题和导航中出现的关键词来获取核心关键词。这些排名靠前的网站很可能进行了搜索引擎优化，研究它们可以获得更多有价值的关键词。

3）百度联想

当关键词在一定时间被频繁搜索时，该关键词则有机会被搜索引擎判定为是用户需求量大的词。百度搜索会根据用户的搜索词在下拉框中推荐相似关键词，帮助用户快速、精准搜索，这就是百度联想。如图 5-1 所示，在百度搜索框里输入关键词"超市货架"，下拉框就会自动出现很多相似的关键词。

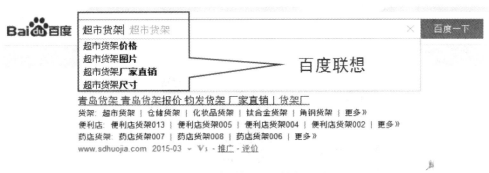

图 5-1　百度联想寻找关键词示例

另外，在百度搜索结果页的页尾还有"相关搜索"栏目，这里也会出现相似关键词。如图 5-2 所示，搜索"超市货架"后，出现的"超市货架批发""超市货架价格""轻型货架""商超货架"等关键词对于经营超市货架的企业，属于有价值的关键词。"货架新闻""超市"则与企业无关，属于干扰性词汇。"货架"这个关键词虽然可以反映用户需求，但是货架的种类很多,包括仓储货架、二手货架等,这种覆盖范围比较广的关键词称为泛关键词。泛关键词的优化难度较大,且通过泛关键词引入网站的客户不是精准的客户,因此一般不做优化。

图 5-2　百度相关搜索示例

4) 百度指数

百度指数(http://index.baidu.com/)是以百度海量网民行为数据为基础的数据分享平台,是当前互联网乃至整个数据时代最重要的统计分析平台之一。通过百度指数能够查询某个关键词在百度的搜索规模、某时间段的涨跌态势以及相关的新闻舆论变化等,同时也能分析搜索该关键词网民的人群属性、地理位置等内容。

关键词查找步骤:首先需要 SEO 人员注册百度指数账号后登录平台,并在搜索框输入要查询的关键词;然后点击"需求图谱";最后在"来源相关词"和"上升最快的检索词"版块中,摘取有价值的关键词。百度指数查询"超市货架",结果如图 5-3、图 5-4 所示。

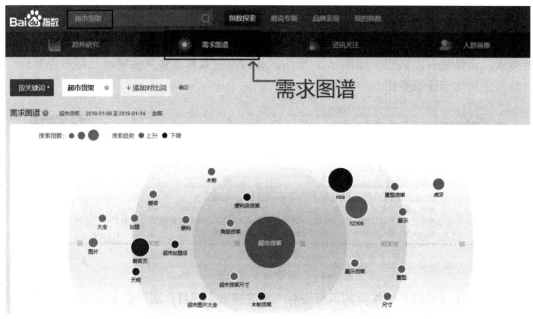

图 5-3　百度指数查词"超市货架"

来源相关词	去向相关词		相关度

1. 商超货架
2. 超市货架厂家直销
3. 便利店货架
4. 厂家
5. 超市货架价格
6. 木制货架
7. 直销
8. 80平超市货架摆放图片

图 5-4　百度指数"超市货架"来源相关词

5) 站长工具的挖词功能

SEO 人员通过站长工具(http://tool.chinaz.com/)可以了解网站的 SEO 数据变化。站长工具提供了多种 SEO 工具，如关键词挖掘、网站域名 IP 查询、PR、权重查询等。

查找步骤：首先登录站长工具网站，在首页主导航"SEO 查询"的下拉框点击进入"关键词挖掘"功能模块，如图 5-5 所示。

图 5-5　站长工具"关键词挖掘"工具

然后输入要查询的关键词(如"超市货架")查看相关的关键词和对应的指数，如图 5-6 所示。

关键词	整体指数	PC指数	移动指数	360指数	预估流量(IP)[一键查询]	收录量	网站首位
超市货架	961	143	818	277	查询	1850000	image.baidu.com 超市货架_百度图片
超市货架价格	173	36	137	64	查询	268000	www.1688.com 大型超市货架价格_今日最新大型超市货架价格行情走势 - 阿里巴巴
深圳超市货架	51	51	0	0	查询	47000	www.hc360.com 【深圳超市货架】最新批发价格_深圳超市货架采购商机 - 慧聪网
精品超市货架	27	18	9	0	查询	176000	image.baidu.com 精品超市货架_百度图片
上海超市货架	26	10	16	0	查询	27800	www.santevin.com 上海货架公司_上海货架厂家[重庆]超市货架_上海仓库仓储货架定做
西安超市货架	8	8	0	0	查询	14400	jixie.huangye88.com 【双菱货架厂-西安超市货架-陕西库房货架-西安咸阳清南重型仓储...
超市货架3d模型	1	1	0	0	查询	4920	mx.shejiben.com 【超市3d模型下载】_3dmax超市模型下载_设计本
qq超市货架升级辅助	1	1	0	0	查询	37000	www.pc6.com QQ超市辅助大全_QQ超市辅助器
qq超市货架最高多少级	1	1	0	0	🔄	58000	web.duowan.com qq超市货架升级攻略 qq超市货架销量 - 多玩网页_多玩网页游戏

导出数据

图 5-6　站长工具挖词示例

其中指数越高的关键词搜索量越大，同时也意味着竞争越大，也就越难获得良好排名。同理，指数为 0 的关键词没有搜索量，即使在百度首页获得了排名，对于业务增长的意义也不大。

最后点击左下角的“导出数据”，将查询到的关键词数据导出为 Excel 表格，并根据指数大小进行排序，挑选出有价值的关键词。

3. 关键词的布置

关键词的布置就是把关键词合理地放置在网站各个页面的标题和内容里，使关键词达到一定的数量和密度，使搜索引擎认为该网页与用户搜索的关键词相关度很高，进而提升网站排名。通常网站由首页、栏目页、新闻页、产品页等页面组成，其中网站首页的权重最高，一般情况下把用户经常搜索的核心关键词布置在首页。

布置关键词的位置包括网站的<title>和<meta>标签(“keywords”“description”等)、导航、内容(各版块标题、新闻内容)、底部版权和友情链接。

1) <title>和<meta>标签

标题<title>标签的关键词布置是 SEO 优化的重中之重。如图 5-7 所示，百度搜索结果页中出现的大号字体即为网站标题。<meta>标签作为子标签只出现在网页的 head 标签内，可为 HTML 文档提供额外的信息。

图 5-7 网站标题

(1) 在标题<title>标签中布局。首先打开某网站，在网站首页空白处单击右键选择【查看源代码】选项，然后在显示的代码中找到<title>标签。其中<title>标签显示的内容就是该网站布置的核心关键词，如图 5-8 所示。

```
<!DOCTYPE html PUBLIC "-//W3C//DTD XHTML 1.0 Transitional//EN" "http://www.w3.org/TR/xhtml1/DTD/xhtml1-
transitional.dtd">
<html xmlns="http://www.w3.org/1999/xhtml">
<head id="Head1"><meta http-equiv="X-UA-Compatible" content="IE=EmulateIE7" /><meta http-equiv="Content-Type"
content="text/html; charset=utf-8" /><title>
    超市货架|青岛超市货架|青岛仓储货架|青岛精品展柜|木制货架|英仕达货架
</title><meta name="keywords" content="超市货架|仓储货架|精品展柜|青岛超市货架|青岛仓储货架|青岛精品展柜|木制货架"
/><meta name="description" content="青岛英仕达商用设备有限公司集山东超市货架,精品展柜,仓储货架,木制货架的专业公司,
其产品有:青岛超市货架,青岛仓储货架,青岛精品展柜,木制货架.提供药店货架,仓库货架,青岛便利店货架,青岛母婴店货架,青岛
展柜,木制货架免费送货,免费上门安装,并提供超市货架咨询生产,设计批发零售,精品展柜制造销售,仓储货架安装调试,木质货架
售后服务的一站式流程.联系热线: 0532-86769911" /><meta name="chinaz-site-verification" content="BEED019B-FFB6-3179-
2993-CD71BDBF4AD4" /><link href="/Skins/Default/resetcommonindex.css" rel="stylesheet" type="text/css" />

    <script src="/JS/Index.js" type="text/javascript"></script>
<meta name="pinggu-site-verification" content="61966306226472a5b12508b4e7904440" /><meta name="baidu-site-
verification" content="eLyhf52QWX" /><meta name="360-site-verification" content="4e718a50b50e939529bdeb74aa7d0ba5"
/><meta http-equiv="Content-Type" content="text/html; charset=utf-8" /></head>
<body>
    <!--头部开始-->
```

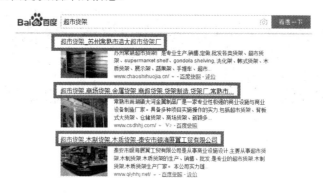

图 5-8 <title>和<meta>标签

标题<title>的核心关键词应根据重要程度依次排列，一般布置 3～5 个关键词为宜，过多的关键词容易分散权重，不利于网站优化。

(2) 在<meta>标签的关键词"keywords"中布局。目前关键词"keywords"对网站 SEO 的作用逐渐变得没有原来明显，只需要把标题中的 3～5 个关键词布置到关键词"keywords"中即可。

(3) 在<meta>标签的描述"description"中布局。如图 5-9 所示，描述的内容会在搜索结果页的标题下面展现。描述是对网页内容的概括，不是关键词的堆砌，内容要包含标题<title>中的 3～5 个关键词，80 个汉字以内。

青岛仓储货架｜超市货架｜重型仓储货架｜中型仓储货架｜精品展柜-...

青岛英仕达商用设备有限公司集青岛与青岛开发区仓储货架,青岛重型仓储货架,青岛中型仓储货架,青岛角钢仓储货架,青岛轻型仓储货架等仓储货架的专业公司,其产品有:青岛...

www.qdyisd.com/ ▾ - 百度快照 - 评价

图 5-9　描述在搜索结果页的位置

2) 导航

搜索引擎是自上向下抓取网页数据的。网站导航位于所有页面的顶部，所占的搜索权重较高，需要重点布置关键词。由于导航栏目的位置有限，一般不超过 10 个，我们可以在不影响用户体验的情况下，将导航栏的分类词设置为关键词。

3) 内容

通常网站页面包含若干版块，SEO 人员应在不影响用户体验的前提下在各版块布置关键词。如图 5-10 所示，可以把"企业新闻""解决方案""成功案例"的标题分别改为"仓储货架新闻""仓储货架解决方案""仓储货架展示"。

图 5-10　网站板块标题

4) 在底部版权和友情链接中布局关键词

在网站底部，一般都会设置友情链接和版权信息，在此布置关键词也能增加关键词搜索权重，如图 5-11 所示。

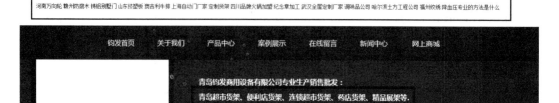

图 5-11　网站底部版权和友情链接关键词设置

总之，网站中有文字出现的地方都可以布置关键词，越重要的位置其关键词效果越好，但切忌大量刻意地堆砌关键词，影响网站的用户体验。

SEO 人员在布置关键词之后，还需要检测关键词密度(可以使用站长工具中的"网站检测")，通常每个网页的关键词密度在 2%～8%最佳。关键词密度过大，容易被搜索引擎判罚作弊从而影响排名；关键词密度过小，会被认为该关键词与网站内容相关性不高，影响搜索排名。

5.1.3　辅助优化工作

在关键词优化的基础上，需要继续对网站进行优化，如 404 页面、URL、图片 ALT 标签等。下面介绍 404 页面设置、网页 URL 静态化、URL 层次结构优化、图片 ALT 标签优化、域名首选项优化、检查网站死链接等辅助优化工作。

1. 404 页面设置

404 页面是指在浏览网页时，服务器无法正常提供信息或无法回应，且不知道原因所返回的页面。该页面告诉浏览者其所请求的页面不存在或链接错误。一个拥有良好设计的 404 错误页面可以避免失去用户的信任，能够建立用户关系并能留住用户，使其浏览网站的时间更长。如图 5-12 所示，404 错误页面使用幽默图片提升用户体验。

您访问的页面不在地球上，请回火星吧～

图 5-12　幽默的 404 错误页面设计

小贴士

HTTP 状态码(HTTP Status Code)是用以表示网页服务器 HTTP 响应状态的 3 位数字代码。

常见 HTTP 状态码：

200(成功)：服务器已成功处理请求。

301(永久移动)：请求的网页已永久移动到新位置。服务器返回此响应时，会自动将请求者转到新位置。

302(临时移动)：与 301 类似，但资源只是临时被移动。

404(未找到)：服务器无法根据客户端的请求找到网页。

503(服务不可用)：由于超载或系统维护，服务器暂时无法处理客户端请求。

2. 网页 URL 静态化

URL 是因特网的标准资源地址，即网页地址。网站 URL 分为静态和动态两种。对于搜索引擎而言，静态 URL 更有利于搜索引擎抓取，如果网站在建站时使用了动态 URL，那么在 SEO 工作中就需要将动态 URL 静态化。

辨别网站的 URL 属于动态或静态的方法如下：

如果 URL 结尾是"html/htm"属于静态 URL，例如：http://www.ysd77.com/cchj.html。

如果 URL 中出现"＝""？""％""＆"等字符属于动态 URL，例如：http://www.shhjhj99.com/product.asp?prosmallkind=122。

3. URL 层次结构优化

URL 层次是指 URL 的深度，越深的页面越难被搜索引擎抓取，权重也越低。在网页 URL 中，一个"/"就代表一个层次，如三级页面 URL：http://www.qingdaohuojia.com/cangchuhuojia/134.html。为了实现良好的优化效果，网站页面深度一般不要超过 4 级。

4. 图片 ALT 标签优化

目前搜索引擎能抓取到的网站数据只有文字和链接，并不能抓取图片，能让搜索引擎识别图片的方法就是对图片添加 ALT 标签。ALT 标签是指网站图片的文字提示，它最初的作用是当网站图片无法显示时用户可以根据文本信息判断图片内容。在 SEO 工作中，对图片 ALT 标签适当添加关键词，不仅可以提升网页关键词的密度，还可以在搜索引擎的图片搜索中获得排名。

查看网站图片是否添加 ALT 标签的方法有：

(1) 浏览网页图片时，将鼠标放在图片上，看是否有文本显示，如图 5-13 所示。

(2) 网页空白处单击右键"查看网页源代码"，查看相应图片的代码中是否含有 ALT 标签，如图

图 5-13　图片 ALT 标签示例

5-14 所示。

```
<li class=''><a target="_blank"
    href="/zxcch/bzhdgd01.html" title="壁纸活动隔断01">
    <img src="http://www.geduan77.com/UploadFiles/Product/20141122131727_77074.jpg" title="壁纸活动隔断01"
    alt="壁纸活动隔断01"></a><span>
        <a target="_blank" href="/zxcch/bzhdgd01.html" title="壁纸活动隔断01">
        壁纸活动隔断01</a></span>
```

图 5-14　源代码中的 ALT 标签

5. 域名首选项优化

通常，网站会有多个默认的域名。例如 www.ysd.com 和 ysd.com，用户不输入"www"也能进入该网站。但搜索引擎系统会认为这是两个网站，容易造成权重分散，影响排名结果。因此面对多个网站的多个域名，我们要将其中一个域名优化为主域名首选项。

优化方法：首先将没有"www"的域名做 301 转向至有"www"的域名上，该过程需要由网站技术人员完成；然后 SEO 人员再借助站长工具检查是否完成域名首选项设置；最后在站长工具(http://seo.chinaz.com/pagestatus)搜索框中输入要检测网站的 URL，如图 5-15 所示，如果检测结果显示返回状态码为 301，说明该网站已经设置了域名首选项。

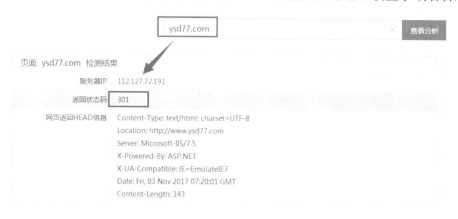

图 5-15　检测域名首选项

6. 检查网站死链接

死链接是指服务器的地址已经改变了，无法找到当前地址位置。如果一个网站的死链接过多，对于网站的用户体验会产生很大影响；对于搜索引擎而言，其蜘蛛程序会逐渐降低爬行该站的频率，导致网站快照更新频率也相应降低，页面收录量骤减，排名下降，访客大量流失。所以，SEO 人员要及时检测网站死链接，并对其做 404 页面、删除、恢复内容等处理。

检查网站死链接方法：可通过站长工具(http://seo.chinaz.com/links)查询死链接。如图 5-16 所示，在搜索栏中输入网站的网址，点击"显示链接"，即出现检测结果。

除了上述介绍的辅助优化方法外，还有网站域名设置、空间大小、网站速度、网站文章质量等因素都会对网站的搜索引擎排名有一定影响。在此不再详述，感兴趣的读者可以查询相关资料做进一步了解。

图 5-16　使用站长工具检测死链

5.1.4　内部链接与外部链接

网站可以通过内部链接和外部链接将部分权重转移到已链接的页面。链接数量越多，被链接页面的权重越高，越能提升该页面在搜索引擎中的排名。

1. 内部链接

网站内部链接简称内链，是指同一网站页面之间的相互链接，如图 5-17 所示。

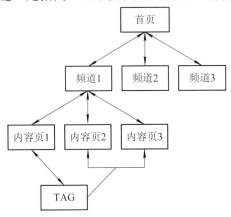

图 5-17　网站内链示例

内链犹如网站的经脉，清晰的网站脉络有利于引导用户浏览更多网页，从而提高用户访问时长，增加用户黏性。对于搜索引擎而言，网站的每个页面都具有权重，首页权重最高，通过内链可以将首页权重传递给各个页面，使网站整体权重提高，有利于提高网站各页面在搜索引擎的排名。

内链通常具有网站导航、面包屑导航、锚文本链接以及文章相关链接等形式。在 SEO 工作中，设置内链时要考虑良好的用户体验，同时也需要将整个网站建成一个闭环网络，把权重分散到各个页面。这样搜索引擎蜘蛛可以抓取到网站的所有内容，对网站的排名很有帮助。

2. 外部链接

网站外部链接简称外链，是指其他网站指向这个网站的链接。外链通常分为锚文本链接和网址链接。锚文本链接是指在关键词上添加超链接，点击关键词就可以到达另一个页面。网址链接是指在文章结尾处加上文字形式的链接。例如在其他网站发布文章后，标注版权声明"本篇文章出自 XXX 原创,转载请注明出处和链接——www.XXXXX.com"。

通常设置外链的方法是在其他权重较高的网站上发布关于自己网站的信息,并在信息中添加网址或锚文本链接,从而吸引搜索引擎通过外部链接到达我们的网站抓取内容。如图 5-18 所示,可以使用站长工具中的 SEO 综合查询工具查询相关网站权重。

图 5-18　站长工具网站权重查询

典型的外链渠道有论坛链接、博客链接、分类信息网链接、友情链接等。外链的作用除了引导搜索引擎抓取,还可以引导用户浏览,因此在选择外链渠道时,首先要选择和自己网站行业相关的渠道。例如仓储货架网站,可以通过中国机械网、行业论坛、B2B 网站等渠道发布外链,也可以通过百度搜索关键词,筛选排名前三页的免费平台作为外链渠道,如图 5-19 所示。

图 5-19　百度搜索查找外链网站

5.1.5　数据监测与调整

SEO 人员在进行搜索引擎优化时需要建立相关数据的监控,以便及时调整优化策略。通常可以使用中国站长网(http://www.cnzz.cn/)、百度统计等工具监控网站流量、跳出率、页面来源等数据;通过站长工具监控网站权重、关键词排名、收录量、外链数量等数据。图 5-20 所示为利用站长工具查询网站关键词排名。

关键词	PC指数	移动指数	360指数	本地排名[一键查询]	异地排名[异地排名]	排名变化	预估带来流量(IP)
超市货架	176	873	277	60	60	-	0
仓储货架	110	206	63	100名以外	100名以外	-	0
精品展柜	52	85	40	3	3	-	20 ~ 27
青岛超市货架	0	0	0	7,11,48	7,11,48	-	0
青岛仓储货架	0	0	0	27	27	-	0
青岛精品展柜	0	0	0	4	3	-	0
木制货架	65	383	0	13	10	-	2 ~ 4

图 5-20　站长工具查询网站关键词排名

SEO 人员在监控数据的过程中，如果发现以下情况，可以尝试及时进行优化调整。

1) 网站页面未被完全收录

网站页面没有被搜索引擎收录的原因有很多，一种原因可能是由于某些页面标题相同，导致搜索引擎认为这些页面属于同一个页面，拒绝重复收录；另一种原因可能是网站页面的内容不属于原创内容，搜索引擎认定内容重复，导致该页面不被收录。因此，想要实现使网站页面完全被搜索引擎收录，就需要在页面标题和内容上下功夫。

2) 排名不高或不稳定

如果在网站关键词设置正确的情况下出现这种问题，可以尝试增加外链数量，使网站的内容得到转载，提高点击率。

3) 有排名无点击

通常在搜索引擎结果页中，网站显示的内容只有标题、描述或图片，出现有排名无点击的情况很可能是因为用户对该网站的内容不感兴趣，因此需要优化网站标题和描述，突出网站及产品特色。

4) 有点击无咨询

有点击无咨询是网站黏性差的表现，说明用户打开网站后没有兴趣和进一步的行为就离开了。这时，SEO 人员需要充实网站页面内容，调整内部链接，吸引用户浏览，延长停留时间。

本节重点讲述了搜索引擎推广的主要工作内容，网站 SEO 优化要兼顾搜索引擎的抓取机制和用户体验度两方面，才能使用户快速找到网站，通过浏览内容产生兴趣，从而达成交易。

5.2　网络广告推广

通常我们在浏览网页时会发现这样一个现象：无论是浏览视频网页、新闻网页还是论坛网页，都可以看见淘宝网的产品广告，并且广告推送的产品也恰好是我们最近在淘宝浏览的产品。这种网络广告就是以优质网站为推广平台，帮助广告主锁定目标人群，并以丰富的样式将广告主的推广信息展现在目标人群浏览的各类网页上，在其网页浏览全程产生影响。网络广告能够有效提升客户的销售额和品牌知名度。通过学习本节网络广告推广的内容，读者可以了解网络广告的形式以及投放步骤。

5.2.1　网络广告的形式

在互联网平台上投放的广告，统称为网络广告。网络广告推广是指利用网络广告进行网络推广活动的一种方式。网络广告的形式多种多样，最常见的有：网幅广告、文本链接广告、富媒体广告、视频广告、搜索引擎竞价广告等形式。

1．网幅广告

网幅广告是以 GIF、JPG、Flash 等格式建立的图像文件，布置在网页中用来表现广告内容的广告。网幅广告有多种表现形式，如通栏、按钮、对联、浮动等，每种形式的尺寸又各不相同。常用的网幅广告尺寸如表 5-1 所示。

表 5-1　常用的网幅广告尺寸

编号	尺寸(像素)	名　　称
1	950×60	通栏横幅
2	468×60	全尺寸横幅
3	392×72	全尺寸带导航条横幅
4	125×125	方形按钮
5	120×90	按钮或小图标
6	88×31	小按钮
7	120×240	垂直横幅

网幅广告通常分为静态网幅广告、动态网幅广告和交互式网幅广告三类。

静态网幅广告是指静态的图片，固定在网页的某个位置，这种广告制作简单，如图 5-21 所示。

动态网幅广告是使用 GIF 动态图片或 Flash 动画格式，制作成丰富多彩的图片展现在网页上的广告。其形态或移动或闪烁，给用户以良好的视觉体验，点击率相对较高。

交互式网幅广告是指通过小游戏、回答问题、填写表格等形式邀请用户参与，更容易获得点击率。

图 5-21　静态网幅广告

2．文本链接广告

文本链接广告是指在网站网页上放置文本信息并添加其他网站链接的广告形式。用户被文本内容吸引后点击链接进入其他网站，如图5-22所示，从而实现流量引入。

图 5-22　文本链接广告

文本链接广告是一种对浏览者干扰少，但效果明显的网络广告形式。这类广告能达到软性宣传的目的，费用低，但也对文字创意要求较高，制作时会有一定的挑战性。

3．富媒体广告

随着互联网技术的进步以及消费市场的成熟，网站的内容出现了声音、图像、文字等多媒体组合的形式，这种媒介组合称为富媒体，以此技术设计的广告称为富媒体广告。富媒体广告表现形式多样，内容丰富，对用户有较强的吸引力，但制作及投放费用较高。

常见的富媒体广告是弹出式广告，是指用户在浏览网页的时候，一个广告页面或窗口会强制性地弹出，需要用户主动点击关闭的广告。典型的弹出式广告是网页弹窗，如图 5-23 所示。

图 5-23　富媒体广告

4．视频广告

视频广告是指用户在网页观看视频时，插播在视频开始前、结束后或视频中间的广告片段，如图 5-24 所示。视频广告也属于强迫用户观看的广告形式，但相比弹出式广告稍显友好。

图 5-24　视频广告

5. 搜索引擎竞价广告

搜索引擎竞价广告是一种由用户自主投放，自主管理，按照广告效果付费的网络广告形式。竞价排名是搜索引擎竞价广告的主要形式。使用竞价排名广告的广告主对同一关键词出价的高低决定其网站在搜索引擎的排名，如图 5-25 所示。竞价排名的特点是按点击收费，如果用户只是看见广告而没有点击，则不会收费。常见的竞价排名广告形式有百度竞价、360 竞价、搜狗竞价等。

图 5-25　搜索引擎竞价广告(百度竞价)

5.2.2　网络广告的计费方式

在搜索引擎或主流网站等媒体投放网络广告，是需要缴纳费用的。不同的平台，计费方式不同。了解网络广告的计费方式，有利于制订推广预算，控制推广成本。目前，网络广告的计费方式主要有以下几种。

1) 按点击收费(CPC)

CPC 即 Cost Per Click，意为每点击成本。广告主仅为用户点击广告的行为付费，而不用为广告的展示次数付费。

2) 按每千印象收费(CPM)

CPM 即 Cost Per Mille，意为每千次展现成本。广告主为它的广告展示 1000 次所需支付的费用，如基于网页固定的横幅、按钮等形式的广告。需要注意的是，CPM 的计费方式并不意味着访客真正看到了广告。

3) 按行动计费(CPA)

CPA 即 Cost Per Action，意为每行动成本，即根据每个访问者对网络广告所采取的行动收费的定价模式。这种计费方式对于用户行动有特别的定义，包括形成一次交易、获得一个注册用户、产生一次下载行为等。

4) 按销售额计费(CPS)

CPS 即 Cost Per Sale，意为按实际销售量来换算广告费用。CPS 模式是 CPA 模式的一种特定形式，只有在广告主获得订单的时候，媒体才会得到推广费用。CPS 有两种收益计算方法，即按照用户订单数或者按照产品销售额的百分比提成计费。

5.2.3　网络广告投放步骤

网络广告形式多种多样，提供网络广告服务的平台也各不相同。但除去操作方面的差异，网络广告投放步骤是普遍适用的。通常，网络广告投放包括以下几个步骤：

1．确定广告目标

企业在投放网络广告前，需要明确广告的效果和目标，如销售额、网站 IP 量、会员注册量等。企业确定投放广告的目标后，应对目标进行量化和拆解，并将目标精确分解到月、周、日，使目标更有计划性。

2．确定广告预算

企业投放网络广告的负责人需要根据广告目标制定合理的预算。通常制定广告预算有以下方法：

(1) 根据客户开发成本制定。例如按以往经验，假设客户开发成本为 50 元/人，而某月的广告目标是开发 100 个客户，那么广告预算可以暂定为 5000 元。

(2) 根据相关数据制定。根据浏览量、访客数、点击率等历史广告投放数据，预估广告预算。

(3) 根据测试制定。企业通过同时在多个广告平台进行短时间、小范围的广告投放测试，在达到预期目标的基础上监控流量、客户以及成本费用等数据，以此类推，就能测算出扩大范围后的广告投放预算。

3．选择投放平台

企业选择广告投放平台有以下几点技巧：

1) 围绕目标用户选择平台

企业目标用户经常活跃的平台列为广告投放平台。首先确定目标用户画像，然后寻找目标用户经常活动的网站、论坛、博客、社区、搜索引擎等，最后将其列为投放广告的首选平台。

2) 根据排名和流量筛选平台

企业可以借助 Alexa 平台对列举出来的投放平台进行网站排名、流量数据等方面的筛选，然后选择最优的投放平台。

Alexa(http://www.alexa.cn/)是一家专门发布网站世界排名的网站，具有较高的权威和知名度。Alexa 网站可以查询各网站的排名和流量情况，例如查询搜狐网的排名及流量情况，结果如图 5-26、5-27 所示。

网站 sohu.com 的综合排名				
域名	全球排名（PV Rank）	访客排名（UV Rank）	国家/地区	国家/地区排名
sohu.com	18	19	CN	5

图 5-26　搜狐网在 Alexa 上的排名

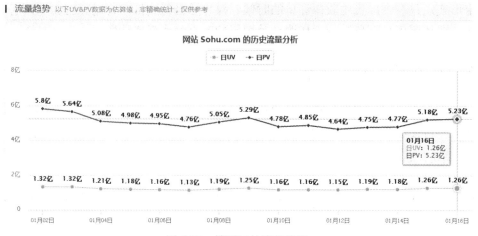

图 5-27　搜狐网的流量情况

3) 集群作战

集群作战的方式是指选择大量中小型网站投放广告。企业可以根据投资回报率，结合长尾理论，采取集群作战的方式投放网络广告。例如通过百度网盟、盘石网盟等推广平台，将广告投放到大量中小型网站上。虽然这些网站流量小，但在大规模曝光的基础上，同样能够提高用户点击的数量。

实务应用

　　淘宝网是目前中国最大的 C2C 交易平台，但在 2003 年淘宝网诞生的初期，业绩情况并不乐观。当时，淘宝网想凭借网络广告来提升品牌知名度，但 eBay 已经抢先和中国的三大门户网站(新浪、搜狐和网易)签署了排他性协议，以阻止其他同类公司在上述三家网站发布广告。

　　于是淘宝转变了广告投放策略，将重点投放平台转移到了成百上千个中小网站。虽然三大门户网站流量高，但也不能覆盖更大范围的用户，中小网站集合起来的总流量总浏览也相当可观。淘宝网运用这种广告投放策略成功地进行了网络推广，增加了用户数量，提升了品牌知名度。

4. 广告制作要点

广告的创意和视觉呈现对广告效果起着非常重要的作用。在制作创意广告的过程中，我们需要注意以下几点内容：

1) 注重视觉体验

良好的视觉体验是吸引用户点击的第一步。在视觉设计方面，具有美感的色彩搭配和版式设计既能够满足消费者的审美和消费心理，说明产品的功能，又可以突出产品的形象特色。

2) 清晰传达内容

清晰传达内容能够对广告效果起着画龙点睛的作用，能够直达用户痛点，吸引用户点击。如果广告语表达不清，则无法迅速吸引客户眼球。

3）重视广告着陆页的设计和内容

用户被网络广告吸引后点击进入的第一个页面称为着陆页(Landing Page)。着陆页是决定广告效果的关键因素，就像一间装修豪华的专卖店往往能吸引顾客驻足一样。因此需要重视广告着陆页的设计和内容展现。

5．测试广告效果

我们可以使用同一套广告图和着陆页来测试不同投放平台的广告效果，也可以测试同一个投放页面不同广告位置的广告效果。通过不断测试的方法能提高广告的投放效果，节省广告投放成本。

6．监测广告数据

通常广告投放人员需要通过分析广告着陆页的流量、访客数、转化率、成交金额等数据来监测广告效果。

对于网站来说，广告投放人员需重点监测的数据指标有：

(1) 销售相关数据：浏览量、访客数、成交转化率、销售额。

(2) 广告效果相关数据：点击率、成交率、用户成本、投资回报率。

① 点击率=点击量/展现量

② 成交率=成交数/咨询量

③ 用户成本=广告投放费用/带来的用户数

④ ROI(总投资回报率)=销售额/广告费用

小贴士

　　监测网络广告数据可以利用一些免费的统计工具。常用的广告数据监测工具有：cnzz.com、51.la、51yes.com。具体使用方法请登录相关网站查询。

5.3　问答平台推广

　　互联网技术的发展让人们可以更便捷、更容易地获取信息。例如，有人想知道"如何提升沟通能力"，可以通过百度或 360 搜索引擎直接输入该问题，搜索引擎就会呈现出相应的答案。再如有人搜索"阿迪达斯的鞋子耐穿还是耐克的鞋子耐穿？"，百度知道就有可能提供一条答案"阿迪达斯的鞋子耐穿"。这个答案是热心用户回答的，还是品牌推广人员回答的？通过学习本节问答平台的推广方法后，读者会得到答案。

问答推广是指企业利用问答平台回答用户的问题，或以自问自答的方式宣传品牌，提高品牌知名度的一种推广方式。常见的问答平台有百度知道、新浪爱问、天涯问答、搜狗问答、知乎等。本节将以百度知道为例讲解相关内容。

问答推广一般分为自问自答和回答别人的问题两种类型。

5.3.1 自问自答

自问自答是指企业利用问答平台自己帮自己做广告，以达到宣传品牌，赢得用户信任目的的一种问答形式。自问自答的推广方式不能出现夸大宣传、恶意引导等不良行为。需要从企业产品及服务出发，客观地植入宣传信息，像真实网友的回答一样，无明显广告嫌疑。自问自答的步骤如下：

1．注册账号

在百度知道问答平台推广前，需要提前注册若干个百度账号。由于百度官方会进行账号注册监控，所以注册账号时注意不能使用同一 IP 地址注册多个账号。另外，在提问和回答问题时不能使用同一个账号。

2．策划标题

标题要包含用户经常搜索的关键词，只有标题中含有关键词才可能出现在百度知道的搜索结果页面上。因此，标题应该根据用户的搜索习惯使用关键词造句，同时站在用户的角度提问，内容要模拟用户的语气，不能用有广告嫌疑的词。例如，我们准备推广"网络营销培训"，可以设置以下问题：学网络营销的前景怎么样？哪里的网络营销课程比较好？网络营销都包括哪些方面，可以自学吗？企业想转型做网络营销，该从哪儿入手？等等。

3．策划问题补充

百度知道的"问题补充"框是提问者对问题的细致描述。提问者在撰写补充问题时，也应包含相关关键词，但要淡化广告植入感，如图 5-28 所示。

图 5-28　百度问答标题和补充问题示例

4．策划回答内容

回答问题的目的是为了引导用户主动了解品牌。企业在策划回答问题时应注意以下几点：
(1) 回答内容长度适中，不能直接复制粘贴文字。

(2) 模拟热心网友，使用不同的语气回答，尽量真实、客观；要使用通俗易懂的文字，不建议使用专业术语。

(3) 回答内容里要包含优化的关键词，两次为佳；不能出现网址、电话、QQ 号等有广告嫌疑的内容。

5. 设置最佳答案

设置最佳答案的步骤：使用 A 账号进行百度知道提问，B 账号回答，1～2 天后再用 A 账号登录百度知道，采纳 B 账号的答案。这种做法目的是将自己的答案设置成最佳答案，能够排在所有答案的最上面，增加用户的关注度，如图 5-29 所示。

图 5-29　设置最佳答案示例

5.3.2　回答别人的问题

除了自问自答方式外，我们还可以通过回答别人的问题来进行推广，使用这种方法更容易让用户搜索到品牌信息。我们可以在问答平台上主动寻找问题进行回答，并在回答中植入品牌信息。回答别人问题的步骤和注意事项如下：

1. 寻找问题

回答别人问题的目的是引起用户的关注，对企业的产品或品牌产生信任，营造品牌口碑。因此寻找的问题需要与企业产品相关，方法如下：

(1) 搜索问题。通过百度搜索框中搜索关键词或直接搜索问题，比如搜索"网络营销"或"怎么做好网络营销"。

(2) 按照问题分类查找问题。首先在百度首页中，单击导航栏中的"问题"，随即显示问题分类的下拉框，然后根据分类查找相关问题，如图 5-30 所示。

图 5-30　根据分类查找问题

(3) 根据设置的兴趣标签寻找问题。进入百度知道"个人中心"，点击"等我答"，添加关键词标签，让系统推送感兴趣的问题，如图 5-31 所示。

图 5-31 设置兴趣标签找问题

2．百度知道的优化

发布和回答百度知道问题后，我们需要跟进该答案是否能在百度上取得较好排名，使用户能够通过搜索关键词找到它。提升搜索排名方法有：

(1) 增加该条百度知道的浏览量。将该条百度知道网址转发，或通过百度上的分享按钮，一键分享到微信、QQ 空间和百度贴吧，如图 5-32 所示。

图 5-32 百度知道转发

(2) 增加该条百度知道的点赞或评论。回答的右下方提供了点赞、评论按钮，增加点赞或评论数都是提升百度排名的方法。

(3) 增加百度知道的数量。只优化一条百度知道排名的推广效果是有限的，我们可以通过优化大量百度知道答案来提高推广信息的曝光度。

3．回答别人问题的注意事项

回答别人问题的注意事项跟自问自答的注意事项基本一样，因为系统评判是否存在广告或作弊行为的唯一标准就是用户行为，所以我们在回答问题时要从正常用户的角度出发，注意发布频率，每天回答问题在 5 个以内；不能在同一时段大量回答问题；切换百度账号回答时，需要更换 IP 地址；回答问题的内容要委婉，不能添加网址、电话、QQ 号。

小贴士

　　对于企业来说，任何一个问答平台都可以作为网络推广的平台。知乎平台也是常用问答平台之一。任何机构(品牌、媒体)只要符合知乎的注册规定就能够开通机构账号。与百度知道不同，作为新媒体营销平台和问答平台，知乎开拓了内容营销的新社区。它的重点在于内容运营和用户运营。用户之间以回答问题的方式赢得好感和信任。知乎平台对答案内容的审查非常严格，必须是专业的、有价值的。因此，在知乎平台的机构账号必须要在内容创作上深耕细作，只有优质内容才能得到用户的长期信任，赢得口碑，提升品牌美誉度。

【本章小结】

　　1. 了解 SEO 与 SEM 的概念。

　　2. SEO 主要工作是通过优化网站关键词、提升网站内容质量、做好内外链的建设等方法，提升网站排名、增加用户黏性、促成交易。

　　3. 网络广告常见的形式有网幅广告、文本链接广告、富媒体广告、视频广告、搜索引擎竞价广告等形式。

　　4. 问答推广是用自问自答与回答他人问题的方法，巧妙避开广告植入，有意地推广企业品牌的一种形式。

【拓展阅读】

　　1. 江礼坤. 网络营销推广实战宝典[M]. 北京：电子工业出版社，2014.

　　2. 尚客优酒店官网：http://www.thankyou99.com/

　　3. 英仕达超市官网：http://www.ysd77.com/

　　4. 站长工具网址：http://tool.chinaz.com/

　　5. 百度指数网址：http://index.baidu.com/

　　6. 中国站长网：http://www.cnzz.cn/

　　7. Alexa 中文网站排行榜：http://www.alexa.cn/

【实践作业】

　　1. 任务名称

　　模拟建站及 SEO 实操。

　　2. 任务描述

　　请读者使用凡科建站(http://www.faisco.com/)模拟建立一个企业网站，并根据所学的搜索引擎优化相关知识对虚拟网站进行优化。

3．任务实施

(1) 选取网站计划销售的产品，使用凡科建站模拟建立一个企业网站。网站的结构可以借鉴尚客优或英仕达货架官网来构建，注意网站的条理性和用户的体验度。

(2) 根据本章所学的选取关键词方法，选取企业网站关键词，分布到网站的各个页面，并设置好每个页面的<title>、<keywords>和<description>。

(3) 根据 5.1.3 节所学的内容，做好网站相关的辅助优化工作。

(4) 找出一个竞争对手网站，利用站长工具查看该网站的权重、关键词排名。

第6章　新媒体营销

📖 本章目标

- ■ 理解新媒体的概念
- ■ 掌握微博定位、增粉以及推广的方法
- ■ 掌握微信公众号选择、定位以及推广的方法
- ■ 了解企业自主发布新闻和媒体报道的区别
- ■ 理解企业发布新闻的步骤和新闻稿的写法
- ■ 掌握软文营销的分类以及写作技巧
- ■ 掌握视频营销的模式及制作技巧

📖 学习导航

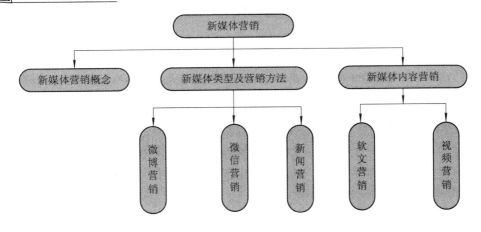

互联网的快速发展改变和重构了很多传统业态，媒体就是其中一个。传统媒体即传统的大众传播方式，如报刊、户外广告、广播、电视等。随着互联网用户急速攀升，催生了新媒体的诞生和发展，如微博、微信、新闻网站等。新媒体传播带来的用户流量增长能够直接影响电子商务的运营效果，因此企业需要特别注重新媒体营销。

本章将对常见新媒体类型和营销方法作简要介绍，并介绍新媒体内容营销的相关内容。建议学生学习每个知识点都要结合实际操作，设定阶段性目标并且不断练习。

6.1 新媒体营销概念

2017 年 3 月 28 日，由陆毅、张丰毅、吴刚等知名演员领衔主演的反腐题材电视剧《人民的名义》在湖南电视台首播。随着观众的收视热情不断飙升，该剧最终的收视率创十年最高，同时微博话题浏览量超过 30 亿，百度指数排名第一。这么高的收视率和影响力是如何制造出来的？《人民的名义》在开播前和开播期间一直持续不断地使用新媒体平台进行一系列的营销工作，话题营销和内容本身的传播性使得该剧热度居高不下。本节将讲述新媒体营销相关内容，学习前请思考常见的新媒体形式有哪些。

1．新媒体概念

新媒体通常指除传统媒体以外的媒体形式。它是利用数字技术、网络技术，通过互联网、宽带局域网、无线通信网、卫星等渠道，利用电脑、手机、数字电视机等展示终端，向用户提供信息和娱乐服务的传播形态。相对于传统的报刊、广播电视等媒体而言，互联网、手机客户端、移动传媒、数字电视都可以归纳为新媒体。但要注意，新媒体的界定尚没有权威定论。新媒体是一个相对的概念，处于持续动态进化的过程中，数字化时代到来后出现的各种媒体形态均可看做是新媒体。理解新媒体需要抓住"建立在数字技术和互联网技术之上"的核心要点。本书不过度研究新媒体的定义，而是从新媒体类型出发介绍新媒体营销的相关内容。

2．新媒体营销概念

新媒体营销是以新媒体平台作为传播和购买渠道，把相关产品的功能、价值等信息传送给目标群众，使目标群众形成产品记忆，从而实现品牌宣传或产品销售目的的营销活动。

新媒体营销必须借助新媒体平台的传播性和链接性，才能产生营销目的。一般来说，新媒体营销渠道包括但不限于门户网站、搜索引擎、微博、微信、论坛、APP、移动设备等。这部分内容繁且杂，囿于篇幅，很难一一加以介绍，本章重点介绍微博营销、微信营销和新闻营销三种。

6.2　新媒体类型及营销方法

> 2015 年初，国内最大的音频分享平台"喜马拉雅 FM"用户突破 1.2 亿，平台吸引了超过 4000 个自媒体、数千个品牌入驻。2015 年 1 月 29 日，喜马拉雅 FM 启动"#对 1.2 亿人说#"的线上主题活动，以微博、微信作为主要营销推广阵地。最终，有超过 2 万名网友参与本次活动，产生了 5000 万次的曝光量。
>
> 在喜马拉雅 FM 的这次活动中，微博、微信的传播力量为本次活动的成功奠定了基础。本节将介绍常见新媒体类型及营销方法。

6.2.1　微博营销

微博是微型博客的简称，是一种通过关注机制分享简短实时信息的广播式社交网络平台。微博营销是指企业或个人通过微博平台发现并满足用户的各类需求的商业行为。

通常企业开展微博营销主要采用建立企业官方微博的手段。企业官方微博具有与用户交流互动、维护用户关系、提升服务体验等功能，能够树立企业在行业内的影响力、提升品牌知名度、促进销售。下面从微博定位、增加粉丝的方法以及品牌信息推广三个方面介绍微博的营销方法。

1．微博定位

明确的定位能够树立企业官方微博在用户心中的清晰形象。

1) 官方微博定位

企业在进行官方微博定位时，需要思考目标用户的群体特征、兴趣爱好、语言习惯与价值观归属等问题，再根据企业优势进行合理定位。

企业官方微博账号必须简洁易记。例如，"语信小辣椒手机官博"这类账号名称过长，不利于用户记忆和搜索，若改为"小辣椒"，可能用户识别效果会更好。

企业官方微博可采用品牌形象拟人化的手法，增加情感因素，增强用户对品牌的亲密度。例如，迅雷以"雷叔""雷娘"自居，飞亚达以"表哥"自居等。

2) 内容定位

微博内容首先要满足用户的兴趣需求。企业可以使用微博提供的用户分析工具，通过分析用户标签了解其兴趣，再结合企业品牌或产品特点，制作高质量内容。例如，冷笑话、新闻热点、明星八卦、社会热点、创意内容等在微博上较受用户欢迎。

微博内容发布的时间和次数需要迎合用户上网习惯。一般情况下，企业选择用户浏览的高峰时段发布内容，并保持每天有规律的更新，更有利于增加用户黏性。如表 6-1 所示，某企业的每日微博内容发布计划，仅供参考。

表 6-1　某企业微博内容发布计划

时间	内　　容
08:30	#早安#天气预报、正能量的语录
10:00	#带我去旅行#
11:00	#美食指南#
12:00	#相亲会# 增加粉丝互动
14:00	#幸福指南#给未婚、已婚的朋友们提供情感建议
15:00	#成功故事#转发成功案例，为企业做宣传
16:00	#开心一刻#搞笑图文内容
20:30	#健康指南#有关饮食、养生类文字
21:00	#光影时刻#介绍有关爱情的影片
22:30	#晚安#

2．增加粉丝的方法

拥有众多粉丝是微博营销的重要前提。通过粉丝的阅读转发才能最大程度地增加微博内容的曝光度，从而达到提高品牌知名度的效果。通常增加粉丝的方法有以下几种。

1）主动关注他人微博

新创建的微博在没有粉丝积累的情况下，所发布内容的浏览量会很少。这时可以通过主动关注他人微博的方式，吸引对方关注，完成基础粉丝积累。例如，新建微博账号"大学生励志课堂"，9 月份是大学的开学季，可以通过微博搜索"开学了"，找到目标用户，然后关注他们或留言，以引起对方关注，如图 6-1 所示。

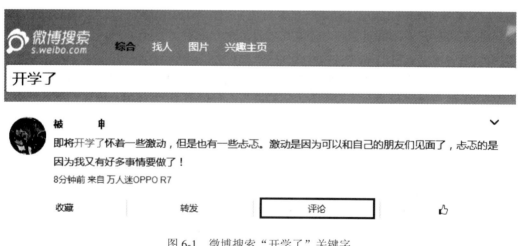

图 6-1　微博搜索"开学了"关键字

2）主动评论他人微博

微博运营人员在粉丝量大的微博账号下主动并使用独具特色的文字来评论其发表的微博文章，能够引起其他阅读者的评论及关注。例如，微博账号"大学生励志课堂"可在考研、英语四六级机构的官方微博下评论留言，有可能会吸引其他浏览用户的关注。

3) @他人

发布微博文章时，可以主动@与内容相关的人或粉丝较多的微博账号，邀请别人浏览或转发文章。

4) 微博大号推荐

微博大号通常是指拥有众多粉丝的微博用户。如果微博文章能够被微博大号主动转发，则可以快速增加阅读量及粉丝数。

5) 转发抽奖活动

企业可以在微博中策划转发抽奖活动活跃微博气氛，使用户主动关注或转发微博文章，以获得抽奖机会。

除了上述介绍的增加粉丝的方法外，还有粉丝互动、话题炒作等方法，但是想要达到理想的推广效果，最重要的还是需要运营人员高效的执行力与持之以恒的优化。

3．品牌信息推广

当企业的官方微博有明确定位并积累了基础粉丝后，就可以开展营销推广活动。官方微博可以通过信息公告、策划活动、话题营销等形式进行品牌信息推广。以下是常见的官方微博发布方式。

1) 信息公告

信息公告即硬广告，指在微博文章中直接植入公司信息或产品广告。例如，树立企业形象，介绍公司品牌、新品、公司动态等，如图 6-2 所示，京东商城通过官方微博发布新品。

京东 V

8月8日 17:44 来自 iPhone 7

重磅！夏普首款回归新作AQUOS S2"全面"亮相，8月14日京东独家首发！作为中国第一款异形全面屏手机，这也是继今年五月@夏普手机 和京东签订的三年独家协议后，首次公开发售的第一款产品哦，喜欢的现在就可以预约啦 网页链接

图 6-2　京东商城通过官方微博发布新品

2) 策划活动

活动可以增加粉丝与品牌间的互动。企业可以利用粉丝带动品牌传播，如开展转发抽奖活动，发布用户获奖信息，晒图评选活动等。如图 6-3 所示，豆瓣电影微博发起的转发抽奖活动。

图 6-3　豆瓣电影微博转发抽奖活动

3) 话题营销

微博话题是指在微博中发起能吸引大量公众关注讨论的热点话题。借势热点事件发布微博文章，一旦成功即可获得大量的流量和关注度。如图 6-4 所示，编写微博内容时单击"#"号即可在发布微博文章时插入话题。

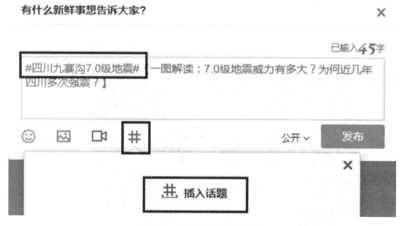

图 6-4　微博中插入话题

除上述三种方法外，企业还可以借助社会热点事件进行内容营销，如节日类、赛事类、娱乐类、行业类、时政类和负面类事件。企业微博的品牌推广行为需要保持对社会事件的高度敏感性。

案例分析

"冷笑话精选"的成功不是偶然

2009 年，伊光旭与三个高中同学一起创业成立飞博公司。至今，该公司经营的"冷笑话精选""星座秘语""精彩语录"等近 200 个自媒体大号，已拥有 1.5 亿个粉丝。"冷笑话精选"是业内公认的微博大号，它是微博成名最早的账号之一，截至 2017 年 8 月，新浪微博粉丝已经达到 1775 万个，腾讯微博粉丝已达到 1100 万个。

【分析】"冷笑话精选"有哪些值得学习的成功经验？

(1) 内容定位。运营初期，冷笑话从各大网站收集内容发布到自己的微博上，内容形式以文字、图片、视频为主，话题广泛不聚焦。飞博公司 CEO 伊光旭认为单凭图片、视频等内容难以聚焦客户群体，但在内容中嵌入综艺、电影、历史或艺术等内容，就会产生很大的突破。所以，后期飞博公司制作内容时以搞笑+行业，网红+行业为主要思路，从内容上吸引年轻人的关注和喜爱。

(2) 增加粉丝。粉丝量较少时，伊光旭使用"冷笑话精选"微博号主动添加粉丝，这样大约会有 50%的粉丝主动添加自己为好友。伊光旭还在内容上不断打磨，并想办法让粉丝转发自己的微博。同时，他的另外 9 个账号一起转发"冷笑话精选"账号的微博，周而复始，不断积累，奠定了成功的基础。

(3) 商业变现。互联网变现方法有广告、电商、增值服务、电影等。飞博公司使用微博账号"星座秘语"与设计师联手打造时尚手链，销售额达百万。其孵化的高品质休闲零食 B2C 电商平台"零食小喵"，目前品类接近 1000 种，交易规模达到千万级别。

【总结】"冷笑话精选"的成功不是偶然，而是经过长期积累发展起来的；定位、粉丝、内容是微博营销的三要素。微博运营要做到持之以恒，长期积累，不断尝试；定位明确，抓住目标用户的需求，开展营销策划。

6.2.2　微信营销

微信营销是企业或个人开展新媒体营销的一种模式。微信不存在距离的限制，用户注册微信后，可与其他用户形成网络联系。企业可通过微信提供用户需要的信息，推广企业产品，从而实现点对点的营销。微信庞大的用户基数使微信营销的地位越来越重要。本节将从微信账号类型、公众号定位和公众号推广等方面来讲解微信营销方法。

1. 微信账号类型

微信账号分为个人账号和微信公众平台账号。微信公众平台账号又分为订阅号、服务号和企业号。下文简要介绍各种微信账号的特点和作用。

1) 个人号

微信个人号是常用的聊天工具。个人可以通过微信朋友圈发布信息，与其他好友形成沟通，产生互动。

个人号能起到辅助销售的作用。通常销售人员和客户初次沟通后，可以互留微信，然后通过朋友圈的分享持续影响客户，最终产生销售。个人号目前最多能添加 5000 个好友，一次可以群发 200 人。

2) 订阅号

微信公众平台订阅号的媒体属性较强，是企业或个人向用户传递资讯的窗口。订阅号每天(24 小时内)只能推送 1 条群发消息。订阅号可以无限添加粉丝，并可以向所有粉丝群发消息。

企业可以把订阅号作为企业品牌宣传和内容营销的工具，针对目标用户推送内容，吸引潜在用户关注，再适当植入品牌和产品信息最终达到推广的目的。

实务应用

网络上曾经出现过一段关于"粉丝的力量"方面的比喻：如果一个微信公众号有 100 个粉丝，就相当于一本校园读物；有 1000 个粉丝，就相当于一个公告栏；如果粉丝超过了 1 万个，就是一本时尚杂志；如果超过 10 万个，就是一份生活都市报；如果超过了 100 万个，就已经晋升为全国性杂志；超过 1000 万个，就相当于知名电视台。

"石榴婆报告"微信订阅号拥有近 200 万个粉丝。其创办者程艳毕业于复旦大学新闻学院，曾是上海《新闻晨报》国际新闻部的编辑。"石榴婆报告"订阅号定位明确：传播好莱坞娱乐八卦、影视讯息、外国明星街拍和穿衣搭配等内容。

运营期间，"石榴婆"每日推送一次内容，以原创为主；从浏览时尚信息、抓取社会热点，到选题、修图、编辑等环节，程艳日复一日地坚持三年多，终于收获了大量忠实粉丝。

广告和电商是"石榴婆报告"的主要变现方式。为了不辜负读者的信任，石榴婆会选择比较知名的品牌进行推广，在文案创作中把读者体验放在首位。从始至终，"石榴婆"一直坚持不在头条内容里做隐性植入广告，坚持资讯和广告分离。这种方式为"石榴婆报告"赢得了粉丝信任。"石榴婆报告"将小程序电商平台关联进入微信订阅号，上线短短 1 小时就获得 10 万多浏览量，成绩卓著。

"石榴婆报告"的成功与创始人的坚持和努力是分不开的，保持内容的质量和粉丝的维护是它成功的关键。

3) 服务号

微信公众平台服务号适用于官方机构和服务性企业，如政府、银行、航空、酒店等。服务号一个月只能群发 4 条消息，但消息会显示在微信聊天列表中，能较容易引起用户注意和打开查看。

微信服务号可以增加用户对企业的认可度，增加用户使用频次和黏度，并产生复购。如图 6-5 所示，用户关注"中国南方航空"服务号后，可以在线预定飞机票、选座、办理值机、查看航班动态、办理会员卡等。中国南方航空还持续向用户推送公司动态、打折活动等信息，增加用户黏性和复购率。

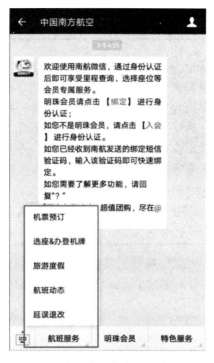

图 6-5　"中国南方航空"服务号示例

4) 企业号

微信公众平台企业号主要用于管理企业内部员工、团队，旨在为企业提供移动应用入口，简化管理流程，提高组织协同效率。如图 6-6 所示，企业员工通过扫码关注后，即可在微信中接收企业通知和使用办公应用。

图 6-6　微信企业号示例

> **实务应用**
>
> 哈根达斯在全国共有 300 多家门店，分布在 60 多个城市，巡店管理是公司运营的例行工作，哈根达斯通过微信企业号让巡店标准化、及时化、移动化。巡店督导根据企业号提示的巡店要求检查各个细项，一旦发现问题，就可以现场制作巡店报告，以图片、文字、打分的形式描述问题，评估结果可以即刻发送给管理人员，相应的解决方案也可以及时以微信的形式反馈至店长。企业管理者可以通过企业号以多种维度查看门店的巡店报告，总结门店运营中的共性问题；还可以通过巡店次数、照片数、评论数的汇总对巡店督导进行管理和考核。
>
> 企业号就像一个移动的办公系统，通过各种管理工具和统计分析，提升了企业的工作效率，同时降低了企业的管理成本。

企业在规划微信营销时，因微信账号的功能不同，可以选择单一类型的微信账号，也可以选择多个微信账号联合运营。总之，企业开展微信营销时，应根据自身的资金、人力及用户等情况进行合理规划。

2. 公众号定位

企业运营公众号需要有清晰的定位。例如，A 企业运营公众号是为了展示品牌，并为客户提供服务；B 企业希望打造一个移动销售平台，促进销售转化；C 企业想做自媒体来吸引粉丝，并从中寻找赢利点。公众号定位可以分为品牌型、销售型、吸粉型和服务型等类型。

(1) 品牌型。品牌型公众号主要是为了展示企业品牌和形象，让用户更全面地了解企业。通常，展示的内容有品牌故事、企业实力、企业文化等，同时也可以对企业会员进行管理。图 6-7 所示为青岛英谷教育科技股份有限公司的品牌宣传平台"121 荟英谷"微信公众号。

(2) 销售型。销售型公众号是指以销售为目的的企业公众号，可以将 PC 端的店铺业务通过微电商平台转移到微信公众平台上，方便用户下单购买。同时，微信公众号具有吸引粉丝的功能，能够带来部分流量，图 6-8 所示为"京东 JD.COM"微信公众号的产品推广。

图 6-7　"121 荟英谷"微信公众号

(3) 吸粉型。这类型的微信公众号通常不用企业名称或品牌名称命名，而是选取了受众比较感兴趣的内容，以用户的需求和喜好为出发点定位公众号。例如，传统企业从业人员通常对网络营销的知识体系和能力要求比较陌生。因此，就可以把公众号命名为"网络营销实战策略"，专门推送与网络营销相关的运营技巧，从而吸引大量目标用户。

图 6-8　"京东 JD.COM"微信公众号的产品推广

(4) 服务型。服务型公众号的创建是以向用户提供服务为目的。如图 6-9 所示，"青岛本地宝"公众号可以查询车辆违章、实时公交等便民服务，还可以预报青岛每个月份的大型活动和本地节日，成为了青岛居民和游客的生活指南。

图 6-9　"青岛本地宝"公众号界面

3．公众号推广

下文简要介绍几种常用的公众号推广方法。

(1) 利益驱动。通过眼见的利益吸引用户主动关注，如扫码免费连接 WiFi，扫码享受 9 折优惠，扫码免费停车，扫码参与抽奖等，都能吸引用户主动扫码关注。

(2) 内容推广。优质的公众号文章能让用户产生共鸣，还可以引发用户主动转发朋友圈，如果在文章的末尾加入公众号二维码，并配合引导性的文字，往往能促使用户识别二维码关注。

(3) 公众号互推。公众号互推是指两个不同的微信公众号相互推广引流。例如某微信公众号与"石榴婆报告"达成协议，通过付费或免费等方式在"石榴婆报告"推送内容时植入该公众号的宣传广告，这样被推广的公众号就可以从"石榴婆报告"的会员群体中获取用户。

(4) 事件营销推广。企业可以在微博和微信上策划事件营销活动，引导用户大量转发并主动关注微信公众号，以达到快速增长粉丝的效果。例如2016年"新世相"公众号"4小时逃离北上广"的事件营销活动，主办方"新世相"公众号一天内增长了10万名粉丝。

实务应用

2016年7月8日微信朋友圈被"新世相"的一篇名为《我买好了30张机票在机场等你：4小时后逃离北上广》的活动文章刷屏了。如图6-10所示，"新世相"将这场活动定义为："今天我要做一件事：现在我准备好了机票，只要你来，就让你走。从早上8点开始倒计时，只要你在4小时内赶到北京、上海、广州3个城市的机场，我准备了30张往返机票，马上起飞，去一个未知但美好的目的地。现在你也许正在地铁上、出租车上、办公室里、杂乱的卧室中。你会问：我可以吗？——瞬间决定的事，才是真的自己。"

图6-10 "新世相"公众号"4小时后逃离北上广"活动机票

本次事件营销以"一场说走就走的旅行"为主题，煽动情怀，触动城市孤独人群的痛点，引起情感共鸣，瞬间引发大众疯狂转发。此篇活动文章在1.5小时内阅读量就达到10万次，全天超过100万次，"新世相"公众号粉丝增长10万名。

6.2.3 新闻营销

新闻营销是运用新闻媒体为企业宣传的一种营销方式。企业在真实、不损害公众利益的前提下，利用具有新闻价值的事件，或者有计划地策划、组织各种形式的活动，借此制造"新闻热点"来吸引媒体和社会公众的关注，以达到提高社会知名度、塑造企业良好形象的目的。

对公众来说，新闻就意味着重要事实，企业借助新闻形式进行快速传播营销信息，其传播力度和权威力度都是普通广告无法相比的。新闻营销一般分为企业自主发布新闻和媒体报道两种方式。

1．企业自主发布新闻

企业自主发布新闻首先需要寻找新闻源发布平台。新闻源是指符合百度、搜狗、谷歌等搜索引擎的新闻种子站点，这些站内信息第一时间被搜索引擎优先收录，且被网络媒体转载成为网络海量新闻的源头媒体。如图 6-11 所示，常见的互联网新闻媒体平台有新浪网、网易网、新华网、人民网等。

图 6-11　常见新闻媒体平台

通常一篇企业新闻稿的发布需要经历新闻稿写作、选择新闻发布平台、发布新闻三大步骤。

(1) 新闻稿写作。企业营销新闻稿的创作不同于传统新闻稿，需要将企业的营销信息巧妙地融入到有价值的新闻事件中，创作一篇高质量的新闻软文。以新闻软文的方式进行企业宣传，能够有效降低目标用户反感度，增加阅读量。

(2) 选择新闻发布平台。如果企业想让新闻稿件能够得到更为广泛的传播，就必须选择搜索权重高、流量大的新闻媒体网站，如新浪网、网易网、腾讯网、搜狐网、一点资讯等。

(3) 发布新闻。个别新闻网站允许以游客的身份发布新闻信息，但是一些较权威的新闻网站则不允许企业在网站上自主发布新闻，这就需要通过专业的新闻营销推广公司代为发布。目前有很多新闻稿件发布平台，拥有上千家网络媒体资源，基本涵盖国内各大主流门户网站、行业网站、自媒体平台、新闻源等。企业通过付费合作方式能够让营销新闻较快速地通过网络传播。

2．媒体报道

企业除了可以自主在各大媒体平台发布营销新闻以外，还可以制造或借助社会热点事件，吸引各大媒体主动报道。随着热点事件的发展，曝光率逐步增大，这时候巧妙地结合产品信息将公众关注焦点指向企业，能够使企业以较低的宣传成本，赢得受众的青睐并达到品牌宣传的目的。

案例分析

松下洁乐借"马桶盖事件"提升品牌知名度

2015 年 1 月 25 日，财经作家吴晓波在公众号里推送《去日本买只马桶盖》一文，讲述了消费升级后，中国人在日本购买电饭煲、马桶盖带回国内的现象。当天，文章阅读量一举突破 167 万次，智能马桶盖被意外引爆。由于从日本代购回来的马桶盖由中国代工厂生产，一时间，中国制造的话题被热议，甚至成为全国两会的热议话题。松下洁乐智能马桶盖作为该热门事件的受益者，借助话题热度，吸引新闻媒体主动报道，使自己的品牌迅速曝光。

事件主要演变过程为：

(1) 吴晓波文章发布的第二天，松下官方微博、微信迅速跟进"买马桶盖何必去日本"这个热点话题。

(2) 2 月 9 日央视对这个话题给出了答案：日本部分热销马桶盖是中国制造的，国内市场也早有同类型产品销售。顿时舆论哗然，至此，中日"马桶盖事件"又掀起了一个新高潮。

(3) 3 月 1 日，随着话题持续发酵，媒体发现原来消费者前往日本抢购的马桶盖，出自杭州下沙的松下工厂。松下中国洁身器品牌"洁乐"官方微博表示：是的，杭州下沙是我们洁乐的工厂，好不容易生产出来漂洋过海出口到日本，又被大家背了回来。

(4) 随后，大量媒体前往洁乐工厂跟踪报道，同时也极大地带动了产品的销售，据洁乐营业部负责人形容：只要厂里能生产多少，就能卖出多少，甚至当年第一季度，就完成了全年销售任务。

(5) 2015 年，松下洁乐智能马桶盖在中国市场的销量从 2014 年的 7 万台上升至 28 万台。

(6) 2017 年"双十一"松下洁乐智能马桶盖全网销售额突破 1.32 亿元。同时，还创下了行业内的多项"第一"。

【总结】引爆—跟进—融入产品是新闻媒体营销的三个重点阶段。当热点发生后，品牌第一时间跟进，并且及时有效地引起各大媒体关注和报道，品牌方没有投入资金却达到了宣传的目的。

新闻媒体营销方法主要有以下几种：

(1) 制造"热点新闻"，调动受众积极性。

企业利用具有新闻价值的事件，制造"热点新闻"，吸引媒体和社会公众的注意与兴趣，以达到提高社会知名度、塑造企业良好形象的目的。

新闻营销需要在新闻点的策划与设计、事件推进过程中设置悬念，使读者对新闻标题产生想象，然后对将要发生的事情进行猜想和判断。这样就能初步调动起受众的积极性，使他们参与新闻营销的过程。

（2）营造事件点，保持动态推进。

新闻营销的过程需要不断地设置新鲜的小事件，不断制造关注度，让受众的积极性升温，多个小事件串联起来就构成了一个完整的大事件。

（3）融入产品信息与终端活动信息。

新闻营销如果不能实现推广品牌与产品的效果，就意味着营销失败。我们需要在不断推出的新闻报道中巧妙地融入产品信息与终端活动信息。

企业在策划新媒体营销时，通常会考虑多种手段多种方式来广泛传播，请读者认真阅读下文的新媒体整合营销的经典案例以扩展营销思路。

 案例分析

新媒体整合营销——《人民的名义》

2017 年，电视剧《人民的名义》在进行新媒体营销时，使用微博、新闻媒体、微信、社交等新媒体平台，通过微博话题营销、新闻媒体营销、微信营销、豆瓣和知乎营销等方式进行了整体策划和推广。

1）微博话题营销

如图 6-12 所示，新浪微博仅官方话题"#人民的名义#"阅读量就达到 24.4 亿次，并多次掀起其他热门话题。如剧情中银行工作人员的花式点钞手法被网友大量转发，登上微博热搜榜，"#达康书记的 GDP 由我来守护#""#达康书记是好人#"的话题阅读量也不容小觑。

同时，许多明星和网络红人在微博上纷纷发表评论，带动粉丝的评论与传播。各大新闻媒体也在微博上发表相关内容，由该剧引发的话题延伸到幕后花絮、人物专访等。

图 6-12　新浪微博#人民的名义#话题数据

2）新闻媒体营销

通过百度搜索"人民的名义"，相关新闻约 120 万条，其中《人民日报社：以人民的名义将反腐进行到底》这篇报道被 130 家媒体转载。官方的公关、媒体报道等行为使《人民的名义》的传播范围广泛、话题深入人心。

3）微信营销

《人民的名义》热播一周后微信公众平台就产生了几十篇阅读量达 10 万次以上的软文。在各媒体和粉丝的热情转发下，文章内容从剧情评论延伸到恶搞剧中的人物，与《人民的名义》相关的内容快速占领了大量网友的微信朋友圈。

4) 豆瓣和知乎营销

《人民的名义》的豆瓣评分为 9.1 分，该分数由超过七万名观众评价产生，其中 5 星好评人数比例达 57.1%。如图 6-13 所示知乎平台的"如何评价电视剧《人民的名义》"问题已获得千万级的浏览量。

图 6-13　知乎"如何评价电视剧《人民的名义》"浏览量

《人民的名义》能获得高收视率和关注度，与微博、微信等新媒体营销密不可分。新媒体相比传统媒体具有较大优势。例如，传播与更新的速度更快、成本更低、覆盖范围更广泛、支持多种内容形式的传播(软文、视频、图片等)。因此，企业在进行电子商务营销推广时，应注重新媒体传播的力量。

内容营销是指不需要做广告或推销就能使客户获得信息、了解信息、并促进信息交流的营销方式。内容营销是新媒体常用的营销模式，通常以软文、视频、音频、动画等形式呈现。

6.3　新媒体内容营销

保健品"脑白金"在上市之初大量发布"人类可以长生不老吗？""人不睡觉只能活五天"等文章，通过这些文章不断向读者渗透"脑白金"品牌，使消费者逐渐对"脑白金"产生好奇；然后使用科普的方式解释如何避免某些危害，活得更健康长久；最后将脑白金的功效融入其中，并反复强调其重要性，刺激消费者购买。"脑白金"的成功离不开软文营销。

软文营销只是内容营销的一种形式，除此以外，视频营销也是常用的内容营销形式。本节将从软文营销和视频营销两方面讲解新媒体内容营销的相关内容。

6.3.1　软文营销

软文泛指所有含有软性宣传的文字内容，是针对特定产品的概念诉求和问题分析，对消费者进行针对性心理引导的一种文字模式。软文营销指通过发布大量软文并广泛传播，使消费者认同企业设定的某种概念和观点，从而达到企业品牌宣传、促进销售的目的。下文介绍软文营销的攻略、分类以及写作技巧。

1．软文营销的攻略

软文虽然本质上仍属于广告，但是它以受众的兴趣和利益为着力点，客观宣传产品卖点，使受众产生信任，并产生购买行为。通常软文营销的攻略包括以下几方面：

1）新闻攻略

人们有渴望了解新事物、求知欲强烈的特点，新闻一直是大众关注的焦点，并且被大众认为是真实可靠的，所以企业需要经常通过新闻媒体发布新闻类的软文。

2）概念攻略

利用提出新概念进行软文推广的前提是这个概念一定要让受众耳目一新，产生猎奇心理，只有这样才能起到事半功倍的效果。脑白金的软文营销成功之处就在于，它给受众传输了一个新概念——"脑白金"即"褪黑素"，人们通过对这两个概念的解读，理解为服用脑白金会对身体有很多益处。

3）经验攻略

百度经验以及百度知道等问答交流平台被大众所熟知，用户每当产生疑惑的时候，常常通过这些平台寻求指导。因此，企业经常在这些问答平台进行经验分享，这样可以提高用户的信任度。

4）话题攻略

话题可以充分引发大众的自发谈论与传播，常用的话题制造方式有两种：一是捕捉热点事件制造话题；二是针对用户的喜好和需求制造话题。但是要注意的是，话题要塑造积极正面的影响。例如 2008 年汶川发生地震，王老吉捐款 1 亿元等话题，就被大众广为传播，又引发了许多其他小话题，一波波的热点话题把王老吉的营销效果推向了高潮。

2．软文的分类

根据传播渠道和受众的不同，软文一般可以分为新闻类软文、行业类软文和用户类软文三大类。

1）新闻类软文

新闻类软文主要以新闻报道为主，当企业有重大事件、企业活动、新产品发布等动态时，可以通过新闻通稿、新闻报道、媒体访谈等形式进行预热或曝光。

实务应用

2015 年 10 月，雷军在办公室接受了美国《华尔街日报》专访，讲述了小米从挑战者变为被挑战者的心理感受，小米手机面临的最大挑战，以及如何创新等内容。该专访引起了各大媒体的转载，让大众更加了解真实的小米公司。

在访谈中，雷军说小米还是创业公司，自己还保持创业公司创始人的工作风格。以下是访谈的问答摘要，为简洁连贯起见，文字做了编辑 (WSJ 是《华尔街日报》英文的缩写)。

WSJ：小米成立五年很成功，也面临很多挑战。现在最大的挑战是什么？

雷军：如何克服公司内部和公司外部对小米过高的期望。我们毕竟还是一家五年的创业公司，过高期望让我们心里负担过重。所以我们要控制好自己和外界对小米的预期，沿着自己的节奏，守住基本线——用户体验和产品创新。

WSJ：手机业竞争异常激烈，同质化也越来越严重。这种情况下，小米该如何创新？

雷军：中国手机市场今年应该到了生存挑战赛的阶段。现在我们关注的是怎么把产品做好，希望能把市场份额再增加一倍。而且竞争越残酷对我越有帮助，因为我有先发优势，规模优势。

创新方面，大方向已经很难创新了，但用户体验方面还有非常多值得琢磨和创新的地方。例如，针对应用场景的创新还没有真正开始，你得针对不同的场景为不同人设计。因为每个人在生活中用手机的时候，都会有很多觉得不方便的地方。

【总结】通过媒体访谈，我们可以从创始人的直接回答中得到最有信服力的信息，让大众更加了解最真实的企业、品牌。一方面，企业可以通过这个途径感染消费者，另一方面大众也可以通过媒体访谈来了解关注一个企业和品牌。

2）行业类软文

行业类软文，指面对行业人群的软文，此类文章通常是为了扩大行业影响力，奠定行业品牌基础。一家企业的行业地位可能会影响到最终用户的选择。行业类软文通常包括经验分享、观点交流、权威资料和第三方评论等。

3）用户类软文

用户类软文面向的是最终用户，目的是提升产品在用户心中的知名度，赢得用户的好感，最终产生消费行为。这类软文包括知识型、娱乐型、争议型、爆料型、悬念型、故事型等，不管哪一种类型的文章，都需要以用户需求为主，得到用户认同。

知识型软文如脑白金的科普性软文《人体内有只"钟"》；爆料型软文如《揭秘XX品牌的黑科技》；悬念型软文如《南京睡得香，沈阳咋办?》等。

3. 软文写作技巧

通常影响软文营销效果的因素包括标题、排版、技巧植入以及推广平台。

1）标题

软文标题需要足够吸引用户眼球，使读者看到标题后，产生点击阅读的欲望。下面介绍几个经典的标题写作技巧：

(1) 以利诱人。标题直接告诉读者他能获得什么样的利益。例如《注册XX网站会员，即送100元现金券》(注册软文标题)。

(2) 以新馋人。人们都对新鲜事物有着猎奇心理，所以制造新闻或新鲜的话题，可以引发用户的点击和转载。如《终于，多功能车开始用安全诠释豪华》(轿车软文标题)。

(3) 以情动人。打情感牌，抓住亲情、友情、爱情，用心构思标题。如《19年的等待，一份让她泪流满面的礼物》(礼品软文标题)。

(4) 以事感人。我们身边总是有一些会讲故事的人，他们总是能触动人们的情感，引起共鸣，如《那些年，我走过的弯路》(招商软文标题)。

(5) 以悬引人。制造有悬念的标题，可以使读者带着惊讶、猜想的心理阅读文章。如

《我是如何从失败中奋起，进而走向成功的?》(培训机构软文标题)。

(6) 以秘诱人。人们不仅爱猎奇，还喜欢探索真相，此类标题可以诱导读者点击文章进行揭秘。揭秘类标题常用的关键词有秘密、秘诀、真相、背后、绝招等。如《小心被宰！低价做网站的惊天秘密》(虚拟运营商软文标题)。

(7) 以险吓人。即通过恐吓的手法吸引读者对软文的关注，这类软文通常是陈述某一事实，而这个事实能让别人意识到他之前的认识是错误的，或者产生一种危机感。如《如果你不在乎钙和维他命，请继续喝这种豆浆》(食品软文标题)。

(8) 以趣挠人。生动、幽默、诙谐的语言，可以将标题变得活泼俏皮，恰当地运用修辞手法，可以令读者读后回味无穷，甚至乐意主动转发分享。如《不要脸的时代已经过去》(润肤水软文标题)。

2) 排版

排版的作用非常重要，如果一篇文章标点错误，段落不清晰，颜色混乱，就算内容再精彩，也很难引起读者兴趣。因此我们在编辑完一篇文章后一定要仔细检查，也可以借助新媒体管家、135 编辑器、i 排版等在线排版工具，使文章版面更加美观。

3) 技巧植入

在公众号文章中植入广告是商业变现的一种方式，同时也要注意不能引起用户反感。软文要围绕有意义的话题，蜻蜓点水式地植入广告，使读者在阅读的时候不仅知道这是广告，甚至还会暗暗地感觉这个广告植入得毫无违和感。

实务应用

被植入广告的软文

微信公众号"石榴婆报告"曾发表过一篇软文《谁没有低谷，但我们不一定需要扛枪前行》。这个标题充满了正能量，相信大家都会不由自主地想起自己低谷的时候。

这篇文章就介绍了几名曾经跌入低谷的女星的遭遇，但她们都找到了内心的力量，重新振作起来了。文章表示：在我们低谷的时候，不一定扛着枪就会有力量，力量来自于我们内心的坚强、来自于我们爱的人和事、来自于我们的自信，并表示"无论什么年龄，我们都要让自己看起来是当下最好的状态"，比如作为女人，我们需要好皮肤，好气色、好状态，其实很多人不知道，肌肤也同样需要力量——SK-II 给肌肤带来力量。

这篇软文这么流畅地植入了广告。前一秒，用户还沉溺在自己悲伤的低谷，后一秒被正能量的案例唤醒，下一秒却被植入了广告，完全还没反应过来，但是在这里用户只会微微一笑，接受这种广告植入方式。

4) 推广平台

软文创作的目的是让更多的读者观看和转发，这就需要选择合适的软文推广平台。

(1) 选择用户规模比较大的网站。因为文章发布在这些网站，容易使其他网站媒体主动转载，增加传播机会和曝光率。综合型的平台包括新浪、网易、腾讯等，也可以根据不同行业内容选择相应的主流行业网站，如网络营销类的网站有推一把、A5 站长网等。

(2) 广为发布。除了通过主流推广平台进行软文推广之外，我们还需要尽可能地增加推广平台，增加曝光率，如微博、微信、论坛等。

软文营销并没有捷径可走，只有多写、多练、多实践、抓住用户心理、尝试各种类型的软文、多增加曝光平台，做到持之以恒，就一定能增强营销效果。

6.3.2 视频营销

视频营销主要基于视频网站，以创意为导向，以内容为核心，利用精心策划的视频内容实现产品营销与品牌传播的目的。它既具有电视短片的感染力强、形式多样、创意新颖等优点，又具有互联网营销的互动性强、传播速度快、成本低廉等优势。常见的视频形式包括电视广告、网络视频、宣传片、微电影等。视频营销归根到底是以营销为目的，因此优秀的视频营销不仅要有专业的视频制作技能，更要突出营销内容的亮点。下文介绍常见的视频营销模式以及视频的制作。

1. 常见的视频营销模式

常见的视频营销模式包括企业自拍视频、自媒体视频、热门事件、网络直播等。

1) 企业自拍视频模式

企业自拍视频是宣传品牌、提升企业形象和信誉度的最佳方法。相比枯燥的文字，用户更喜欢视频类的影音文件，精彩的视频可以抓住用户眼球，并潜移默化地影响用户。企业可以寻找专业人员拍摄和制作视频，也可以自行拍摄，目前网络流行的视频拍摄软件都可以进行简单编辑。

实务应用

碧浪洗衣液的测试

碧浪洗衣液的测试视频被上传到各大视频网站，仅在爱奇艺视频平台有近 1 万的点击量。视频的内容是碧浪洗衣液和其他品牌洗衣液的清洗效果对比。两块污渍程度一样的白布，一块用碧浪洗衣液清洗 40 秒，一块用其他牌洗衣液清洗 1 分钟后，取出来对比，发现用碧浪洗衣液清洗的白布污渍完全被去除，而用其他牌子的洗衣液清洗的白布还有污渍残留。如图 6-14 所示。

图 6-14 碧浪洗衣液的测试

这是一个宣传产品性能的视频，能起到品牌宣传的作用，也能加深用户对碧浪洗衣液的清洁力的认可。

视频：碧浪洗衣液对比普通洗衣液的测试

请观看视频，了解该视频中的营销手法，并想一想，该视频的目的是什么？

扫一扫

2）自媒体视频模式

自媒体视频的显著特点是内容为王。自媒体时代的用户需求更加多样，可谓众口难调，只有从当下的热门话题、时事热点入手，才能锁住用户眼球。

实务应用

2016 年，papi 酱以一个大龄女青年形象出现在公众面前，凭借张扬的个性、毒舌吐槽时弊调侃，以短视频形式，短时间走红网络。papi 酱的视频具有清晰的价值观：崇尚真实、摒弃虚伪、吐槽一切虚伪行为、倡导个体自由，而这也正是年轻一代所共同追求的东西。

——《每日经济新闻》、腾讯网评

3）热门事件模式

利用热门的新闻、电影、电视剧作为视频主体，可以在短时间内快速获得巨大流量。但这种模式所吸引的用户流量不持续，关注度随着热门事件的消退而减弱；流量不精准，后期用户转化困难。如图 6-15 所示，围绕热门电影《战狼 2》制作各种题材的短视频。

图 6-15　围绕《战狼 2》制作的短视频

4）网络直播模式

网络直播是网络营销形式上的重要创新，也是非常能体现互联网视频特色的模块。随着映客、花椒、斗鱼等网络直播平台的兴起，很多企业也纷纷利用直播平台宣传产品和服务。

实务应用

巴黎欧莱雅戛纳国际电影节直播营销

在 2016 年第 69 届戛纳国际电影节中，巴黎欧莱雅在美拍开启"#零时差追戛纳#"系列直播，全程记录下了包括巩俐、李冰冰、李宇春、井柏然等明星在戛纳现场的台前幕后，创下 311 万总观看数，1.639 亿总点赞数、72 万总评论数的各项数据纪录。带来的直接市场效应是直播 4 小时之后，李宇春同款色系 701 号 CC 轻唇膏在欧莱雅天猫旗舰店售罄。

2. 视频的制作

通常影响视频营销效果的因素包括视频内容、视频标题以及推广平台。

1) 视频内容

视频内容是根据企业或个人的推广需求而定，制作方法通常分为原创和伪原创两种。

(1) 原创视频。原创视频的制作流程比较复杂，包括前期策划、拍摄、录制到后期的剪辑，如果企业推广预算充足，可以寻找专业的视频制作公司为其策划制作。另外，大部分直播类的视频也属于原创视频，其现场直播不需要后期的剪辑和美化，但是对前期的准备工作提出了更高要求，包括策划内容、准备道具、彩排等。

(2) 伪原创视频。伪原创视频的流程相对比较简单，可通过如腾讯视频、爱奇艺视频、优酷等视频平台寻找公开性的视频素材，但需要避免侵权行为；然后根据素材内容使用爱剪辑、绘声绘影等视频剪辑软件进行创意制作，剪辑合成独具风格的短视频。

2) 视频标题

视频标题的编辑是视频营销的重中之重。标题包含热门关键词能够提高搜索展现率，决定了视频的曝光量以及观看次数。如图 6-16 所示。如推广"YY 会议营销"的商家，在优酷上传视频时，标题、简介、标签都必须与"YY 会议营销"有关，这样用户在优酷或百度上才可能搜到该视频。

图 6-16　优酷标题设置

3) 推广平台

当视频制作完成后，选择合适的推广平台可以提高视频资源的营销效果。在选择视频网站进行发布推广时，如果预算充足，尽可能地实现全网覆盖，这样能传播给更多的人群。如果预算有限，且视频内容具有针对性时，也可以有方向地挑选个别视频平台进行投放。

虽然视频网站面临着同质化严重的问题，但是其平台特征还是有差异的，例如腾讯、优酷、爱奇艺属于综合用户群体庞大的视频网站，AcFun 以及 bilibili 则更年轻化以及娱乐化，属于年轻人聚集的平台，另外快手、美拍、秒拍、抖音则更适合投放短视频。因此我们需要根据自身市场定位与目标用户特征，挑选出最匹配的视频推广平台进行优先投放，然后观察传播效果并及时作出调整，这样才能保证视频推广的连贯性与热度的持久性。

【本章小结】

1. 介绍新媒体的基础概念。

2. 微博营销是指企业或个人通过微博平台发现并满足用户的各类需求的商业行为。本章从微博定位、增加粉丝的方法以及品牌信息推广三个方面介绍微博的运营方法。

3. 微信营销是企业或个人开展新媒体营销的一种模式。本章从微信账号类型、公众号定位和公众号推广等方面来讲解相关内容。

4. 新闻营销是运用新闻媒体为企业宣传的一种营销方式，一般分为企业自主发布新闻和媒体报道两种。

5. 软文营销指通过发布大量软文并广泛传播，使消费者认同企业设定的某种概念和观点，从而达到企业品牌宣传、促进销售的目的。

6. 视频营销主要基于视频网站，以创意为导向，以内容为核心，利用精心策划的视频内容实现产品营销与品牌传播的目的。

【拓展阅读】

1. 江礼坤. 网络营销推广实战宝典[M]. 北京：电子工业出版社，2014.

2. 匡文波. 新媒体概论[M]. 2 版. 北京：中国人民大学出版社，2015.

3. 石榴婆报告：微信订阅号

4. 冷笑话精选的微博：https://weibo.com/lxhjx

5. 《去日本买只马桶盖》：http://business.sohu.com/20150131/n409252763.shtml

6. 新世相：微信订阅号

7. 新媒体课堂：微信订阅号

8. 135 编辑器：http://www.135editor.com/

【实践作业】

1. 任务名称

微信公众号运营实践。

2．任务描述

(1) 注册与申请微信公众平台账号(个人订阅号)。

(2) 熟练应用订阅号平台的各主要功能模块。

(3) 掌握编辑文字、图片、语音、视频的实用技巧。

(4) 掌握微信公众平台引流、吸粉的方法。

3．任务实施

(1) 每 4～6 人组建一个运营小组，由组长带领组员完成微信公众号运营实践。

(2) 小组讨论确定公众号定位，如旅游资讯、美食攻略、影视分享、幽默搞笑等。

(3) 申请注册微信公众账号。

(4) 完善公众账号基本设置(自动回复、自定义菜单等)。

(5) 撰写 2 篇公众号文章(一篇原创、一篇伪原创)并转发推广。

(6) 考核指标：运营 2 天时间后，微信公众号粉丝数量大于 100 人，公众号文章阅读量大于 100 次。

第 7 章　电子商务数据分析

本章目标

- 理解电子商务数据分析的含义与作用
- 掌握流量、推广、服务、转化、用户五类电子商务数据分析指标
- 掌握数据分析的工作步骤和常用数据分析方法
- 掌握电子商务数据分析在市场分析和运营分析中的应用
- 掌握 EXCEL 软件中常用的数据分析工具
- 掌握数据透视表的应用
- 掌握 EXCEL 图表的应用

学习导航

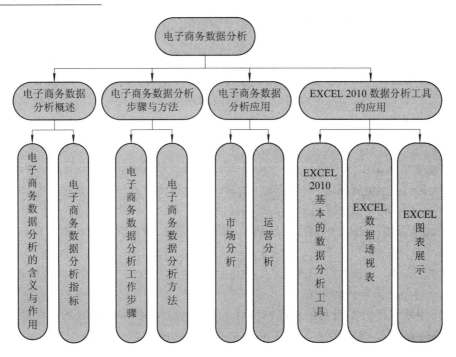

数据分析技术的不断成熟逐渐改变着企业电子商务运营管理的决策方式。企业通过收集和分析市场数据以及企业内部数据，可以有效地了解市场与行业情况、掌握企业运营概况、洞察客户的真实需求，从而指导业务方向和运营决策的制订。

本章讲解电子商务数据分析概述、步骤、分析方法、应用等方面的知识。学习本章内容时，应重点掌握电子商务业务分析知识点和 EXCEL 数据分析工具。

7.1 电子商务数据分析概述

台湾著名的企业家、台塑集团创办人王永庆先生 15 岁时被父亲送到嘉义的米店当学徒。一年后他向父亲借钱开了一家米店。由于是新开的米店，没有多少固定客户，米店生意很冷清。王永庆便开始挨家挨户走访附近居民了解情况。他发现大多数家庭都是女主人到店里买米，他立即推出"送货上门"的服务。每次送货上门时，他还会询问客户家里有多少人，每天会用掉多少米，并将该客户本次购买数量、米缸大小、家庭住址一同记录在本子上。经过长期的信息收集和整理，王永庆已经能估算出每位客户的买米时间了。每到合适的时间，他就会送货上门。

米店的成功在于王永庆先生对客户信息的收集与分析，以及对客户需求的深度服务。同样，电子商务运营也可以运用数据信息来了解市场、了解客户需求，达到提升业绩的目的。本节从电子商务数据分析的含义与作用、电子商务数据分析指标两部分简述电子商务数据分析基本内容。学习前试想一下，哪些方面的数据指标对提升业绩具有参考价值？

7.1.1 电子商务数据分析的含义与作用

电子商务活动会产生大量数据，客户在互联网上的每一个动作都会被系统变成数据记录下来，这对于电子商务企业收集数据信息提供了便利。通过对数据的处理分析，企业能够了解运营的真实情况，分析运营中的问题以及预测未来市场走势，从而指导业务决策。

1. 电子商务数据分析的含义

电子商务数据分析的含义从以下两方面来理解。

1) 数据分析的含义

数据是事实，也称观测值，是实验、测量、观察和调查的结果，数字、文本、图片、音频、视频等都可看做数据。

数据分析是为了提取有用信息和形成结论而对数据加以详细研究、概括总结的过程。在数据分析中，通常采用适当的统计分析方法对数据进行汇总、处理、分析，以求最大化地得到有价值信息，发挥数据的作用。

2) 电子商务数据分析的含义

电子商务数据分析是指利用互联网和企业内部的原始数据，通过系统性地分析和挖掘，发现数据背后隐含的有价值信息，以辅助完成运营决策的过程。

2. 电子商务数据分析的作用

电子商务企业通过数据能够了解到市场情况、竞争者情况、客户的来源途径、广告投放的效果以及客户购买行为等信息。企业还可以通过数据化运营优化选品、提升客户价值、提高转化率、提升广告投资回报率。

电子商务数据分析的作用总结为如下几个方面：

1) 分析市场情况

通过科学的数据收集和分析，企业能够对目标市场容量、行业发展规律、品类结构以及客户群体进行整体了解，以便在真实数据的指导下，制订正确的方向和决策。

2) 了解竞争环境

"知彼知己，百战不殆"，只有透彻地了解竞争对手情况和自身优劣势，才能保持持续的战斗力。企业通过数据分析能够确定目标竞争对手、了解竞争对手的数据和整体的竞争环境，并对它们的发展目标、拥有的资源以及自身能力进行评价，进而决定自身战略。

3) 优化运营指标

本部分包括但不限于以下内容：

(1) 节约运营成本。通过分析历史财务数据、库存数据和交易数据，可以发现企业资源消耗的关键点和主要活动的投入产出比例，从而为企业资源优化配置提供决策依据。

(2) 实现交叉销售。通过客户数据分析和挖掘发现客户的多种需求，并满足其需求来提高客户的复购率，实现交叉销售的目的。

(3) 提高成交转化率。通过应用个性化推荐技术，电子商务平台可以根据用户的兴趣特点和购买行为向用户推荐其感兴趣的信息和商品，以此来提高成交转化率。

4) 进行客户管理

(1) 客户获得。通过数据分析，企业能够找到目标消费人群和潜在消费人群，进行精准的营销宣传，提高关注度并引导消费，最终将目标人群变成客户。

(2) 客户细分。通过收集和分析客户社会属性和购买行为数据，企业可以将客户进行分类管理，以便针对不同类型的客户进行精准营销。

(3) 客户保持。客户保持是指企业想方设法与客户保持长期、稳定关系的过程。企业可以针对不同的客户提供相应服务来提高客户满意度，以此增加客户黏度，实现客户维护的目的。

7.1.2　电子商务数据分析指标

由于电子商务运营中不同业务环节产生的数据不同，企业在进行数据化运营时应当收集各个业务环节的数据。本节将电子商务数据分析指标分为流量指标、推广指标、服务指标、转化指标、用户指标五类一级指标。每类一级指标又分别由若干个二级指标组成。

1. 流量指标

在电子商务运营中，有"流量为王"的说法。没有流量的电子商务数据分析是没有实际意义的。所以，流量指标是电子商务数据分析的基础和核心内容。

流量指标主要包括浏览量、访客数、人均浏览量、平均停留时间、回访者比率、跳失数、跳失率等。其中，浏览量(PV)、访客数(UV)是描述网站流量数量多少的指标，跳失率、人均浏览量、停留时间是描述网站流量质量好坏的指标。

(1) 浏览量(PV)：在统计周期内，访客浏览网站页面的次数。访客多次打开或刷新同一页面，该指标均累加。

(2) 访客数(UV)：在统计周期内，访问网站的独立用户数。"同一个人"(在 cookie 技术下)，通常表现为同一客户端同一浏览器多次访问网站，也仅记为一个访客。

(3) 人均浏览量：在统计周期内，每个访客平均查看网站页面的次数。人均浏览量=浏览量(PV)/访客数(UV)。

(4) 平均停留时间：平均每个访客访问网页停留的时间长度。

(5) 回访者比率：在统计周期内，衡量网站内容对访客的吸引程度和网站的实用性。回访者比率=回访客数/独立访客数。

(6) 跳失数：访客进入网站后，只浏览一个页面就离开的次数。

(7) 跳失率：在统计周期内，跳失数占网站总访问次数的比率。假设某页面的总访问次数为 10，跳失数为 5，则跳失率为 50%。跳失率越高，说明网站的用户黏性越低。

2．推广指标

企业为了获得业绩增长，会通过各种途径花费大量金钱来投放广告。实时监控推广数据指标，能够尽量降低营销成本，实现投资回报最大化。

推广指标主要用于衡量企业推广行为的整体效果，包括推广费用、展示时长、展现量、点击量、点击率、二跳率、平均点击花费、点击转化率、引导成交订单数、投资回报率。

(1) 推广费用：网站花费在推广内容上的费用。计费方式通常有以下几种：

CPM：每千人成本(Cost Per Thousand Mile)。如果一个广告横幅的单价是 1 元/CPM，那么每一千个人次展现的广告费用是 1 元。

CPC：每点击成本(Cost Per Click)。用户通过点击进入广告页面并浏览，则广告主支付费用。与 CPM 不同，只有展现没有点击不产生广告费。

CPA：每行动成本(Cost Per Action)。由广告所带来的用户，产生每次特定行为的费用。特定行为包括形成一次交易、获得一个注册用户、产生一次下载等。

CPS：以实际销售产品数量来换算广告刊登金额(Cost Per Sales)。按照广告点击之后产生的实际销售笔数付给广告站点销售提成费用，即按成交支付佣金。

(2) 展示时长：推广内容展现的时间跨度，通常用来描述以展示时长定价的付费广告。

(3) 展现量：推广内容被展现的次数。

(4) 点击量：推广内容被点击的次数。

(5) 点击率：在统计周期内，推广内容点击量占推广内容展现量的比率。

(6) 二跳率：指用户点击广告跳转进入内容页面后，再次点击页面内容继续浏览的比率。

(7) 平均点击花费：在统计周期内，推广内容被点击一次需要支付的平均费用，通常用来描述以点击定价的付费广告。

(8) 点击转化率：在统计周期内，推广内容引导成交订单数占广告点击量的比例。

(9) 引导成交订单数：在统计周期内，访客通过点击推广内容进入网站并成功付款的订单数量。

(10) 投资回报率(ROI)：在统计周期内，推广内容引导成交金额与推广费用的比率。投资回报率(ROI)=推广内容引导成交金额/推广费用。可见该指标是描述推广效果的核心指标。

3．服务指标

每位客户都希望得到优质细致的服务，因此服务质量直接或间接影响电子商务网站的销售业绩。服务指标是用于衡量电子商务运营服务质量的指标，包括咨询访客数、咨询成交用户数、平均退款时间等。

(1) 咨询访客数：利用各种通讯工具进行业务咨询的访客数。

(2) 咨询响应时间：从用户首次发出咨询至得到客服反馈的时间间隔。

(3) 咨询成交用户数：在统计周期内，成功下单并完成付款的咨询访客数。

(4) 咨询用户转化率：咨询成交用户数占咨询响应用户数的比例。

(5) 平均退款时间：在统计周期内，用户发起退款申请至退款结束的平均时间。

(6) 订单处理耗时：在统计周期内，用户下单至订单出库的时间间隔。该指标描述了电子商务网站的订单处理效率。

(7) 物流耗时：订单出库至用户签收的时间间隔。该指标指订单从出库后，到配送至用户处的耗时，与"订单处理耗时"共同描述网站的发货速度。

(8) 退款订单数：在统计周期内，发生退款的订单数。

(9) 退款订单率：在统计周期内，退款订单数占成交订单数的比例。

(10) 投诉率：投诉订单数占成交订单数的比例。

4．转化指标

转化指标主要用于描述访客与网站的交互状况。用户在访问网站的过程中，所有有价值的行为均可以视作转化，如账号注册、收藏、购买等行为。对电子商务网站来说，通用的转化指标包括注册用户数、收藏用户数、推车访客数等。

(1) 注册用户数：在统计周期内，发生注册行为的独立访客数。

(2) 收藏用户数：在统计周期内，对网站或商品等对象发生收藏行为的访客数。

(3) 推车访客数：在统计周期内，发生将商品加入购物车行为的访客数。通过推车访客数可以计算出该网站的推车率，计算公式为：推车率=推车访客数/所有访客数。

(4) 下单用户数：在统计周期内，拍下订单的用户数。

(5) 支付订单数：在统计周期内，已完成付款的订单数量。

(6) 下单支付转化率：成交订单数占所有下单用户数的比例。网站的支付流程和体验是影响支付率的重要因素。

(7) 支付用户数：在统计周期内，完成付款的用户数。

(8) 支付转化率：在统计周期内，支付用户数占访客数的比例。

5．用户指标

用户指标主要用于从有真实成交记录用户的角度来描述网站的发展状况，主要包括新增用户数、活跃会员数等。

(1) 新增用户数：在统计周期内，首次注册的用户数。

(2) 活跃会员数：在统计周期内，有消费或登录行为的会员数。

(3) 活跃会员比率：活跃会员数占总会员数的比重。活跃会员比率=活跃会员数/总会员数。

(4) 新成交用户数：在统计周期内，首次有成交记录的用户数。

(5) 复购率：重复购买率，在统计周期内，至少有两次购买行为的成交用户数占总成交用户数的比例。复购率=至少2次购买的成交用户数/总成交用户数。

(6) 回购率：指上一统计周期活跃会员在下一周期时间内有购买行为的比率。回购率和流失率是相对的概念。

(7) 用户流失率：在统计周期内，没有消费的会员占总会员数的比例。用户流失率=未消费会员数/总会员数。

(8) 客单价：在统计周期内，成交用户的平均成交金额。客单价=总成交金额/成交用户数。

7.2 电子商务数据分析步骤与方法

刚刚毕业的韩梅梅同学获得的第一份工作是某电子商务公司数据分析部门的数据分析员职位。自从工作以来，韩梅梅同学就被各种数据、报表包围着，经常加班整理表格。然而几个月过去了，韩梅梅对于数据分析工作仍感吃力，她发现独立写出一份逻辑清晰、结论明确的分析报告并不是一件简单的事情。

韩梅梅同学如何才能走出职场困境呢？一位资深数据分析师给她提出了建议：了解数据分析的步骤、训练数据分析思维，使用合理的方法分析数据。只有这样，才能从混乱的工作中理出清晰的思路。本节将介绍电子商务数据分析工作步骤和电子商务数据分析方法，帮助读者建立清晰的数据分析思维方式。

7.2.1 电子商务数据分析工作步骤

数据分析工作过程中，从确定需求到形成分析报告的每一个动作都可能影响到分析结果的正确性。所以，只有具备明确的分析目的和细致的工作过程才能确保得出一份有价值的分析报告。数据分析工作主要分为六个步骤：明确分析目的和思路、数据收集、数据处理、数据分析、数据展现、数据分析报告，如图7-1所示。

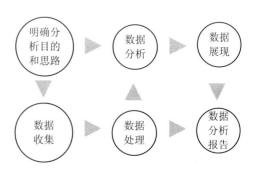

图7-1 数据分析的工作步骤

1．明确分析目的和思路

数据分析工作的首要任务就是明确分析目的。例如，对于一个网店，数据分析的目的可能是研究市场趋势，分析竞争对手，寻找页面转化率下降的原因或访客数变少的原因等。

明确分析目的之后，就要梳理分析思路，搭建分析框架，保证数据分析过程有理有据，结果具有说服力。常用的数据分析思维模型包括 5W2H、SWOT、PESTEL、4P 理论等。

实务应用

如何使用 5W2H 模型分析客户购买行为？

分析客户购买行为对于提炼产品卖点、提升品牌形象、增强客户黏度具有一定价值。企业应定期进行客户购买行为分析，根据分析结果和建议来优化运营。在此，我们使用 5W2H 模型来整理分析思路。5W2H 的内容包括：Why、What、Who、When、Where、how、How much。

Why：客户购买的目的是什么？为什么要购买我们的产品而非其他相似商品？

What：客户的真实需求是什么？我们是否能为其提供某种服务？

Who：客户是一群什么样的人？兴趣爱好是什么？

When：客户的购买高峰期是什么时间？复购时间是什么？

Where：客户的消费场景如何？哪里的客户消费最多？

How：客户的支付方式是什么？如何来提高客户的消费额度？

How much：客户愿意花多少钱来购买该商品？是否需要支出其他费用？

使用 5W2H 模型分析客户购买行为可以从客户的需求着手，对客户人群、兴趣爱好、消费时间、消费频次、消费场景等方面进行总体分析，避免工作过程中的思路混乱、逻辑不清晰等情况。

2．数据收集

数据收集是指根据系统自身的需求和用户的需要收集相关的数据。数据收集的途径主要有以下几个方面：

1）互联网

国家及地方统计局网站、政府机构网站、行业组织网站等发布的数据分析报告可以作为数据收集的来源。如：中国统计网、电子商务研究中心、中文互联网数据咨询中心、艾瑞咨询、阿里研究院等。

企业在电子商务平台上注册商城后，将逐渐积累到商城内部的数据。如常规的流量指标、推广指标等数据都可以从店铺的后台获取。

电子商务平台为企业用户提供了第三方数据软件。如淘宝的生意参谋可以提供市场行情、商城实时数据。这些数据下载之后进行整理分析，可作为电商企业商业决策依据。

除以上途径外，还可以使用爬虫软件进行自定义设置，获取个性化数据。如集搜客(http://www.gooseeker.com/)、火车头(http://www.locoy.com/)等网页数据抓取软件可以通过设定规则来选择性抓取网页数据。

2) 市场调查

市场调查是运用科学的方法，有目的、系统地收集、记录、整理市场信息和资料的一项调查。市场调查经常使用观察法、实验法、访问法和问卷调查法。

问卷星、腾讯问卷等线上问卷调查设计网站可以更加方便快捷地收集问卷，而且设计成本低。

3) 企业数据库

企业数据库长期积累的数据对企业而言是最为宝贵的财富，大多数数据按照时间轴和业务主线被详细记录下来。企业在分析内部数据时，首选数据库中的数据。

3. 数据处理

从各个途径收集到的数据往往杂乱无章、难以阅读，也无法进行精准分析。数据处理就是将原始数据通过整理变成有效数据的过程。其内容包括数据清洗和数据加工。

(1) 数据清洗。其主要包括将多余重复的数据清除，缺失数据补充完整，错误数据纠正或删除等内容。使用 EXCEL 软件中"删除重复数据""查找""定位""函数"等工具可以完成数据清洗工作。

(2) 数据加工。数据加工是指在数据清洗之后对现有字段进行计算、分组、转换等工作，以形成分析所需要的一列新数据字段的过程。主要包括以下几个方面：数据抽取、数据计算、数据分组、数据转换。使用 EXCEL 函数、数据透视表、数据分析工具可以完成数据加工工作。

实务应用

使用 EXCEL 日期函数抽取数据

数据抽取是数据加工环节的工作内容，是指从数据源中抽取数据。这里通过 EXCEL 日期函数来帮助大家理解数据抽取的含义。

某数据表中的一个日期记录为：2017 年 8 月 28 日，如表 7-1 所示。如想单独建立一个字段，其中只包含月份信息，可以使用 EXCEL 中的 Month 函数。

表 7-1　数据抽取 EXCEL 数据表格

	A	B
1	日期	月份
2	2017 年 8 月 28 日	8 月

在 EXCEL 表格的 B2 单元格中输入 "=MONTH(A2)&"月""，即可得到 "8 月" 这组数据，这就是简单的数据抽取过程。除了日期数据外，文本型数据、数值型数据，都可用 EXCEL 函数或数据透视表进行数据抽取。

4．数据分析

数据分析是指在业务逻辑的基础上，运用最简单有效的数据分析方法和最合适的数据分析工具对数据进行整理分析的过程。要特别注意的是，没有业务逻辑的数据分析是没有价值的。

数据分析通常要使用适当的分析方法。对比分析、平均分析、分组分析、拆因子分析等是常用的初级分析方法；回归分析、时间序列分析、聚类分析、相关分析等是常用的高级分析方法。在电子商务数据分析中，主要使用对比分析法、拆因子分析法、看数据分布分析法、漏斗分析法。要注意，数据分析不能一味追求使用高级复杂的方法，而应该从实际业务出发用最简单的方法解决实际的问题。

EXCEL 软件提供了非常实用的数据分析工具，如排序、筛选、分类汇总、数据透视表、函数等。关于 EXCEL 在数据分析中的应用将在 7.4 节中详细讲解。

5．数据展现

数据分析的结果通常需要使用特定的形式来展现，如 EXCEL 图表、词云、热力图等。这些数据展现方式使得数据分析结果可以更加直观地展现出来，使结果的可读性更强，极大地方便了阅读者获取信息。图 7-2 是一个大数据相关关键词的词云图片。词云一般作为时事热词、关键词的数据展示。

图 7-2　词云图片示例

从图片上我们可以清晰地读取到数据分析、数据挖掘、数据应用、机器学习、分析工具等这几个字号大、位置显著的词汇，说明以上词汇与大数据话题的相关性最强。

在 EXCEL 中，常用的数据展现工具主要有柱形图、饼图、条形图、折线图、散点图、雷达图等。每种图表都有其特色，可根据不同的数据分析结论选择合适的图表。

6．数据分析报告

数据分析报告是一种分析问题的应用文体，包含分析目的、背景、目录、正文、结论建议等信息。数据分析报告的每一个图表、每一段文字都是对数据处理、分析、展现等工作的总结。因此，一份内容完整、逻辑清晰、重点突出、结论准确的分析报告是数据分析工作过程的价值体现。

　　企业内部的数据分析报告一般有三种形式：专题分析报告、综合分析报告和日常数据报表。图 7-3 所示为某行业用户画像研究报告，属于专题分析报告。

图 7-3　专题分析报告名称与目录示例

 小贴士

读者可以在以下网站中下载一篇行业分析报告，学习并分析该报告的写作形式。
艾瑞咨询：http://www.iresearch.cn/。
中国电子商务研究中心：http://www.100ec.cn/。

　　以上介绍了数据分析工作的六大步骤。数据分析的各个环节都需要分析人员具有清晰的工作思路和细致的工作态度。精准把握业务逻辑的和熟练使用分析工具是得到有价值数据分析报告的基础。学习数据分析必须把握思路、掌握工具、熟悉业务。

7.2.2　电子商务数据分析方法

　　通过学习 7.2.1 小节内容，读者应对数据分析步骤有了较为系统的认识，本节将重点讲解几种常用的电子商务数据分析方法。掌握数据分析方法，才能科学地、系统地开展数据分析工作。

　　本节主要介绍对比分析法、拆因子分析法、看数据分布分析法、漏斗分析法。

1. 对比分析法

　　对比分析法是指通过比较各项指标来检查计划的完成情况、分析产生差异的原因，进而挖掘内部潜力的方法。对比分析法可以应用在市场调研、用户研究、销售报告等各种报告中，使用范围广泛。

　　对比分析法主要有两种类型：纵向比较法和横向比较法。

　　(1) 纵向比较法。纵向比较是指在统一总体条件下不同时期指标数值的比较，如本期实际指标与上期实际指标的对比。纵向比较法强调数据时间轴上的比较。

实务应用

　　某天猫商城 2015 年 "双十一" 购物狂欢节当天的销售额为 3800 万元人民币，该店在 2016 年的 "双十一" 购物节销售额为 6050 万元人民币，同比增长 2250 万元，增长率为 59%。这里运用的方法就是典型的纵向比较法。

　　注：增长率 = (本年的指标值 − 去年同期的值) ÷ 去年同期的值 × 100%

　　(2) 横向比较法。横向比较是指在统一时间条件下对不同总体指标的比较，如某商城在某一时期内的流量总数与本行业前 10 名的商城对比。

　　对比分析法常用的分析维度有：

　　(1) 市场环境对比，了解市场发展趋势、品类市场占有率。

　　(2) 竞争对比，了解企业所处的行业位置。

　　(3) 业务指标对比，实际值与预测值对比反映任务完成率。

　　使用对比分析法应遵循以下原则：

　　(1) 对象要有可比性。

实务应用

　　在《统计数字会撒谎》一书中提到一个案例，在美国和西班牙交战期间，美国海军的死亡率是 9‰，而同时期纽约居民的死亡率是 16‰，于是美国海军征兵海报口号就是：来参军吧，参军更安全！这组数据显然是没有可比性的。

　　　　　　　　　　　　　　　　　　　　　资料来源：黄成明《数据化管理》

　　(2) 数据的时间范围、计算方法、计量单位必须一致。

实务应用

　　A 商城的销售额为 1 万元，B 商城的销售额为 10 万元。表面上看这组数据，能够得出 "A 商城销售额小于 B 商城销售额" 的结论，但这个结论准确吗？如果给这组数据加上时间条件：A 商城在 1 小时内的销售额为 1 万元，B 商城月销售额为 10 万元，那么 "A 商城销售额小于 B 商城销售额" 的结论就不一定正确了。因此数据的时间范围、计算方法等必须一致，才可以进行对比分析。

2．拆因子分析法

　　在数据分析过程中很多时候很难直接从数据变化中分析出具体原因，这时可以考虑采用拆因子的方法，例如分析网站销售额，在计算公式中，销售额 = 访客数 × 成交转化率 × 客单价。那么影响它的因子有访客数、成交转化率、客单价。通过分析这三个因子的变化可以将问题逐步细化，找出根本原因。

案例分析

使用拆因子分析法分析成交转化率下降的原因

某电子商务网站近期出现了转化率下降的情况，可以通过拆因子分析法来研究转化率下降的根本原因。

已知成交转化率的计算公式为：成交转化率=成交人数/访客数。那么"转化率"下降的原因可能是"订单量下降"或"访客数增多"，或两者皆有。假定"访客数增多"是主要原因，可以把"访客数"的来源途径拆解为"直接访问""广告引流"和"搜索引擎引流"。接着根据实际数据分析结果，判断哪一部分的访客数增量最大。

继续假定是搜索引擎流量升高使访客数增加，拆解"搜索引擎引流"的影响因素为"付费搜索流量"和"自然搜索流量"。如果是自然搜索流量上升引起的访客数增多，那么是品牌关键词带来的流量上升还是非品牌关键词带来的流量上升？通过数据分析发现是品牌关键词带来的流量上升。

原来该品牌因某明星的宣传而进入微博的热搜榜单，品牌曝光量突然大幅增加，使得很多人通过品牌名称搜索该公司产品。但这部分人群更多是因为明星效应来关注此品牌，并没有消费需求。因此访客数增加并没有带来更多的成交量，却导致转化率下降。图 7-4 是拆因子分析转化率下降原因示意图，请读者对照图片理解拆因子分析法的分析过程。

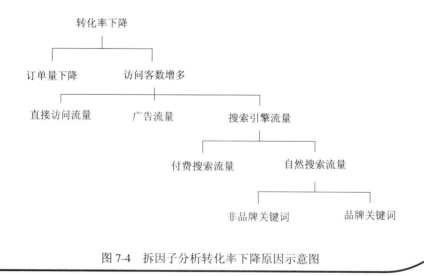

图 7-4 拆因子分析转化率下降原因示意图

3. 看数据分布分析法

看数据分布法是较为基础的分析方法。通常情况下，综合性(总数和平均数)的统计数据主要用于了解分析对象的宏观现状，但是容易丢失掉很多重要的信息，不能够全面和具体地反映真实情况。在深入分析数据时，应该多关注数据中的众数，即一组数据中出现次数最多的数值。这个数值会直观反映实际分布情况，而不受极端数据的影响。

 案例分析

页面平均停留时间的误导

某电子商务网站的客户平均停留时间为 214 秒。该网站的运营人员则根据这个时间来进行业务决策，设定"停留时间超过 214 秒为高价值流量"，或设置系统在用户停留了 214 秒还没有成功下订单就弹出在线客服窗口。

通过区间分布数据发现，网站的"平均停留时间"虽然为 214 秒，但真正的顾客访问时间却有长有短，差别巨大，如图 7-5 所示。

访问时间	该时间访问次数	访问次数百分比
0～10 s	2085	67.89%
11～30 s	94	3.06%
31～60 s	89	2.90%
61～180 s	207	6.74%
181～600 s	267	8.69%
601～1800 s	239	7.78%
1800 s+	90	2.93%
平均停留时间	214 s	

图 7-5　某网站客户平均停留时间数据分布图

从该图可以看出，平均停留时间为 0～10 秒的人数占比为 67.98%，说明该数据段的数据量最多，是该组数据的众数。所以平均停留时间的 214 秒并不能代表多数客户的行为。运营人员按照 214 秒的时间来进行业务决策则偏离了客户真实行为。由于平均停留时间不到 10 秒的客户占比超过一半，因此根据该图的数据可知重点问题应该是跳失率偏高的问题。结果我们发现了两个原因：

(1) 友情链接的内容不相关，导致带来非精准流量。

(2) 该电子商务网站的名字和某热播电视剧重名，所以很多搜索电视剧的用户点击进入网站，当他们发现网站内容与电视剧不相符时立即离开。

为了降低网站的跳失率，我们可以从这两个方面着手进行优化。例如在进行友情链接合作时提前考虑客户群体的问题，不能仅仅为了提升流量而引入一些低质流量。或借助某电视剧的热度采取热点营销的手段，将这些"敲错门"的客户吸引住，变成真正的客户。

4．漏斗分析法

漏斗是一个筒型物体，被用做把液体及幼粉状物体注入入口较细小的容器。借助漏斗的形状，漏斗图可以非常直观地展现数据从大到小、从多到少的构成。

漏斗分析法是指以漏斗图的形式来展现分析结果的一种分析方法，主要用于分析业务流程中的转化与流失情况，从而发现隐藏在其中的业务问题。在电子商务数据分析中，漏斗分析通常用于各个业务环节的转化率分析、广告效果分析以及客户留存率分析中。

 案例分析

支付转化率的漏斗分析

客户在淘宝商城上购买商品的流程一般可简化为访客、下单、支付三个环节。这些环节的每一步都会漏掉一些客户，最终变成漏斗形的数据。某淘宝商城近 30 天数据(2017 年 9 月)以及与上一周期的环比情况如图 7-6 所示。

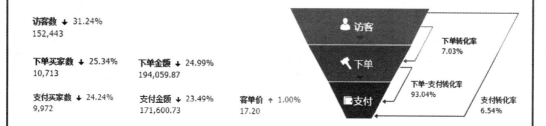

图 7-6　某淘宝商城近 30 天交易总览漏斗图

从该图中能够读取到以下信息：

(1) 该店在近 30 天内的访客数为 152 443，环比下降 31.24%；下单买家数为 10 713，环比下降 25.34%；下单金额为 194 059.87 元，环比下降 24.99%；支付买家数 9972，环比下降 24.24%；支付金额为 171 600.73 元，环比下降 23.49%；客单价 17.20，环比上升 1.00%。

(2) 下单转化率为 7.03%；下单—支付转化率为 93.04%；支付转化率 6.54%。

由此可见，使用漏斗图能够非常清晰地读取到各环节数据。同时我们也能通过数据分析得知，该店铺在近 30 天内的支付金额、访客数均呈下降趋势，客单价环比上升。在销售额公式中：销售额=访客数×转化率×客单价。那么该店 9 月份销售额下降的原因与访客数下降有直接关系。经了解得知该店在 6 月份暂停全部付费推广模块，期望通过稳定的免费流量来获取销售额增长。该店这种推广策略严重影响流量来源，直接导致销售额下降。因此，建议该店铺重新开启付费广告，获取更多流量，以提升销售额。

除流量问题外，持续提高支付转化率是所有店铺追求的目标。影响转化率的因素有：视觉设计、文案设计、客服水平、购买体验等。运营人员可根据自身情况采取合适的手段进行合理优化。

尿不湿和啤酒 —— 简述数据挖掘的价值

数据挖掘，是指从数据中挖掘知识，也可以简称为"知识挖掘"。数据挖掘是有组织、有目的地收集数据，通过分析数据使之成为信息，从而在大量数据中寻找潜在规律以形成规则或知识的技术。同时，数据挖掘也是一种高级的数据分析方法，与数据分析在本质上是一样的，都是从数据里面发现关于业务的知识。所以，无论数据挖掘还是数据分析都是一个商业过程。下面关于数据挖掘案例的讲述，可以帮助大家更好地理解数据挖掘的价值。

在沃尔玛超市里，有一个有趣的现象：尿不湿和啤酒赫然摆在一起出售。但是这个奇怪的举措却使尿不湿和啤酒的销量双双增加了。这不是一个笑话，而是发生在美国沃尔玛连锁店超市的真实案例，并一直被商家津津乐道。

沃尔玛拥有世界上最大的数据仓库系统，为了能够准确了解顾客在其门店的购买习惯，沃尔玛对其顾客的购物行为进行购物篮分析，分析顾客经常一起购买的商品有哪些。沃尔玛数据仓库里集中了其各门店的详细原始交易数据。在这些原始交易数据的基础上，沃尔玛利用数据挖掘方法对这些数据进行挖掘和分析。

图 7-7　沃尔玛啤酒和尿不湿关联销售数据挖掘示意图

一个意外的发现是：跟尿不湿一起购买最多的商品竟是啤酒！经过大量实际调查和分析，揭示了一个隐藏在"尿不湿与啤酒"背后的美国人的一种行为模式：在美国，一些年轻的父亲下班后经常要到超市去买婴儿尿不湿，而他们中有 30%～40%的人同时也为自己买一些啤酒。产生这一现象的原因是：美国的太太们常叮嘱她们的丈夫下班后为小孩买尿不湿，丈夫们在买尿不湿后随手带回了他们喜欢的啤酒。

按常规思维，尿不湿与啤酒风马牛不相及，若不是借助数据挖掘技术对大量交易数据进行关联分析，沃尔玛是不可能发现销售数据中这么有价值的商业规律。

尿不湿和啤酒的故事是一个经典的使用数据挖掘关联算法得到知识发现的案例。大家常见的搭配销售、捆绑销售都与数据挖掘关联算法有关，如面包和牛奶的搭配、衬衫和西服的搭配，因其符合常规逻辑，所以没有被大家过多关注。

数据挖掘综合了统计分析、机器学习、人工智能、数据库等多方面的学科知识，对综合能力要求较高，这里仅作为阅读性内容了解即可。

7.3 电子商务数据分析应用

> 　　抗战时期某著名军事家从带兵时起，就有记载每次战斗的缴获、歼敌数量的习惯。其指挥的某部队前线指挥所每天深夜都要进行例常的"每日军情汇报"，内容包括各部队歼敌数量、俘虏数量、缴获枪支数量、物资数量等。
>
> 　　一天深夜，值班参谋正读着某部队的战报，将军突然打断问："胡家窝棚那个战斗的缴获数量你们听到了吗？"见大家茫然无知，将军接着问："为什么那里击毁的小车与大车的比例比其他战区略高？我断定，那里就是敌人的指挥所！"将军立刻口授命令追击逃走的敌人，最终彻底剿灭了敌人剩余部队。
>
> 　　此次战斗胜利的关键是将军对一份普通战报的数据分析和准确判段。《孙子·计篇》中写道："谋定而后动，知止而有得。"可见，通过数据的积累、整理、分析指导事情有计划有目的的实施，即可有所收获。电子商务运营同样需要数据分析的支持。本节从市场分析和运营分析两方面讲解数据分析在电子商务中的应用。

7.3.1 市 场 分 析

市场分析是对市场规模、位置、性质、特点、市场容量及吸引范围等调查资料所进行的经济分析。

1．市场分析目的

市场分析可以更好地认识市场商品的供应和需求关系，采取正确的经营战略，满足市场需要，提高企业经营活动的经济效益。

2．市场分析维度

市场分析的维度包括：市场规模、行业规律、目标客户。

1) 市场规模

市场规模主要研究目标产品或行业的整体规模。了解市场规模可以帮助企业制定合理的商业目标。

市场规模分析包括行业市场规模分析以及行业细分市场规模分析等。

2) 行业规律

行业规律是指行业依据某些因素形成的规律性变化。掌握行业规律，有助于企业安排采购、生产以及制订营销计划等活动。

各行各业都有其自身的规律性，以季节、节假日或平台营销活动为周期的规律性变化均视为行业规律。

3) 目标客户

目标客户分析是指分析研究目标客户人群特征以及购买习惯特征。了解目标客户的群体特征，能够从需求和兴趣偏好出发，制定有效的运营策略。

目标客户分析的维度有地域、人群特征、兴趣爱好、搜索偏好、价格偏好、购买习惯偏好等。

3. 市场分析实务

本部分使用淘数据(http://www.taosj.com/)、阿里指数(https://alizs.taobao.com/)两个网站的数据，以女装/女士精品行业为例分析市场概况。

1) 市场规模分析

(1) 行业市场规模分析。研究行业规模帮助企业找到市场的行业制高点，以便制定合理的目标。

登录淘数据网站，在"行业数据"页面下查找"服装鞋帽"市场中"女装/女士精品"行业的淘宝市场数据。分别按月份下载 2017 年 1 月—12 月"市场关注规模"模块的数据，使用 EXCEL 软件的数据处理工具整理后得到如表 7-2 所示的数据(因该网站为动态数据，读者在练习时按实际月份下载一年的数据即可)。

表 7-2　淘宝女装/女士精品 2017 年行业数据(单位：元)

日期	品牌数	店铺数	单品数	成交金额	成交笔数
201701	59 485	112 233	4 220 589	10 814 020 969.45	80 854 398
201702	54 742	93 761	4 273 890	9 408 296 499.89	84 808 969
201703	56 352	94 116	5 266 434	13 264 803 843.92	132 285 544
201704	58 276	99 658	5 480 766	12 467 322 047.34	150 603 863
201705	57 118	108 750	6 363 127	16 002 637 096.15	182 360 786
201706	53 545	109 456	6 204 420	14 123 589 712.59	154 639 139
201707	48 601	99 557	5 770 606	15 179 608 282.50	163 930 206
201708	49 407	96 089	6 271 914	13 263 044 947.21	134 167 731
201709	50 339	98 203	6 497 982	19 084 121 188.91	158 736 627
201710	71 335	129 690	5 767 427	14 334 031 898.54	155 497 667
201711	73 225	142 224	5 842 851	20 872 390 354.75	178 265 367
201712	69 145	129 646	5 353 729	19 110 068 082.37	139 316 924

(数据来源：淘数据)

使用 EXCEL 软件中的 SUM 和 AVERAGE 函数，对以上成交金额字段的数据进行分析汇总，可知 2017 年 1 月—12 月淘宝女装/女士精品行业的年成交金额为 1779.24 亿元人民币，月平均成交金额为 147.27 亿元人民币。

用同样的方法，查看 2017 年 1 月—12 月手机数码市场的 3C 数码配件行业数据，通过计算得到该行业的年成交金额为 346.26 亿元人民币。与 3C 数码配件行业相比，女装/女士精品的行业市场规模非常可观，但并存的竞争可能也会非常激烈。能否在巨大的市场中寻找机会一举成功，严格考验企业对市场的把控能力。

(2) 行业细分市场规模分析。研究行业细分市场规模能帮助企业寻找竞争度低的细分市场，获得商业机会。

本部分以淘数据网站中，女装/女士精品行业裤子、连衣裙、T 恤、衬衫、毛衣、短外套等六个细分市场的销售额数据为依据，分析各个细分市场规模。

登录淘数据网站，在"行业数据"页面下，查找女装/女士精品行业的淘宝市场数据。在"当前子行业下所有分类排行"模块中，按月份分别下载 2017 年 1 月—12 月上述细分市场的销售额，整理后得到的数据如表 7-3 所示(因该网站为动态数据，读者在练习时按实际月份下载一年的数据即可)。

表7-3　2017 年 1 月—12 月女装六大细分市场销售额(单位：元)

日期	裤子	连衣裙	T 恤	衬衫	毛衣	短外套
201701	906 806 990	1 027 202 742	306 739 329	277 679 673	824 872 530	359 249 035
201702	743 020 649	1 189 432 578	562 721 866	647 811 145	368 129 619	557 362 864
201703	1 148 819 714	2 478 309 758	1 141 953 697	958 411 028	269 755 181	1 010 270 696
201704	1 227 271 419	2 134 922 745	1 738 370 607	1 113 622 424	69 151 104	614 101 852
201705	1 727 456 339	3 710 460 708	2 584 301 770	868 817 543	20 802 546	380 027 101
201706	1 673 919 917	4 566 273 713	1 902 223 124	709 891 977	15 876 853	271 341 935
201707	1 738 533 811	4 477 605 971	1 986 145 165	980 496 685	84 961 067	316 088 947
201708	1 289 184 733	2 846 903 520	1 328 451 830	892 332 616	229 710 095	500 922 598
201709	1 772 324 421	2 787 937 507	1 384 276 099	1 155 516 805	754 504 319	889 775 142
201710	1 336 841 671	1 406 305 480	663 993 764	493 313 041	1 152 767 619	701 498 199
201711	2 008 775 615	1 388 792 255	527 590 386	351 648 417	1 821 058 918	714 223 085
201712	1 755 090 300	1 742 524 861	405 662 280	308 150 784	1 714 966 161	645 567 763

(数据来源：淘数据)

首先使用 EXCEL 工具中的 SUM 函数计算 2017 年各细分市场的总销售额，可得表 7-4(也可以使用数据透视表，注意要将二维表格转换成一维表格后才能进行计算，步骤参考 7.4.2 节)。

表7-4　2017 年 1 月—12 月份各子行业总销售额(单位：元)

细分市场	2017 年总销售额
连衣裙	29 756 671 839
裤子	17 328 045 579
T 恤	14 532 429 916
衬衫	8 757 692 138
毛衣	7 326 556 013
短外套	6 960 429 217

为了直观表现各细分市场的销售额排名，选用 EXCEL 图表工具中的条形图来展示表 7-4 的数据，如图 7-8 所示。通过 2017 年度的淘宝女装/女士精品细分市场的销售额对比图可知，连衣裙、裤子、T 恤的销售额位居前三，衬衫、毛衣、短外套的销售额位列其后。所以，在以上六个细分市场中，连衣裙、裤子、T 恤的销售额最高，市场空间较大、机会相对较多。

对各细分市场的市场占有率进行简要分析。由上文可知，女装/女士精品行业 2017 年总销售额为 1779.24 亿元，按公式：销售额占比 = 细分市场销售额/总销售额计算，得到表 7-5 中的数据。

2017 年淘宝女装/女士精品六大细分市场销售额条形图(单位：元)

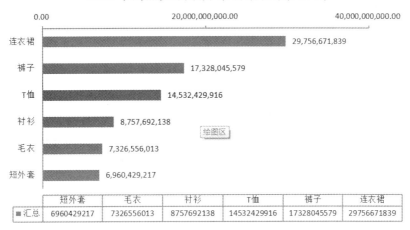

图 7-8　2017 年淘宝女装/女士精品六大细分市场销售额条形图

表 7-5　2017 年淘宝女装/女士精品六大细分市场的销售额与市场占有率(单位：元)

项目	销售额	市场占有率
连衣裙	29 756 671 839	16.7%
裤子	17 328 045 579	9.7%
T 恤	14 532 429 916	8.2%
衬衫	8 757 692 138	4.9%
毛衣	7 326 556 013	4.1%
短外套	6 960 429 217	3.9%
其他	93 262 110 223	52.4%

　　由表 7-5 可知，以上六个细分市场的销售额市场占比达到近 50%，说明以上六个细分市场占女装/女士精品行业较大的市场份额。使用饼图对以上数据进行直观展现，如图 7-9 所示。

图 7-9　2017 年淘宝女装细分市场销售额占比

2) 行业规律分析

各行各业都有其特定的规律。以时间序列模式为例，数据可以按照日、星期、月度、季度、年份的时间为统计周期进行整理分析。

登录淘数据网站，查看 2017 年度女装/女士精品行业市场淘宝网销售趋势图，如图 7-10 所示，分析行业规律。

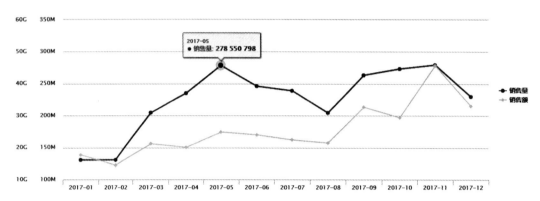

图 7-10　2017 年度女装/女士精品行业市场淘宝网销售趋势图(图片来源：淘数据)

该图截取的时间周期为 2017 年 1 月—12 月。从图中可以看出，女装/女士精品行业的销售高峰期在 5 月、11 月，均处于季节交替的月份。可知，季节更替将会带来女装/女士精品行业市场需求的上涨，从而带来销量。11 月份包含"双十一"购物狂欢节，对成交量的刺激相对较大。所以，服装企业可以根据季节性、购物节等因素来判断市场需求变化，制定相应营销策略，避免积压库存或存货不足等情况。

下面研究细分市场的销售额数据。对比不同细分的销售额数据，在同一图表中观察各细分市场趋势，结果如图 7-11 所示。

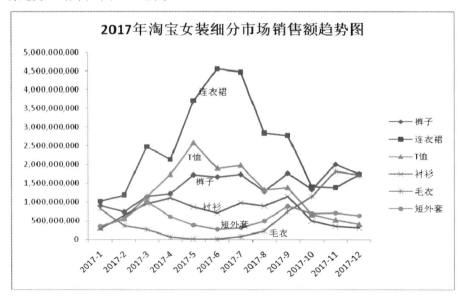

图 7-11　2017 年淘宝女装细分市场销售额趋势图

由图 7-11 可知，连衣裙在全年的销售额一直保持较高水平，其中 6、7 月份是销售旺季。T 恤和毛衣两个细分市场表现出明显的季节性规律。短外套和衬衫全年销售平稳，淡旺季不明显。裤子的销售额呈现稳步上升趋势，在年底小幅下滑。可见，不同细分市场的季节性规律截然不同。掌握行业规律，对于制订营销策略、生产计划等具有非常大的参考价值。

3）目标客户分析

为了降低营销成本，企业通常采取精准营销的方式，对有需求的目标客户进行广告覆盖。下文将使用新版阿里指数(https://alizs.taobao.com/)，以女装连衣裙市场为例研究消费人群特征。

登录阿里指数网站，查找"行业指数"模块，选择"女装/女士精品"行业下的"连衣裙"细分市场数据。阿里指数给出了热买、热卖地区排名，并从性别、年龄、星座、爱好四个方面给出了人群属性。

图 7-12 展示了连衣裙的热买地区为广东、浙江、江苏、福建等地，说明以上地区连衣裙的需求量较大，提醒企业在进行地区精准营销时可优先考虑以上地区。

图 7-12　阿里指数连衣裙前十名热买地区

图 7-13 分别从性别占比、年龄阶段占比、星座占比、爱好(喜好度)四个方面描述了连衣裙的买家概况。通过性别占比和年龄阶段占比数据可知，连衣裙的消费者以年轻女性居多，天秤座和天蝎座女性更喜欢购买连衣裙。其中的大部分消费者偏爱美妆、收纳。根据以上信息，企业可以针对此类人群的喜好选品、设置精准人群推广或设置搭配销售。

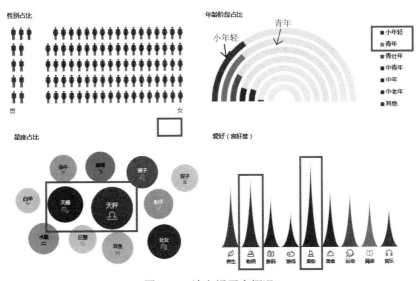

图 7-13　连衣裙买家概况

7.3.2 运营分析

运营分析是指通过分析企业电子商务网站或平台商城内部数据来监控网站或商城数据。本小节使用淘宝官方数据管理软件"生意参谋",从流量数据、交易数据及客户数据三个方面来讲解电子商务运营分析。

1．运营分析的目的

运营分析的主要目的包括:了解历史数据、监控实时数据、预测未来数据。通过运营分析,企业能够更好地把握自己在市场中的竞争位置、预警异常数据并提前防范、制订合理的销售计划。

2．运营分析的维度

运营分析是全方位多维度的,任何一个能够影响客户购买的环节都可以通过数据来监控和优化。运营分析的维度包括流量分析、商品分析、服务分析、交易分析、客户分析等。

1）流量分析

流量分析是指通过分析访客数、人均浏览量、平均访问深度等数据来了解流量趋势、流量构成、分布情况的过程。

2）商品分析

商品分析主要研究全店商品的访客情况和支付情况。商品分析帮助运营人员了解爆款商品、潜力商品、滞销商品,以便调整全店商品结构和营销策略。

3）服务分析

服务分析是指通过研究商家自身的服务数据来掌握服务水平的过程。服务分析结果能够帮助优化客户服务方面的数据指标。

在淘宝平台中,退款时长、退款率、投诉率、店铺动态评分不但反映商城的服务质量,还会影响商城的自然搜索权重,进而影响自然流量。

4）交易分析

交易分析是指通过研究访客数、转化率、客单价等变化掌握交易数据变化趋势的过程。

在电子商务销售额公式中,销售额 = 访客数 × 转化率 × 客单价,访客数、转化率、客单价的波动将直接影响销售额。

5）客户分析

客户分析是指通过分析客户的地域分布、访问时段分布、消费层级,以及新老客户的活跃度、新老客户成交比例、老客户复购率等数据指标,掌握商城的客户数据的过程。

3．运营分析实务

本部分以淘宝官方数据管理软件生意参谋提供的数据为例,通过分析淘宝个人店铺某饰品店的流量数据、交易数据以及客户数据,了解该店历史数据概况、监测近期数据趋势。

1）流量分析

淘宝网生意参谋数据管理软件在流量分析模块提供的流量概况、来源分析、访客分布数据，可全面分析商城的流量情况。登录淘宝卖家中心，找到生意参谋即可。

(1) 年度流量趋势。某饰品店在 2016 年 10 月—2017 年 9 月的流量趋势情况如图 7-14 所示。

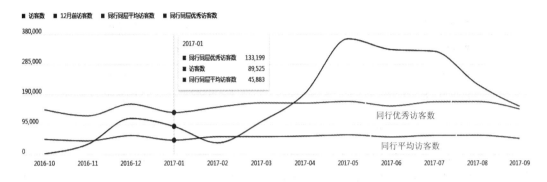

图 7-14　某饰品店 2016 年 10 月—2017 年 9 月流量趋势图

上图中共有三条流量趋势线，其中较为平稳的两条分别为同行优秀访客数和同行平均访客数。波动较大的为该店流量趋势线。

由图可知，该店在 2016 年 10 月—2017 年 2 月份期间流量波动于"同行平均"与"同行优秀"水平之间，3 月为转折点，自 4 月份开始流量超出"同行优秀"水平并出现快速增长，7 月份开始出现下滑。

该店铺的流量主要有两点问题，一是波动过大，二是下降速度过快。在未来的运营中，应首先采取措施回到最高值，提高流量的稳定性，保证其呈稳步上升趋势。

(2) 来源分析。淘宝网流量主要分为淘内免费、付费流量、自主访问、海外网站、其他来源等。在年度流量趋势图中了解到该店在 3 月份的流量增长带来了接下来几个月的爆发式增长。我们从流量来源的角度分析流量爆发增长的主要原因，如图 7-15 所示。

流量来源	访客数	
● 淘内免费	77,145	145.16%↑
● 付费流量	25,070	622.90%↑
● 自主访问	24,447	289.78%↑
● 淘外网站	339	>9999%↑
● 其它来源	15	0.00%
淘外APP	0	-
站外投放	0	-

图 7-15　某饰品店 2017 年 3 月份流量来源数据

该店的主要流量来源为淘内免费流量和付费流量。3 月份流量的爆发式增长中，淘内免费流量环比增长为 145.16%、自主访问环比增长为 289.78%，而付费流量达到了

622.90% 的环比增长。可见该店在 3 月份加大了付费流量推广，取得显著效果。

我们再看 8 月份流量来源情况，如图 7-16 所示。

流量来源	访客数	
● 淘内免费	198,636	33.41%⬇
● 自主访问	44,070	30.28%⬇
● 付费流量	5,266	38.94%⬇
◉ 淘外网站	26	35.00%⬇

图 7-16　某饰品店 2017 年 8 月份流量来源数据

该店 8 月份流量整体下滑严重，其中付费流量比例较低，可能是商家减少甚至关闭了付费推广，淘内免费流量与自主访问流量都环比下降 30% 以上。该情况的原因与运营人员有极大关系，运营人员没有在 6、7 月份流量开始出现下滑时采取措施，导致了 8 月份的状况，对整店销售额及排名造成很大影响。建议运营人员遇到此情况，应加大流量引入 (包括付费流量)，以便保持店铺的良性运转。

2) 交易分析

淘宝网生意参谋数据管理软件在交易分析模块提供年度交易趋势、类目构成分析。与交易最相关的数据指标为支付金额、访客数、转化率、客单价。

(1) 年度交易趋势。某饰品店在 2016 年 10 月—2017 年 9 月交易趋势如图 7-17 所示。

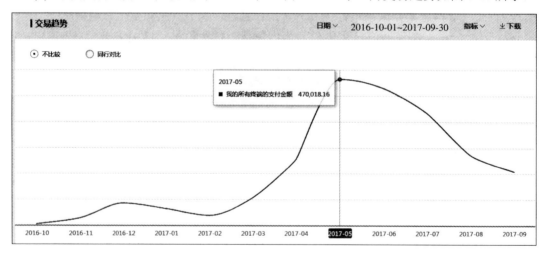

图 7-17　某饰品店 2016 年 10 月—2017 年 9 月交易趋势图

该店全年的销售额波动较大，自 5 月份达到最高值 47 万元后接连几个月销售额出现下滑的情况。根据流量分析情况可知，该店在 5 月份流量达到顶峰，6 月份开始呈下降趋势，7、8 月份开始大幅下降。由此可知，5 月份的支付金额高峰期与流量高峰期相关。也就是说，如果想再次提高店铺销售额，首先应从提升店铺流量入手。

(2) 类目构成分析。某饰品店在 2017 年 5 月的类目构成如图 7-18 所示。

饰品/流行首饰...	女鞋		
占比：100.00%	占比：0.00%		

类目	支付金额 ⬍	支付金额占比 ⬍	支付买家数 ⬍
耳钉	347,696.97	73.98%	25,450
耳环	64,457.98	13.71%	7,023
项链	49,385.13	10.51%	4,709
首饰盒	3,534.88	0.75%	576
耳线	2,448.13	0.52%	316

图 7-18　某饰品店 2017 年 5 月份类目构成

由图 7-18 可知，该饰品店的主营类目为流行饰品，主营耳钉、耳环、项链等产品，耳钉是客户支付率较高的商品。该店铺可选择耳钉、耳环两个品类的几款商品，通过线上测试的方式确定店铺爆款或引流款。

3）客户分析

客户分析主要从访客分布、人群特征和老客户价值等方面综合分析。同样，该部分使用淘宝卖家中心的生意参谋数据管理软件提供的访客数据来分析该店铺的客户情况。

(1) 访客分布。淘宝网每日的流量高峰期在不同类目具有不同趋势。运营人员通过掌握流量高峰期规律，可以调整产品的上下架时间、合理设置新产品上架时间，从而提高商城的转化率和销售额。

图 7-19 为某饰品店 30 天平均时段访客数量分布趋势图。由图可知，全店从上午 10 点开始进入高峰期，至 18 点稍有下降，在 22 点～23 点重新达到高峰。运营人员在流量高峰期和低谷期采取有效营销策略可以明显提升转化率。

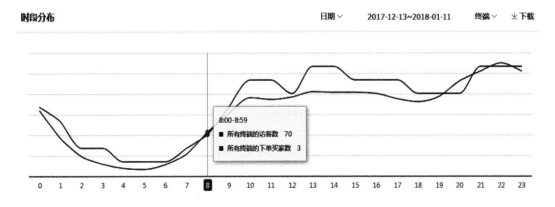

图 7-19　某饰品店 30 天平均时段访客数量分布趋势图

(2) 人群特征。人群特征一般研究商城人群的性别、年龄、消费层级等。生意参谋访客分析模块中提供了以上三种数据，如图 7-20 展示了某饰品店 30 天内访客的人群特征。

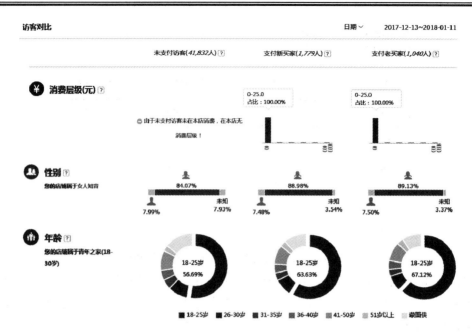

图 7-20 某饰品店 30 天内访客的人群特征对比分析图

如图 7-20 所示，该店的客户群体为年龄在 18～25 岁的女性，消费层级位于 0～25 元的低档区，与产品的款式、风格，以及价格相匹配。运营人员通过数据分析能够刻画出客户画像，并针对此类人群的潜在客户进行精准营销，对老客户进行更深的价值挖掘。

(3) 老客户价值。如果一个商城拥有数万名稳定的老客户，就可能成为较成熟并能够盈利的商城。因为新客户的获客成本比老客户的维护要高，所以保证老客户的持续活跃和消费既能带来销售额，也能够节约营销成本。

通过新老访客数量和占比情况可对老客户进行价值分析，如图 7-21 所示。

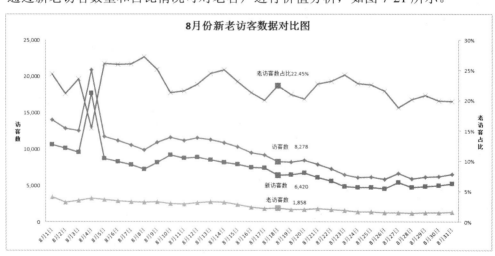

图 7-21 某饰品店 2017 年 8 月份新老访客数据对比图

8 月份老客户平均占比在 20%～30%，老访客每天的访问数量趋于稳定，新访客的数量波动较大。该商城如要在老客户上挖掘更多价值，一是可以召回已流失客户，提高老访客占比，二是可以扩展产品线并定期上架新品，满足老客户的更多购买需求。

7.4　EXCEL 2010 数据分析工具的应用

> 　　曾经有位年龄较大的员工在使用 EXCEL 计算销售报表时发生过这样一件事。他非常认真地把单据上的数字敲进 EXCEL 表格中。在进行汇总计算时，令人啼笑皆非的一幕出现了。他把手从键盘和鼠标上移到了计算器上开始输入数据，算完一行把结果再敲到 EXCEL 表格中，然后再用计算器重新计算一遍核对检查。有人不解地问他："为什么不直接用 EXCEL 工具汇总？"，他回答说："我敲计算机比敲键盘快！"其实求和计算是非常简单的 EXCEL 工具运算，不用敲键盘即可完成汇总。然而很多人对 EXCEL 的了解只停留在简单的表格操作上。
>
> 　　Microsoft EXCEL 2010 提供了大量数据分析的功能，基本能够满足日常的计算、汇总、数据分析等工作需要，是一款强大且实用的办公软件。

7.4.1　EXCEL 2010 基本的数据分析工具

　　EXCEL 基本的数据分析工具包括排序、筛选、分类汇总、合并计算、条件格式应用、函数应用等。学习之前先了解 EXCEL 数据表的组成。

　　EXCEL 数据表由字段、记录和数据类型组成，图 7-22 是包含以上三部分的 EXCEL 数据表的部分内容。字段是事物或现象的某种特征，图 7-22 中"统计日期""访客数"即为字段，文字描述可称之为字段名。记录是事物或现象某种特征的具体体现，图 7-22 "访客数"字段中包含的"4405""4850"等某个具体数字即为该字段的一条记录。

	A	B	C	D	E	F	G	H
1	统计日期	访客数	老访客数	老访客数占比	PC端老访客数	无线端老访客数	支付买家数	老买家数
2	2017-10-13	4,405	840	19.07%	20	813	233	54
3	2017-10-14	4,850	852	17.57%	17	829	228	49
4	2017-10-15	5,267	908	17.24%	11	892	259	58
5	2017-10-16	4,394	872	19.85%	11	853	233	77
6	2017-10-17	4,006	842	21.02%	16	822	196	61
7	2017-10-18	4,083	803	19.67%	18	780	174	52
8	2017-10-19	3,854	760	19.72%	14	742	176	47

图 7-22　EXCEL 数据表示例图

　　数据类型包括字符型数据和数值型数据。字符型数据是不具有计算能力的文字数据类型，如"abcd"。数值型数据是可以直接使用算术方法进行计算的数据类型。

　　一个设计合理的数据表是进行高效数据分析的基础。所以，一张符合数据分析要求的数据表应具备以下特点：

(1) 每个字段的数据类型相同。

(2) 数据表的第一行是字段名，第二行开始的每一行是一条记录。

(3) 一个完整的数据表中不能出现空白行或空白列。

(4) 数据表中不能含有合并单元格。

(5) 如果一个工作表中包含多个数据列表，列表间应至少空一行或空一列以分隔数据信息。

1. 排序

排序是把一列或多列无序的数据变成有序的数据。EXCEL 的【排列】工具提供降序、升序、自定义等排序方式。

	A	B	C	D	E	F	G	H	I
1	序号	商家	销售期间	大分类	所属分类	产品编号	产品名称	销售数量	销售金额
2	7	上海	2017-09-01~2017-09-22	厨卫清洁	洁厕剂	0000093209	Q厕宝自动冲洗洁厕剂50g*4	2319	¥38,215
3	11	上海	2017-09-01~2017-09-22	厨卫清洁	洁厕剂	0000362561	强效厕清组合装500g+500g	2124	¥31,827
4	16	上海	2017-09-01~2017-09-22	厨卫清洁	清洁剂	0016759925	玻璃水500g+500g	726	¥19,362
5	5	上海	2017-09-01~2017-09-22	厨卫清洁	洗洁精	0012878863	茶清天然绿茶洗洁精1kg	2527	¥41,128
6	12	上海	2017-09-01~2017-09-22	美容护理	洗手液	0000098997	芦荟抑菌洗手液 500g 补充装	3629	¥29,031
7	6	上海	2017-09-01~2017-09-22	美容护理	洗手液	0000149177	芦荟抑菌洗手液(瓶+瓶补) 500g+500g	2315	¥40,449
8	1	上海	2017-09-01~2017-09-22	厨卫清洁	洗衣液	0054602572	手洗专用洗衣液(茉莉) 500g/袋	142808	¥949,431
9	2	上海	2017-09-01~2017-09-22	厨卫清洁	洗衣液	0000362787	深层洁净护理洗衣液(自然清香) 3kg	6495	¥274,222
10	3	上海	2017-09-01~2017-09-22	厨卫清洁	洗衣液	0010458727	深层洁净增亮洗衣液(自然清香)3kg	4689	¥210,352
11	9	上海	2017-09-01~2017-09-22	厨卫清洁	洗衣液	0054602538	手洗专用洗衣液（薰衣草）500g/袋	4415	¥37,188
12	13	上海	2017-09-01~2017-09-22	厨卫清洁	洗衣液	0013335030	手洗专用洗衣液袋装(风清白兰)500g	2716	¥24,819
13	15	上海	2017-09-01~2017-09-22	厨卫清洁	洗衣液	0000362607	深层洁净护理洗衣液(袋装)重衣草500g	2118	¥20,740
14	14	上海	2017-09-01~2017-09-22	厨卫清洁	洗衣液	0010458692	深层洁净增亮增艳洗衣液立袋(自然清香)1kg	1623	¥24,154
15	10	上海	2017-09-01~2017-09-22	厨卫清洁	洗衣液	0000480455	深层洁净护理洗衣液(自然清香) 2kg	924	¥33,163
16	4	上海	2017-09-01~2017-09-22	厨卫清洁	洗衣液	0010458772	深层洁净增亮增艳洗衣液(薰衣草香)3kg	909	¥41,940
17	8	上海	2017-09-01~2017-09-22	厨卫清洁	衣领净	0000362549	衣领净 500g+500g	1465	¥37,500

图 7-23　未排序的销售数据表

图 7-23 所示是某公司一张原始的销售数据表，表格内容杂乱无章，没有体现出有价值的信息。按"销售数量"对图 7-23 的数据表进行降序排列可分析出产品的销量排名情况，步骤如下：

单击 H 列任意单元格(如 H3)—选择【数据】选项卡—单击【降序】按钮即可得到结果，如图 7-24 所示。

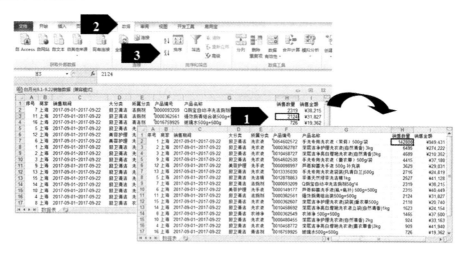

图 7-24　排序工具使用示意图

2. 筛选

筛选是从数据列表中查找和分析具备特定条件的数据集合。如要筛选图 7-25 中"洗手液"产品的数据，可使用 EXCEL 的筛选功能。步骤如下：

(1) 单击数据表的任意单元格(如 D4)—选择【数据】选项卡—单击【筛选】按钮，即启用筛选功能。此时，功能区的【筛选】按钮呈高亮状态，数据列表中所有字段名单元格中出现下拉箭头，如图 7-25 所示。

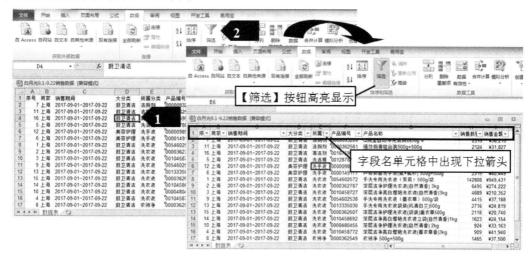

图 7-25 【筛选】功能启用步骤

(2) 单击"所属分类"下拉箭头—弹出【筛选】功能相关的详细选项，在筛选区仅勾选"洗手液"一项，即可得到仅有"洗手液"数据的报表。在【筛选】状态下的字段，其下拉按钮形状和数据表的行号颜色也会改变。操作结果如图 7-26 所示。

图 7-26 筛选"洗手液"产品数据步骤示意图

3．分类汇总

分类汇总能够迅速地以某一个字段为分类项，对数据表中其他字段的数值进行求和、计数、求平均值、求最大值、求最小值、乘积等计算。

使用分类汇总功能前，必须对数据列表中需要分类汇总的字段进行排序，否则，计算结果将出现错误。

	A	B	C	D	E	F	G	H	I
1	序号	商家	销售期间	大分类	所属分类	产品编号	产品名称	销售数量	销售金额
2	76	上海	2017-09-01~2017-09-22	厨卫清洁	玻璃清洁剂	0016759925	玻璃水500g+500g	726	¥19,362.18
3	80	上海	2017-09-01~2017-09-22	厨卫清洁	玻璃清洁剂	0043673898	全能水 500g/瓶	139	¥2,816.04
4	177	北京	2017-09-01~2017-09-22	厨卫清洁	玻璃清洁剂	0016759925	玻璃水500g+500g	112	¥2,888.36
5	181	北京	2017-09-01~2017-09-22	厨卫清洁	玻璃清洁剂	0043673898	全能水 500g/瓶	19	¥417.71
6	277	广州	2017-09-01~2017-09-22	厨卫清洁	玻璃清洁剂	0016759925	玻璃水500g+500g	198	¥5,170.10
7	281	广州	2017-09-01~2017-09-22	厨卫清洁	玻璃清洁剂	0043673898	全能水 500g/瓶	45	¥983.97
8	361	成都	2017-09-01~2017-09-22	厨卫清洁	玻璃清洁剂	0016759925	玻璃水500g+500g	1	¥27.50
9	364	成都	2017-09-01~2017-09-22	厨卫清洁	玻璃清洁剂	0043673898	全能水 500g/瓶	2	¥49.61
10	434	武汉	2017-09-01~2017-09-22	厨卫清洁	玻璃清洁剂	0016759925	玻璃水500g+500g	7	¥176.12
11	440	武汉	2017-09-01~2017-09-22	厨卫清洁	玻璃清洁剂	0043673898	全能水 500g/瓶	6	¥141.53
12	3	上海	2017-09-01~2017-09-22	厨卫清洁	洁厕剂	0000093209	Q厕宝自动冲洗洁厕剂50g*4	2319	¥38,215.09
13	11	上海	2017-09-01~2017-09-22	厨卫清洁	洁厕剂	0000197262	Q厕宝50g	351	¥1,536.04
14	15	上海	2017-09-01~2017-09-22	厨卫清洁	洁厕剂	0000362403	强效厕清500g	197	¥1,726.36
15	22	上海	2017-09-01~2017-09-22	厨卫清洁	洁厕剂	0000362538	Q厕清500g+200g	30	¥395.59
16	25	上海	2017-09-01~2017-09-22	厨卫清洁	洁厕剂	0000362561	强效厕清组合装500g+500g	2124	¥31,826.98
17	79	上海	2017-09-01~2017-09-22	厨卫清洁	洁厕剂	0000362562	强力厕清双瓶组合装500g+500g	140	¥3,238.11
18	104	北京	2017-09-01~2017-09-22	厨卫清洁	洁厕剂	0000093209	Q厕宝自动冲洗洁厕剂50g*4	1202	¥19,709.32
19	112	北京	2017-09-01~2017-09-22	厨卫清洁	洁厕剂	0000197262	Q厕宝50g	179	¥781.76
20	116	北京	2017-09-01~2017-09-22	厨卫清洁	洁厕剂	0000362403	强效厕清500g	65	¥541.84
21	123	北京	2017-09-01~2017-09-22	厨卫清洁	洁厕剂	0000362538	Q厕清500g+200g	13	¥156.23
22	126	北京	2017-09-01~2017-09-22	厨卫清洁	洁厕剂	0000362561	强效厕清组合装500g+500g	917	¥13,593.75
23	180	北京	2017-09-01~2017-09-22	厨卫清洁	洁厕剂	0000362562	强力厕清双瓶组合装500g+500g	111	¥2,532.72
24	204	广州	2017-09-01~2017-09-22	厨卫清洁	洁厕剂	0000093209	Q厕宝自动冲洗洁厕剂50g*4	724	¥11,901.50

图 7-27　某电子商务公司各地区销售数据表

图 7-27 是某电子商务公司各地区销售数据表(已按"所属分类"排序),现要计算"所属分类"中每个品类的销售总额。若使用【分类汇总】来计算该数据,步骤如下:

(1) 单击数据表中任意单元格(如 B3)—选择【数据】选项卡中【分类汇总】命令按钮—弹出【分类汇总】对话框,如图 7-28 所示。

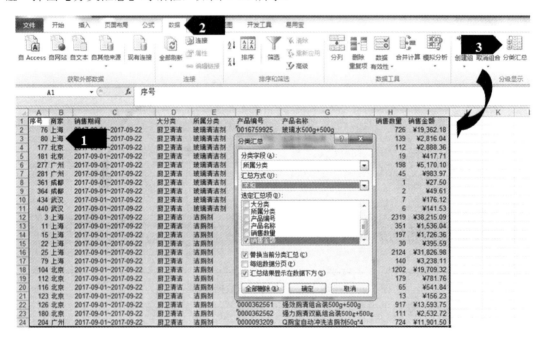

图 7-28　【分类汇总】调用步骤

(2) 【分类汇总】对话框中的【分类字段】选择"所属分类"—【汇总方式】选择"求和"—【选定汇总项】勾选"销售金额"—勾选【替换当前分类汇总】与【汇总结果显示在数据下方】复选框,如图 7-29 所示。

(3) 单击【确定】后，EXCEL 自动运用 SUBTOTAL 函数插入指定的公式，按"所属分类"汇总的销售总额即被计算出来，结果如图 7-30 所示。

图 7-29　分类汇总条件设置

图 7-30　分类汇总的结果

4．合并计算

EXCEL 的【合并计算】功能可以汇总或合并多个数据源中的数据。合并计算的数据源可以在同一工作表中，也可以是同一工作簿中的不同工作表，或是不同工作簿的表格。例如，要对多个门店的销售数据进行汇总处理，即可使用【合并计算】功能。

如图 7-31 所示，利用合并计算汇总"表一"和"表二"的数据，具体步骤如下：

(1) 单击 B11 单元格(合并计算后结果的存放起始位置)—选择【数据】选项卡的【合并计算】命令按钮—弹出【合并计算】对话框。

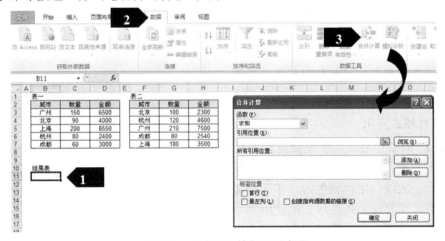

图 7-31　【合并计算】调用步骤

(2) 激活【引用位置】编辑框—选中"表一"的 B2：D7 单元格区域—在【合并计算】对话框中单击【添加】按钮。

引用的单元格区域地址出现在【所有引用位置】列表框中。使用同样的方法将"表二"的 F2：H7 单元格区域添加到【所有引用位置】列表框中。

(3) 勾选【首行】复选框和【最左列】复选框—单击【确定】按钮生成合并计算后的结果表，如图 7-32 所示。

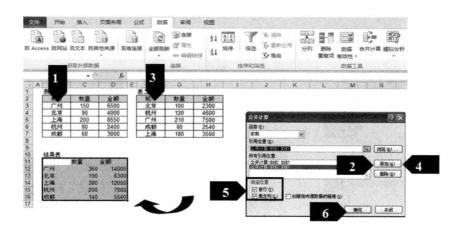

图 7-32 【合并计算】使用步骤与结果表

 小贴士

使用合并计算功能时注意：

（1）如果进行合并计算的表格含有首行和最左列标签，一定要勾选【首行】和【最左列】复选框选项。

（2）合并计算结果按照第一个添加的区域排序，并将数据区域按行列标签分类求和。

（3）合并计算结果与源数据在同一个工作表中时，如果数据源发生改变，要重新调用合并计算对话框才能更新合并计算的结果。

（4）如果合并计算的结果在新工作表中，则在使用合并计算对话框时，勾选【创建连至源数据的链接】即可自动更新。

5. 条件格式应用

EXCEL 的条件格式功能使数据更加直观易读。它可以预置一种单元格格式或者单元格内的图形效果，并在指定的某种条件被满足时自动应用于目标单元格。预置的单元格格式包括边框、底纹、字体颜色等，单元格图形效果包括数据条、色阶、图标集等。本节以数据条为例，简要介绍条件格式的使用。

数据条有"渐变填充"和"实心填充"两种类型，用户也可以采用自定义方式设置显示效果。

图 7-33 是一份销售数据原始表格，为了突出"销售数量"的对比值，可以使用条件格式中的数据条工具，具体操作步骤如下：

(1) 选中"销售数量"字段的 D2：D12 单元格区域。

(2) 选择【开始】选项卡—单击【条件格式】按钮—在下拉菜单中单击【数据条】命令。

	A	B	C	D	E
1	销售期间	销售地区	所属分类	销售数量	销售金额
2	2017-09-01~2017-09-22	上海	洗衣液	4689	210352
3	2017-09-01~2017-09-22	北京	洗衣液	1009	47849
4	2017-09-01~2017-09-22	广州	洗衣液	270	110163
5	2017-09-01~2017-09-22	成都	洗衣液	47	2080
6	2017-09-01~2017-09-22	武汉	洗衣液	86	3665
7	2017-09-01~2017-09-22	南京	洗衣液	586	24970
8	2017-09-01~2017-09-22	济南	洗衣液	872	37156
9	2017-09-01~2017-09-22	杭州	洗衣液	1360	57950
10	2017-09-01~2017-09-22	厦门	洗衣液	741	31574
11	2017-09-01~2017-09-22	昆明	洗衣液	478	20368
12	2017-09-01~2017-09-22	海口	洗衣液	544	23180

图 7-33　销售数据原始表格

(3) 移动鼠标逐一滑过各种样式的数据条，D2：D12 单元格中会同步显示相应的效果。单击【浅蓝色数据条】样式即可使用浅蓝色数据条填充 D2：D12 单元格，如图 7-34所示。

图 7-34　条件格式使用步骤与结果示意图

6. 函数应用

EXCEL 2010 中内置了大量函数，使用这些函数可以对工作表中的数据进行各种运算。本节将介绍 EXCEL 2010 中最实用的 SUM、AVERAGE 函数。

在 7.3.1 节中使用表 7-2 中的数据研究了淘宝女装/女士精品 2017 年的年成交金额数据和月平均数据。在此使用 EXCEL 工具讲解 7.3.1 节中表 7-2 数据的计算步骤。

如图 7-35 所示，计算年成交金额需要使用 SUM 函数对 E2:E13 单元格求和，在 E14单元格中输入"=SUM(E2:E13)"即可得到年成交金额为 1779.24 亿元人民币；计算月平均成交金额需要使用 AVERAGE 函数，在 E15 单元格中输入月平均成交金额"=AVERAGE(E2:E13)"即可得到月平均成交金额为 147.27 亿元人民币。

EXCEL 2010 是办公自动化中非常重要的一款软件，共包含 11 大类函数。在电子商务运营中，经常用到的函数类型有日期与时间函数、逻辑函数、查询与引用函数、统计函数、文本函数。熟练使用函数可以大大提高工作效率。在电子商务运营工作中一定要重视学习 EXCEL 函数。

	A	B	C	D	E	F
1	日期	品牌数	店铺数	单品数	成交金额	成交笔数
2	2017年1月	59485	112233	4220589	¥10,814,020,969.45	80854398
3	2017年2月	54742	93761	4273890	¥9,408,296,499.89	84808969
4	2017年3月	56352	94116	5266434	¥13,264,803,843.92	132285544
5	2017年4月	58276	99658	5480766	¥12,467,322,047.34	150603863
6	2017年5月	57118	108750	6363127	¥16,002,637,096.15	182360786
7	2017年6月	53545	109456	6204420	¥14,123,589,712.59	154639139
8	2017年7月	48601	99557	5770606	¥15,179,608,282.50	163930206
9	2017年8月	49407	96089	6271914	¥13,263,044,947.21	134167731
10	2017年9月	50339	98203	6497982	¥19,084,121,188.91	158736627
11	2017年10月	71335	129690	5767427	¥14,334,031,898.54	155497667
12	2017年11月	73225	142224	5842851	¥20,872,390,354.75	178265367
13	2017年12月	69145	129646	5353729	¥19,110,068,082.37	139316924
14				年成交金额	=SUM(E2:E13)	
15				月平均成交金额	SUM(**number1**, [number2], ...)	

图 7-35　SUM 与 AVERAGE 函数使用示例

7.4.2　EXCEL 数据透视表

数据透视表可以对大量数据进行快速汇总分析、建立交互式动态表格，帮助分析人员从大量数据中寻找字段之间的联系，以供研究和决策。

数据透视表是 EXCEL 最重要的数据分析工具之一。从结构上看，数据透视表分为四个部分，如图 7-36 所示。

(1) 行区域：数据透视表的行字段。

(2) 列区域：数据透视表的列字段。

(3) 数值区域：数据透视表显示汇总的数据。

(4) 报表筛选区域：为数据透视表的分页符。

图 7-36　数据透视表结构

在 7.3.1 节中讲到，淘宝女装/女士精品行业 2017 年各细分市场的销售总额可以使用数据透视表来计算。如图 7-37 是表 7-3 中的数据，该表是一个二维数据表。

使用数据透视表分析数据，其源数据必须是一维数据表，所以该组数据在使用数据透视表进行分析前，要先将其变成一维表。具体操作步骤如下：

项目	裤子	连衣裙	T恤	衬衫	毛衣	短外套
2017年1月	906,806,990	1,027,202,742	306,739,329	277,679,673	824,872,530	359,249,035
2017年2月	743,020,649	1,189,432,578	562,721,866	647,811,145	368,129,619	557,362,864
2017年3月	1,148,819,714	2,478,309,758	1,141,953,697	958,411,028	269,755,181	1,010,270,696
2017年4月	1,227,271,419	2,134,922,745	1,738,370,607	1,113,622,424	69,151,104	614,101,852
2017年5月	1,727,456,339	3,710,460,708	2,584,301,770	868,817,543	20,802,546	380,027,101
2017年6月	1,673,919,917	4,566,273,713	1,902,223,124	709,891,977	15,876,853	271,341,935
2017年7月	1,738,533,811	4,477,605,971	1,986,145,165	980,496,685	84,961,067	316,088,947
2017年8月	1,289,184,733	2,846,903,520	1,328,451,830	892,332,616	229,710,095	500,922,598
2017年9月	1,772,324,421	2,787,937,507	1,328,276,099	1,155,516,805	754,504,319	889,775,142
2017年10月	1,336,841,671	1,406,305,480	663,993,764	493,313,041	1,152,767,619	701,498,199
2017年11月	2,008,775,615	1,388,792,255	527,590,386	351,648,417	1,821,058,918	714,223,085
2017年12月	1,755,090,300	1,742,524,861	405,662,280	308,150,784	1,714,966,161	645,567,763

图 7-37　表 7.2 数据

(1) 打开 EXCEL 工具，需使用快捷键"Alt+D+P"添加【数据透视表和数据透视图向导】。(注意：先按"Alt+D"组合键，然后松开"Alt+D"后，按字母"P"键)

(2) 在【数据透视表和数据透视图向导】对话框中选择【多重合并计算数据区域】和【数据透视表】，然后单击【下一步】选择【创建单页字段】，单击【下一步】，如图 7-38 所示。

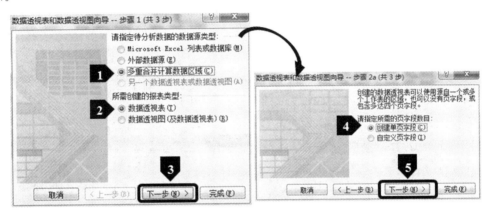

图 7-38　数据透视表和数据透视图向导操作步骤

(3) 选定汇总区域—Sheet1！$A$1:$G$13。选择【添加】，单击【下一步】—选择【现有工作表】，单击空白单元格—单击【完成】，如图 7-39 所示。

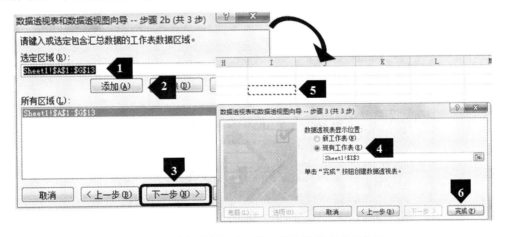

图 7-39　选择数据汇总区域及数据透视表显示位置

(4) 在数据透视表字段列表中，取消行标签和列标签的字段，即将“列”和“行”字段前面的对号“√”去掉，然后双击报表区，如图 7-40 所示。

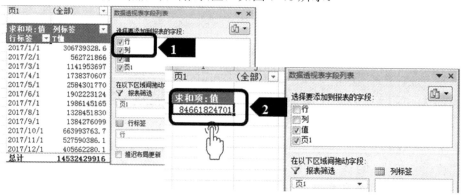

图 7-40 删除行标签与列标签的项目

(5) EXCEL 自动创建了一个新工作表，该表就是基于原二维表数据源生成的一维表，删除【页 1 字段】，修改【行】字段标签为【日期】，【列】字段标签为【细分市场】，【值】字段标签为【销售金额】，如图 7-41 所示。

	A	B	C	D
1	行	列	值	页1
2	2017/1/1	裤子	906806989.6	项1
3	2017/1/1	连衣裙	1027202742	项1
4	2017/1/1	T恤	306739328.6	项1
5	2017/1/1	衬衫	277679673.4	项1
6	2017/1/1	毛衣	824872529.8	项1
7	2017/1/1	短外套	359249035.3	项1
8	2017/2/1	裤子	743020648.5	项1
9	2017/2/1	连衣裙	1189432578	项1
10	2017/2/1	T恤	562721866	项1
11	2017/2/1	衬衫	647811145.2	项1
12	2017/2/1	毛衣	368129619	项1
13	2017/2/1	短外套	557362864.1	项1

	A	B	C
1	日期	细分市场	销售金额
2	2017年1月	裤子	906806989.6
3	2017年1月	连衣裙	1027202742
4	2017年1月	T恤	306739328.6
5	2017年1月	衬衫	277679673.4
6	2017年1月	毛衣	824872529.8
7	2017年1月	短外套	359249035.3
8	2017年2月	裤子	743020648.5
9	2017年2月	连衣裙	1189432578
10	2017年2月	T恤	562721866
11	2017年2月	衬衫	647811145.2
12	2017年2月	毛衣	368129619
13	2017年2月	短外套	557362864.1
14	2017年3月	裤子	1148819714

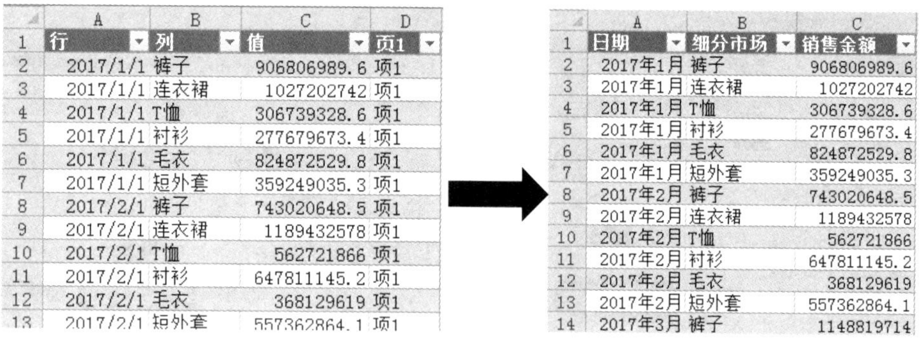

图 7-41 一维表示例图

(6) 选中一维表任意单元格(如 A4)—在【插入】选项卡中单击【数据透视表】选项—在【创建数据透视表】对话框中勾选【新工作表】，如图 7-42 所示。

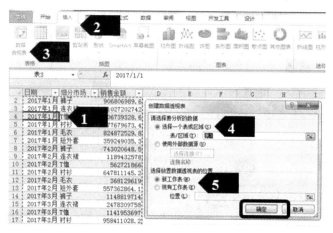

图 7-42 插入数据透视表

(7) 将"细分市场"拖动到【行标签】区域—"销售金额"拖动到【数值】区域—在报表区选择"销售金额"字段进行降序排列,最终得到淘宝女装 2017 年各细分市场销售总额数据排名,如图 7-43 所示。

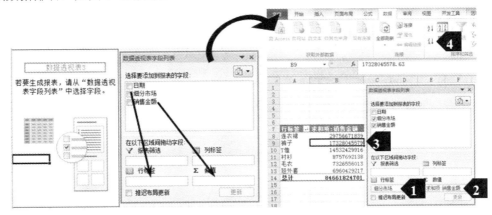

图 7-43　淘宝女装 2017 年各细分市场销售数据排名

7.4.3　EXCEL 图表展示

图表可以将数据图形化,从视觉效果上更清晰地显示数据之间的关系。EXCEL 为用户提供了柱形图、条形图、折线图、饼图、XY 散点图、雷达图等常规图表类型。

1. 柱形图

柱形图也称直方图,通常用来描述不同时期数据的变化情况或描述不同类别数据之间的差异,也可以同时描述不同时期、不同类别的数据对比情况。

在柱形图中,分类数据或日期一般为横轴,数据值为纵轴。如果要描述不同时期、不同类别的数据,则可以使用双坐标图,如图 7-44 所示。

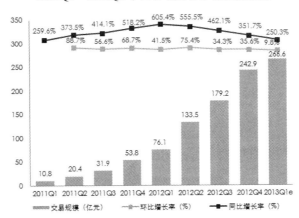

图 7-44　柱形图示例

2. 条形图

条形图类似于水平的柱形图,它使用水平横条的长度来表示数值大小。条形图主要用来比较不同类别数据之间的差异情况。

分类数据一般为纵轴，数据值为横轴。使用条形图前，尽量先对数据进行降序排列，这样的条形图更加具有可读性，如图 7-45 所示。

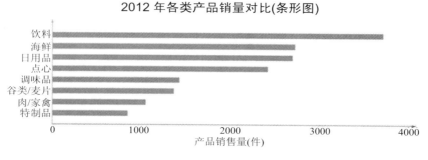

图 7-45　条形图示例

3．折线图

折线图是用直线段将各数据点连接起来而组成的图形，以折线方式显示数据的变化趋势。折线图常用来分析时间序列的数据，清晰反映数据的趋势。

在折线图中，一般横轴用来表示时间的推移，并且间隔相同；纵轴代表不同时刻的数据值，如图 7-46 所示。

4．饼图

饼图通常只用一组数据系列作为源数据。它将一个圆划分为若干个扇形，每个扇形代表数据系列中的一项数据值，其大小用来表示相应数据项占该数据系列总和的比例。饼图通常用来描述比例、构成等信息，如图 7-47 所示。

图 7-46　折线图示例

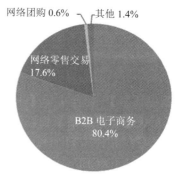

图 7-47　饼图示例

5．XY 散点图

XY 散点图与折线图类似，不仅可以用线段，也可以用一系列的点来描述数据。XY 散点图除了可以显示数据的变化趋势外，更多地用于描述数据之间的关系。例如，几组数据之间是否相关、是正相关还是负相关，以及数据之间的集中程度和离散程度等，如图 7-48 所示。

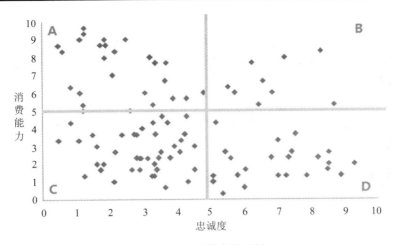

图 7-48 XY 散点图示例

6. 雷达图

雷达图是专门用来进行多指标体系分析的专业图表。通常由一组坐标轴和多个同心圆构成，每个坐标轴代表一个指标。同心圆从内到外的数据指标依次递增，即最外圈的同心圆的指标最优秀，而最内部的同心圆指标最差。

如图 7-49 所示，某项指标的数据点位于偏内侧的同心圆，说明该指标有待改进。某项指标的数据点位于最外侧的同心圆，说明相应方面具有优势。

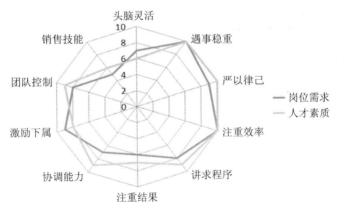

图 7-49 某电子商务网站岗位需求与人才素质雷达图示例

【本章小结】

1．电子商务数据分析能够帮助企业分析市场情况、了解竞争环境、优化运营指标以及进行客户管理。

2．电子商务的数据分析指标可分为流量指标、推广指标、服务指标、转化指标、用户指标五类一级指标。每类一级指标又分别由若干个二级指标组成。

3．电子商务数据分析工作主要分为六个步骤：明确分析目的和思路、数据收集、数据处理、数据分析、数据展现、数据分析报告。

4．常用的电子商务数据分析方法包括对比分析法、拆因子分析法、看数据分布分析法、漏斗分析法。

5．电子商务数据分析分为市场分析和运营分析两个维度。市场分析包括市场规模分析、行业规律分析、目标客户分析。运营分析包括流量分析、商品分析、服务分析、交易分析、客户分析等。

6．EXCEL 2010 中常用的数据分析工具有排序、筛选、分类汇总、合并计算、条件格式应用、函数应用等。常用的图表类型主要有柱形图、条形图、折线图、饼图、XY 散点图、雷达图等。

【拓展阅读】

1．黄成明．数据化管理：洞悉零售及电子商务运营[M]．北京：电子工业出版社，2014．

2．淘宝大学．网店推广店铺内功[M]．北京：电子工业出版社，2012．

3．阿里巴巴商学院．新电商精英系列教程：数据化营销[M]．北京：电子工业出版社，2016．

4．EXCEL HOME 论坛：http://club.EXCELhome.net/forum-1-1.html

5．集搜客网页爬取软件：http://www.gooseeker.com/

6．数据分析网：http://www.afenxi.com/

7．淘数据：http://www.taosj.com/

8．阿里指数：https://alizs.taobao.com/

9．淘宝大学：https://daxue.taobao.com/

【实践作业】

1．任务名称

用 EXCEL 2010 图表工具制作漏斗图。

2．任务描述

使用漏斗分析法将图 7-50 数据表中的数据以漏斗图的形式展现出来，并简要分析。

	A	B
1	UV	680
2	推车UV	160
3	成交人数	50

图 7-50　漏斗分析员数据

3．任务工具

EXCEL 2010 图表工具。

4．任务实施(参考步骤)

1）添加占位数据

漏斗图形是用堆积条形图制作的，需要用占位数据把实际的条形图"挤"到中间。

选中第一行，单击右键插入，添加字段名：环节、数值、占位数据。根据公式，第 N

环节占位数据=(第 1 环节数据-第 N 环节数据)/2，得到占位数据分别为 0，260，315 填入表格中，如图 7-51 所示。

环节	数值	占位数据
UV	680	0
推车UV	160	260
成交人数	50	315

图 7-51　占位数据

2) 插入条形图，通过设置图表制作漏斗图

(1) 选中表格，在【插入】选项卡中插入【条形图】下的堆积条形图，其操作及结果如图 7-52 所示。

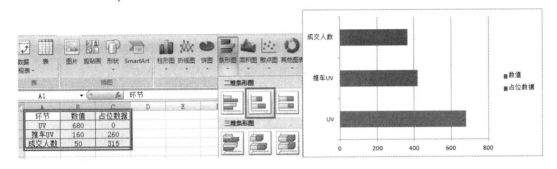

图 7-52　插入条形图

(2) 右击条形图纵轴线，选择【设置坐标轴格式】，在【坐标轴选项】中勾选【逆序类别】。其操作及结果如图 7-53 所示。

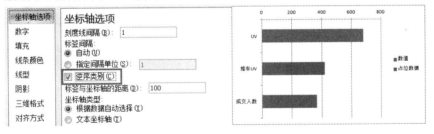

图 7-53　设置图表为逆序类别

3)右击图表区选择【选择数据】选项，点击箭头将占位数据调至第一位，如图 7-54。

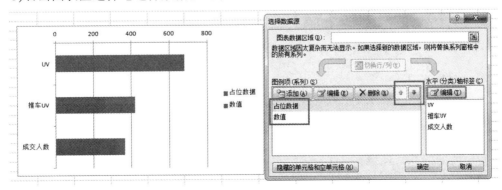

图 7-54　将占位数据调至第一位

(4) 右击占位数据条形图选择【设置数据系列格式】，设置条形图为【无填充】与【无线条】，此时，该条形图为透明色。

(5) 在【布局】选项卡的【折线】中选择【系列线】，设置系列线颜色与条形图颜色一致，如图 7-55 所示。

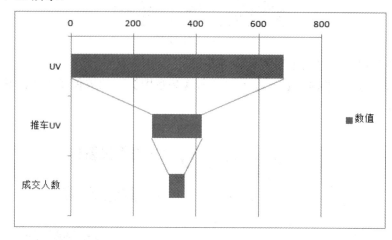

图 7-55　添加系列线

结论：成交人数相对 UV、推车 UV 的比例比较低，也就是成交转化率偏低。

第8章 客户服务管理

本章目标

- 了解气质的四种类型及购买行为表现
- 掌握消费者的四种购买行为类型
- 掌握产品专业知识准备的内容
- 掌握常用服务话术术语
- 了解接待咨询服务技巧
- 理解使用消费者心理促成订单的方法
- 了解退换货服务细节处理
- 掌握投诉纠纷服务技巧

学习导航

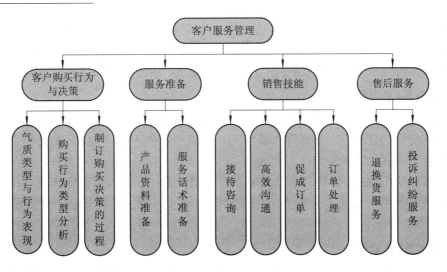

由于电子商务交易的特殊性，客户既看不到商家本人，又接触不到产品本身，很容易产生怀疑感。从某种程度上来说，客服人员就是网上店铺和客户之间进行直接沟通的纽带和桥梁。

本章主要讲解客户服务管理模块的基本内容。该内容实践性强，建议读者在日常学习和交流中，注意观察个体的性格特征，学会判断不同人物的气质类型；在网络购物时，关注客服人员的服务话术、服务态度以及沟通营销技巧。

8.1　客户购买行为与决策

某天早上，同学拿着一款全新的红色手机向你走来。这一款手机恰好是你心仪已久的一款，你会有什么样的反应？

A. 确实物超所值，立刻去买一个同款的手机。

B. 称赞一番，表示是自己心仪已久的款式，决定购买但不会立刻行动。

C. 虽然很喜欢但不想与同学使用同款，所以不再考虑购买此款手机。

D. 考虑自身消费能力和需求，必要时再去购买，不会因喜欢而冲动消费。

通过案例我们会发现，在受到外界信息影响后，不同类型的人其最终行为和决策是不同的。这与他们的心理活动、气质类型有很大的关系。同样，在交易行为中，消费者的心理活动和气质类型将会影响消费决策。本节简要介绍消费者心理学中的气质类型、行为表现等内容。通过分析客户消费行为来指导销售和服务策略的制定和实施。

8.1.1　气质类型与行为表现

从消费者心理学的角度看，气质是人们心理和行为的动力。气质作为个体稳定的心理动力特征，一经形成，便会长期保持下去，并对人的心理和行为产生持久影响。长期以来，心理学家对气质这一心理特征进行了多方面研究，并对气质做了相应分类。

1. 多血质(活泼型)

这类消费者在购买行动中，情绪外露，喜欢与客服交换意见，对商品和服务的感受性好，反应速度快而且灵活。其通常兴趣广泛，能适应各种环境和气氛，但感情易变，注意力和兴趣也易转移。典型人物：王熙凤。

针对多血质(活泼型)消费者可以采取以下营销对策：客服人员态度热情，尽量主动为客户提供各种服务、信息，做好客户的参谋，取得客户的信任与好感，促进购买行为的完成。

2. 胆汁质(兴奋型)

这类消费者在购买商品时，情绪反应热烈，脾气暴躁，抑制能力差，对商品或客服人员的服务或肯定或否定，言语坦率，同时也喜欢提问题，提意见，行动毛躁。这类消费者的另一个显著特征是冲动,一旦被某商品吸引,往往会立刻购买,而事后又后悔不已。典型人物:张飞。

针对胆汁质(兴奋型)消费者可以采取以下营销对策:客服人员要头脑冷静,充满自信,语言简洁明了,快速准确,态度和蔼可亲,使消费者能感受到客服人员是站在他的角度考虑和处理问题,全身心地为之服务。

3. 黏液质(安静型)

这类消费者在购买活动中,情绪稳定,善于克制忍耐,对商品服务的好坏不轻易下结论,自信心较强,固执己见,不轻易听信他人的意见,也不易受营销环境的影响,不喜欢客服人员过分热情。典型人物:诸葛亮。

针对黏液型(安静型)消费者可以采取以下营销对策:客服人员要有的放矢,不要一直询问客户需求或向其推荐商品,以免影响消费者继续浏览店内商品的情绪,应尽可能让客户自己作选择。

4. 抑郁质(弱型)

这类客户在购买商品时,情绪兴奋点低,观察商品较细致,往往能发现商品的细微之处,决策过程比较缓慢,犹豫反复,既不相信自己的判断,也不太相信客服人员的介绍,其购买活动易受外界干扰。典型人物:林黛玉。

针对抑郁质(弱型)消费者可以采取以下营销策略:对这类消费者要耐心细致,体贴周到,小心谨慎。客服人员要熟知商品的性能、特点,耐心回答客户的各种问题,适当疏导,消除客户的疑虑,千万不要表现出不耐烦、不冷静、不礼貌的态度。

表 8-1 总结了不同气质类型消费者表现以及客服注意事项。客服人员要注意在与消费者沟通时,采用不同的引导方式,注意不同的语言表达和区别性的态度,才能让客户感到周到体贴的服务。

表 8-1 气质类型对购买行为的影响

气质类型	性情表现	购买行为表现	客服注意事项
多血质 (活泼型)	性格外向, 思维灵活	活泼热情,改变主意快,易受环境和他人影响	热情主动,当机立断对客户的观点多加赞扬和引导
胆汁质 (兴奋型)	性情暴躁, 喜欢刺激	易冲动,忍耐性差,对客服人员要求高,容易发生矛盾	要注意态度和善,语言友好,以柔克刚,千万不要刺激对方
黏液质 (安静型)	情绪稳定, 沉默寡言	内向,购买态度认真,不易受暗示及他人影响	静观其变,有的放矢,尊重客户的购物习惯
抑郁质 (弱型)	情绪反复, 决策缓慢	多疑,反复对比挑选	体贴入微,有问必答,不厌其烦地为其提供服务

在电子商务交易中,客服与消费者基本不能面对面交流,只能通过文字和表情来互换信息。因此,这种交易的特殊性增加了客服掌握消费者气质类型的难度。客服可以通过消费者发出的文字、表情、标点符号等来判断消费者的心理状态和购物动机,并通过主动询问的方式来获取信息,从而间接判断其气质类型。

实务应用

　　某客户到天猫奥康旗舰店购买女士皮鞋。该客户看上一款 OL 风格的女鞋，对鞋跟高度、款式和皮质都很满意，但却没有顾客想要的白色。这时，客服人员可根据顾客的气质类型采用相应的营销策略。假设该客户属于多血质型，客服人员可以推荐一款相似款式、质量价格均优于客户选择款式的鞋子，并给予赞美之词，通过价格、优惠和话术来引导消费者更换购买意愿。此时，客户极有可能临时作出购买决策，达成交易。

　　大家可以营造类似的场景氛围进行角色扮演，切身体会不同人的不同气质类型以及锻炼客服人员的随机应变能力。

　　在网络交易过程中，客服作为唯一直接通过平台为客户提供服务和解决问题的人员，具有提高咨询转化率和提升购物体验的重要作用。客服人员如果能够准确把握消费者的气质类型、消费心理，将有利于其掌握消费者的购买动机，成功促成销售。

　　认识气质特征并掌握应对策略是客服人员研究客户心理与行为的基础能力之一。客服人员必须具备一定的消费心理学基础知识，并具有良好的沟通协调能力来应对营销环境，同时保持饱满的工作热情和敬业精神，进而最终提高成交率。

8.1.2　购买行为类型分析

　　消费者购买行为是指人们为了生活或生产需要，购买所需产品或服务时所表现出的各种行为，它包括消费者的主观心理活动和客观物质活动两个方面。

　　消费者的购买行为表明了消费者从产生需要到满足需要的过程。企业可以通过研究消费者购买行为，掌握其中的规律，制定有效的营销策略。

　　从产品品牌差异和消费者介入程度两方面，可以将消费者主要购买行为类型分为四类，分别为复杂型购买行为，和谐型购买行为，多变型购买行为和习惯型购买行为，如图 8-1 所示。

图 8-1　消费者主要购买行为类型

小贴士

　　消费者介入(也称消费者涉入、消费者紧密联系、消费者参与度)，是指消费者在搜索、处理商品相关信息所花的时间和消费者有意识地处理商品相关信息和广告所花的精力，它决定消费者甄选信息类别和作出购买决策的过程。

1．复杂型购买行为

初次选购价格昂贵、购买频次较少、有一定风险的商品时，消费者往往需要一个学习过程，来加强对商品的了解程度，形成个人认识及对品牌的态度，然后慎重地作出购买决策。这种品牌差异大、消费者介入程度高的购买行为一般被称做复杂型购买行为。

实务应用

一对夫妻去买结婚首饰，面对黄金、铂金、钻石等低购买频次、高客单价的产品，他们制定购买决策的风险较高。如果夫妻对珠宝首饰商品的熟悉度较低，那么购买任何一款都是复杂型购买行为。

对于这种类型的购买行为，客服人员应设法帮助消费者了解相关产品的知识和信息，并让他们充分了解某产品的特点与其他同类产品相比所具有的优势；让消费者了解各项产品指标的差异性，树立对产品及品牌的信任感。

2．和谐型购买行为

对于产品属性差异小、客单价较高的商品，消费者虽然同样会对购买行为持谨慎态度，但更多关注产品价格、购买时机以及是否方便的问题，在品牌方面作决策的时间较短。部分消费者购买产品后，或因某些原因产生后悔或不平衡的心理，但消费者会想方设法证明自己购买决策正确。他们会收集各类产品信息，不断说服自己及他人。这种品牌差异小、消费者介入程度高的购买行为一般被称做和谐型购买行为。

实务应用

某客户在小米粉丝节期间抢购了一台红米手机，但实际使用中感觉手机内存不足，心存不满，有些后悔当初的冲动购买。可他随即又想，同样价位的手机中，红米的性价比是最高的，而其他手机的内存容量可能还不如红米手机。这样客户心里就舒服了很多。这就是一种和谐性购买行为的表现。

3．多变型购买行为

多变型购买行为又叫做寻求多样化购买行为。对于品牌差异明显的产品，消费者不愿花费太长时间选择和估价，而是不断变换所购产品的品牌。这样做并不是因为对产品不满意，而是为了寻求多样化。这种品牌差异大，消费者介入程度低的购买行为一般被称做多变型购买行为。

实务应用

某顾客购买洗发水，上次买的是海飞丝，而这次想买沙宣。这种更换，并非是对上次购买海飞丝的不满意，而只是想体会不同洗发水带来的不同感受。

4．习惯型购买行为

消费者有时购买某一商品，并不是因为特别偏爱某一品牌，而是出于习惯。这种品牌差异小，消费者介入程度低的购买行为一般被称做习惯型购买行为。

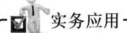**实务应用**

  醋是一种价格低廉、品牌间差异不大的商品，消费者购买它时，大多不会关心品牌，而是靠多次购买和多次使用，形成习惯才去选定某一品牌。

  在电子商务交易中，针对不同的消费类型选用不同的营销策略和客户服务沟通技巧，对于提升销售转化率有一定帮助。所以，企业首先需要分析自身产品价格区间、卖点等内容，并考虑大多数目标人群购买行为的所属类型，然后有针对性地对客服人员进行销售服务培训，以此达到事半功倍的效果。

8.1.3 制订购买决策的过程

  消费者购买决策是指消费者谨慎地评价某一产品、品牌或服务，并进行选择，最终购买能满足某一特定需要的产品的过程。这个过程也是一个认识问题、分析问题和解决问题的过程。

  一般来说，消费者的购买决策过程是在特定心理机制驱动下，按照一定程序发生的心理与行为的活动过程，通常分为五大阶段：认知需求、收集信息、比较评估、实际购买和购后评价，如图8-2所示。

图8-2 消费者购买决策基本程序

  在这些步骤中，商家需要掌握不同阶段消费者的需求差异，通过相应的营销手段来影响消费者的购买决策，直到消费者与企业之间建立较强的信任感和忠诚度。

1. 认知需求

  引起消费者认知需求主要有两个方面。一方面是消费者个体内部的需求，通常是由生理引起的，比如，人饿了会产生对食物的需要，渴了会产生对水的需要，这些是由生理变化所导致的。另一方面，来自外部环境的刺激，通常由心理变化引起的。比如说，当看到某个人穿着非常漂亮得体的服装，在这个外在刺激下，产生对此产品的购买动机。

  在本阶段，商家要了解认知需求是如何产生的，能够通过什么方式来刺激消费者，使之了解、接纳产品，激发购买欲望。

2. 收集信息

  消费者通常会广泛搜集产品信息，例如产品种类、规格、型号、价格、质量、维修服务、替代品等。消费者的信息来源主要有个人来源(如家庭、朋友、邻居、熟人)、商业来源(如广告、包装、展览)、公共来源(如广播电视、大众媒体传播)、经验来源(如处理、检查和使用产品)等。

商家要了解消费者接收信息的通道,有针对性地投放广告,提高信息抵达消费者的效率。例如,如果给出租车司机作宣传,那么接收信息的通道可能就是交通台,司机在收听路况信息的同时也就接收了产品的有关信息。

3. 比较评估

通常消费者搜集到的初始信息比较混乱,需要进行分析,才能作出决策,这个过程就是比较评估。评估的标准因人而异。例如,有的人希望性价比高;有的人追求个性化;有的人把时尚性作为选择标准,等等。因此,即使同一方案,消费者也会作出完全不同的判断,其取舍结果也大相径庭。

针对比较评估阶段,商家应该为客户提供大量独特的产品信息。客户本身也会主动收集、整理、分析各类产品信息,自主比对竞品。所以,当客服人员为客户服务时,应尽可能全面地提供产品信息,尽可能针对性地强调产品的独特性,从而有利于消费者作出选择和判断。

4. 实际购买

产品或服务是否超出客户心理预期是促使客户作出购买决定的关键因素,其中,客服人员的专业性及服务质量也是购买决定的重要影响因素。

实际购买是消费者购买决策中的第四个阶段,是关键的一步。客服人员要热情交流,周到服务,让客户在舒适的心理状态下接受产品,完成交易。还需注意,对于敏感性问题,要做到巧妙回答,化解客户忧虑。比如价格风险,可对客户承诺在某个时间段内,若销售价格低于此活动价格,则退还客户差价。

5. 购后评价

完成一次交易后,客户会对产品及服务的实际情况与自己原本的心理预期进行比较,体会产品满足自身需求的程度,客户的评价也会影响以后的购买行为。

消费者完成交易后,商家还应进一步跟踪服务,了解其购后感受。购后感受通常可分为近期感受和远期感受。如果近期感受不好,客户会选择退货或勉强收货;如果远期感受不好,会出现心理落差,甚至作反面宣传。因此,商家要通过商品质量,构建完善的售后服务体系等方式建立长期的客情关系和良好的远期感受。与此同时,近期促销手段的优化和提升也能带来良好的近期感受,提升客户美誉度,优化购物体验。

案例分析

通过购买电脑的案例来理解购买决策过程

(1) 客户为什么要买电脑?工作学习用还是娱乐休闲用?对功能有什么要求?

(2) 客户通过哪些途径和渠道来收集产品信息?

(3) 在众多产品的比较评价中,客户可能会特别关注哪些特性的优势?

案例分析

(4) 通过比较评价可得出最佳方案，但在购买过程中是否会因某些外界因素影响客户的决策？

(5) 客户购买后，会有什么样的反应和后续行为？

【分析】

(1) 电脑的用途和功能对购买决策有很大的影响，例如：经常出差的人很可能需要的是笔记本电脑而不是台式机；专业人士会对某些方面的配置有特殊要求，比如美工；家庭娱乐用的话只需要一般的配置即可；追求时尚的人会对整体外观、颜色、款式非常敏感，而对功能可能只是一般的需求；等等。

(2) 通过周围的人、专业人士、网络、杂志、专业书籍等获取信息，或是直接到电脑城、专卖店去实地收集。

(3) 一般会关注电脑的 CPU、硬盘、内存、主板、显示器、音箱、价格、颜色、款式等特性。

(4) 电脑整体降价或客服人员的引导，广告的宣传，等等，导致客户决策可能会发生变动。

(5) 在购买使用后，首先会对产品作出主观评价。如对商品满意则会推荐给他人。如出现质量问题，客户可能会去申请售后服务或退货。

【启示】在购买决策过程的几个阶段中，任何一个因素的变化都会引起最终购买决策的变化。客服人员应该充分挖掘客户需求和真实想法，并配合一定的营销手段引导客户制定购买决策。在此过程中，客服人员的引导行为必须满足以下条件：保证客户购买的商品能够满足其使用需求且物超所值。

8.2 服务准备

每年"双十一"购物狂欢节对商家来说都是一次压力巨大的考试。从产品、营销、活动策划、推广，到仓储配送、库存管理、客服准备、售后服务等，每一个平时正常运转的环节都有可能成为"双十一"活动期间的扣分项，导致活动之后的品牌影响力下降。

以客服环节为例，某商城平时的接待人数为 5000 人，客服能够在 6 秒内作出反馈，整个商城的客户服务评价质量较高，复购率相对较好。但在"双十一"期间，该商城的咨询接待人数可能会达到 10 万，是平时的 20 倍，显然平时的客服人数难以满足客户的咨询量。那么，就需要通过提高客服的接待效率、增加客服数量的措施来保证客服质量。本节从产品资料准备、服务话术准备两方面介绍客服在售前进行的服务准备工作。该准备工作可以明显提高客服接待效率；也可以随机应对客户各种疑难杂症，促成交易。

8.2.1　产品资料准备

准备产品资料首先要了解产品知识。产品知识主要包括产品的专业知识和周边知识两大方面。其中产品的专业知识包括但不限于产品外观、产品基本属性(规格、材质、型号、含量、保质期)、产品的安装和使用方法、产品的维护和保养方法；产品的周边知识包括但不限于同类产品不同材质的区别，产品的适用人群。在进行销售活动前，应当将这些产品知识整理成随取随用的文字资料，提高服务效率。

1. 产品专业知识的准备

产品的专业知识包括：

(1) 产品外观。产品外观主要是指产品的大小、外观结构、图案、造型等方面的综合表现。客服人员必须掌握产品外观专业知识，要能够通过恰当的语言描述产品外观，并能够准确及时回答客户提出的相关问题。切忌用不清楚、不了解之类的词语搪塞客户。

如图 8-3 所示的针织毛衣，客户可能会问毛衣上的图案是印花还是刺绣，这时客服人员需要明确回答，不能含糊不清。图 8-4 是客户对产品外观的咨询。

图 8-3　针织毛衣

图 8-4　咨询产品外观

(2) 产品基本属性。不同类目产品的基本属性不尽相同。一般情况下，产品属性包括颜色、风格、尺码、技术参数、材质、重量、性能等方面。

客户会根据已了解的宝贝属性提出各种问题，客服人员只有提前掌握产品基本属性的相关知识，才能对答如流，并适时对关联产品进行推广和销售。关于某产品属性和性能的咨询，如图 8-5 和图 8-6 所示。

(3) 产品的安装和使用方法。某些类目商品必须配备产品的安装说明和使用方法，客户才能正确使用。通常在家居建材类、3C 类产品应用较多。

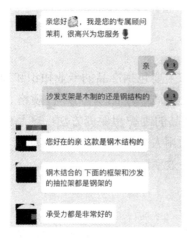

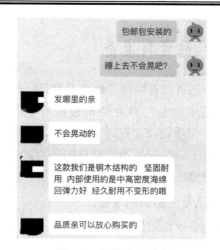

图 8-5　咨询产品属性　　　　　图 8-6　咨询产品性能

例如，一些家具类的产品，客户收到货物后，需要自行组装和安装，客服不但要及时发送安装图示或视频，也要重点熟悉各部分的安装细节，从而迅速准确地帮助买家解决问题。关于某商品安装方法的咨询，如图 8-7 所示。

图 8-7　咨询安装方法

(4) 产品的维护和保养方法。客服人员应该在客户购买产品时，对产品的保养或维护方法进行一定的阐述或说明，以便消费者合理地保养产品，延长产品的使用寿命。

如图 8-8 所示，在品牌包的保养和清洁咨询过程中，客服让客户百度清洁方法，给客户留下了较差的售后服务体验。如图 8-9 所示，客户咨询真丝旗袍的洗涤方法时，客服给予详尽的洗涤说明和注意事项，提升了客户购买的售后体验。

除了以上介绍的产品专业知识准备外，客服还要对竞品提前做好对比分析。竞品，顾名思义，就是竞争对手店铺中基本属性和价格类似的产品。客户在挑选商品时会货比三家，会咨询竞品之间的区别和优劣势等问题，这时客服人员就可以直接运用归纳好的竞品对比分析对策来回答客户。提前做好竞品对比分析表(如表 8-2 所示)，是客服人员进行产品准备工作的重要内容之一。

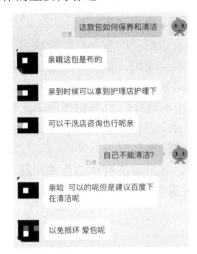

图 8-8 咨询品牌包的保养和清洁

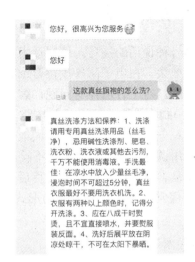

图 8-9 咨询真丝旗袍的洗涤方法

表 8-2 竞品对比分析表

对比商品	品牌型号	功能	售价	折扣	是否包邮	赠品	特点	优缺点	应答对策
自有商品									
商品 A									
商品 B									
商品 C									

2．产品周边知识的准备

客服人员除了准备产品的基本属性等专业知识外，还要准备产品的周边知识。不同的产品可能会适合不同的客户群。比如美妆类商品，不同的皮肤性质(干性、油性、混合性、敏感性)会有不同的需求；比如儿童玩具类，不同种类的玩具通常会对应不同的年龄段。这些情况客服人员前期都要有基本的了解和掌握。客户对产品周边知识的咨询，如图 8-10 所示。

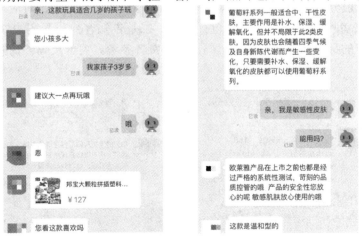

图 8-10 客户对产品周边知识的咨询

8.2.2 服务话术准备

话术是一种说话的技巧。使用话术可以完善地表达自己的意愿，且能收到预期的结果或者良好的效果。在电子商务接待咨询时，客服人员会发现，很多客户提出的问题是相似或相关的话题。对于普遍性的问题，客服人员可以提前准备话术，并将这些用语在交流工具上(如千牛)制作成快捷短语，并按照话题合理分类。这样，原本需要用十几秒输入的长句，只需要花一秒就可以完成，极大地提高了客服效率。但要注意，客服人员在引导购买时，禁止使用诱导、误导、夸大、不符合事实等话术接待客户。

下面是从客户进网店咨询到收货后这段时间内，客户可能咨询的相关问题。现按不同类别归纳客服常用术语，以示例的形式呈现，供大家学习参考(以下示例以淘宝天猫平台作为载体)。

1. 欢迎术语

良好的第一印象是成功沟通的基础。客户初次进网店与客服打招呼时，客服要使用欢迎术语，满足客户被重视的心理需求。应答用语要热情、积极、自然和真诚，文字合理搭配表情。欢迎话术示例如图 8-11 所示。

图 8-11　欢迎术语示例

2. 尺码术语

客户在网上购买服装类目的商品时，往往会咨询商品的尺码，以便购买到更适合自己身材的服装。

尺码话术一般分为两种：一是根据不同尺码(如 M、L、XL 码)，对应不同身高体重的区间范围，消费者可根据自己的身材自行选择。二是告知客户，尺码表在详情页里已阐述，或根据客户的身高体重提供建议尺码，供消费者参考。关于尺码咨询的话术示例如图 8-12 所示。

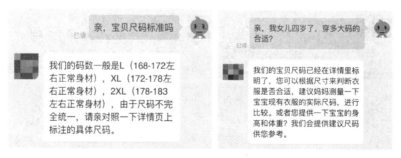

图 8-12　尺码话术示例

3．质量术语

客户在网上购买商品时，看不到实物，只能通过图片从视觉上感知商品质量，对商品质量的判断缺乏全面性，往往会产生不确定性和不信任感。此时，客户一般会问及关于产品质量的问题，客服人员要提前做好话术准备，即时高效应对。

质量术语可从企业质量认证体系证明(如 ISO9001：2000)、企业质量监控措施、产品管控流程以及出现问题的售后保障等方面组织语言，以委婉的方式打消客户的疑虑。商品质量话术的示例如图 8-13 所示。

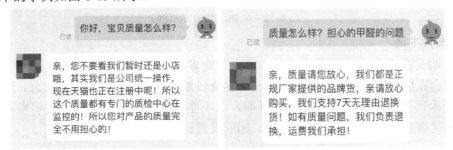

图 8-13　质量话术示例

4．议价术语

通常情况下，消费者都希望以较低的价格购买到称心如意的商品，进行商品议价也是情理之中，客服人员要提前做好话术准备。

议价术语的重点在于，保证在不降价的情况下，给客户一个恰到好处的理由，如产品的质量过硬或已是活动价格等。需要注意的是，客服人员要以客户易于接受的方式委婉地回复其议价诉求。议价话术示例如图 8-14 所示。

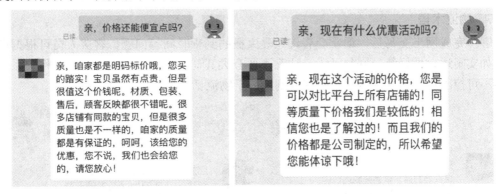

图 8-14　议价话术示例

5．店铺活动术语

网上店铺每逢节日、庆祝日会不定期做宣传活动，客户进店浏览时可能会咨询客服活动细节，以便选择商品。客服人员要在活动发布前做好店铺活动的统一话术，以快捷短语回复咨询，这样不仅能将信息快速精准地传达给客户，还能提高转化率。

店铺活动术语一般包括活动时间、活动内容、活动商品、赠品链接、领取优惠券链接、快递包邮等。店铺活动详情话术示例如图 8-15 所示。

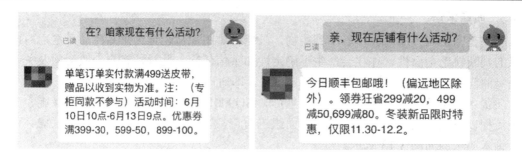

图 8-15　店铺活动话术示例

6．发货术语

客户购买商品完成支付后，会关心商家何时发货，自己何时能收到货。对于预售商品，客户会在店铺规定的发货期限内，跟进发货日期，以消除等待收货的焦虑。

发货术语最好能对客户承诺发货日期，若不能承诺具体日期，也要说明发货日期范围，以满足客户的心理需求，消除疑虑。回应发货话术的示例如图 8-16 所示。

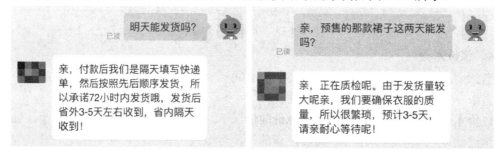

图 8-16　发货话术示例

7．物流术语

客户完成网上交易后，通常会咨询包裹大概的到货时间等问题。客服人员可根据店铺情况如实阐述，做好统一回复话术。注意不要夸大其词，商家与快递公司是合作关系，有很多不可控因素，话术用语尽量礼貌周到。关于物流话术的案例如图 8-17 所示。

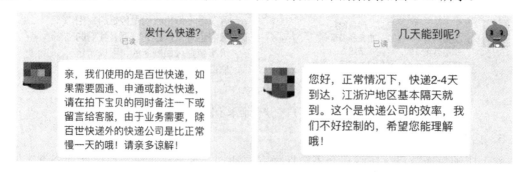

图 8-17　物流话术的示例

8．退换货术语

客户收到货物后，对不满意的商品会采取退换货的处理方式。客户会通过交流工具咨询退换货的流程和注意事项，以保证商品退回后正常收到退款。

这时，客服人员可根据店铺和仓库要求做成标准话术。具体包括但不限于申请退换货流程、注意事项、详细地址、联系电话。关于退换货话术的示例如图 8-18 所示。

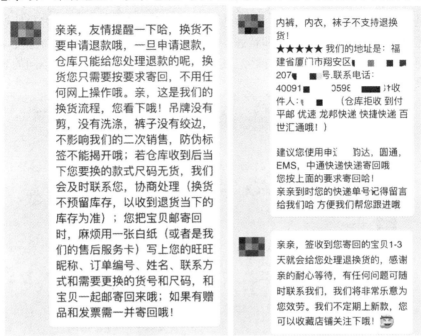

图 8-18 退换货话术的示例

8.3 销售技能

互联网服装品牌公司韩都衣舍根据交易环节，将客户服务分为售前服务和售后服务两大类；根据客户价值，将客户分为新客户、老客户、VIP 客户三个等级，通过实施不同的优先级、配备不同的客服人员。其中，新客户的售前服务由售前客服负责、老客户的售前服务由老客户专区客服负责。在售后服务中，物流查询及退换货由售后客服和老客户专区客服负责；客户投诉由专门的投诉客服负责。韩都衣舍对客服人员岗位职责的细分，其最终目的是为了提高服务效率和质量，提高转化率，进而提高成交量。

本节关于客服人员销售技能的内容包括接待咨询、高效沟通、促成订单及订单处理。其旨在使不同岗位的客服人员能够根据不同消费者提出的问题给予精准应答，提高整个销售中的沟通交流技巧，从而提高转化率并给客户留下良好的购物体验。

8.3.1 接待咨询

接待客户咨询是客服人员的主要工作。客服人员与客户接待沟通过程中，应该快速掌握客户的需求，并精准推荐商品，最终促成交易。在实际工作中，客服人员除了提前设置

199

好快捷回复短语外，还要注意以下沟通技巧。

1. 态度热情，多用礼貌、谦和的用语交流

微笑是对客户最好的欢迎方式，虽然通过网络双方看不到表情，但客户能够通过热情的文字表达感受到客服人员的诚意和状态。在服务中，客服人员必须保持态度诚恳、热情周到、有问必答、耐心谦和，切忌与客户发生争辩顶撞等不礼貌行为。不同的表达会产生较大的效果差异，如图 8-19 所示。

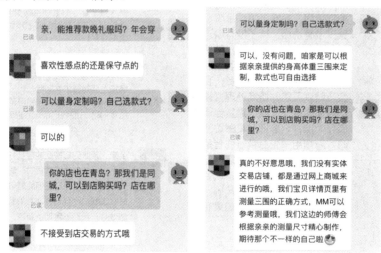

图 8-19　接待咨询对比示例

从图 8-19 中可以看出，前者说法正规客气、生硬，后者说法亲切、有人情味，更易于让人接受。礼貌的态度、谦和的语气，更易于与客户沟通，更能为促成交易打下基础。

2. 多用表情，不直接否定客户

在与客户沟通中，要学会多用聊天工具里面积极乐观的表情来传达服务态度。即使"欢迎光临""感谢您的惠顾"这种简单的沟通，最好也能轻轻送上一个微笑的表情，让客户感觉被尊重、被重视。如图 8-20 所示是千牛工作台中的聊天表情，要善于灵活运用。

图 8-20　千牛工作台的聊天表情

不直接否定客户，通过较为委婉的语气，以肯定的方式来表达否定的意思，并恰到好处地给予客户赞美。直接否定客户与间接否定客户的对比示例，如图 8-21、图 8-22 所示。

图 8-21　直接否定与间接否定客户对比示例

图 8-22　直接否定与间接否定客户对比示例

3．了解客户需求，而不是直接推荐产品

充分了解客户需求，是客服人员应具备的关键技能。有效销售的前提条件是必须发掘客户需求，甚至引导客户的潜在需求，帮助客户发现需求，使需求明确化。

倾听客户需求，考虑其所需要解决的问题，为客户提供有创造力的建议，才有可能达到我们想要的结果。了解客户需求的示例如图 8-23 所示。

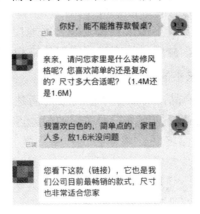

图 8-23　了解客户需求示例

从示例中可以看出，该客服在接待客户咨询后，并没有急于推荐某款餐桌，而是首先询问了客户更多细节信息，然后再有针对性地推荐商品，而不是根据个人喜好或销售目标向客户推荐商品。

8.3.2　高效沟通

一名合格的网络客服，除了应该具备良好的心理素质、品格素质、技能素质以及其他综合素质外，还应该掌握高效专业的沟通技巧。运用这些技巧对促成订单起着至关重要的作用。但任何一种沟通技巧，都不能应对所有客户。下面针对不同客户，分别讲述常用的沟通技巧。

1. 客户对商品的了解程度不同

(1) 客户对商品基本不了解，客服要耐心地沟通。这类客户的商品知识匮乏，对客服依赖性比较强。客服人员需要极强的耐心和细心解答客户的问题，多从客户的角度出发，向客户推荐产品并引导客户，告知客户推荐这些商品的原因。此时，越为客户考虑，越耐心细致讲解，越能得到客户的信赖。

(2) 客户对商品一知半解，客服要有理有节地沟通。这类客户对商品有一定的了解，比较主观，易冲动，不太容易信赖客服人员。客服人员要控制情绪，有理有节地解答，展现丰富的商品专业知识，从而增加客户的信赖感。

(3) 客户对商品非常了解，客服要自信专业地沟通。这类客户非常了解商品，知识面广，自信心强，问题往往都比较尖锐。面对这样的客户，客服要表现出对客户专业知识的认可和赞美，推荐的商品可从更专业的角度进行引导。

2. 客户对商品的价格要求不同

(1) 客户不喜欢讨价还价，客服要礼貌致谢地沟通。对待这类客户，客服人员要表达对客户的感谢，并主动发送优惠信息以及赠送礼物的链接，让客户感到物超所值。

(2) 客户试探性还价，但对购买决策影响不大，客服要坚定缓和地沟通。对待此类客户，一般情况下，客服人员要坚定地告诉客户不能还价，同时也要态度和缓地让客户知道商品是物超所值的。

(3) 客户对能否达到预期的心理价位非常在意，价格因素直接影响购买决策，客服要委婉谦和地沟通。对于这类客户，客服人员要委婉含蓄地拒绝客户所提出的降价要求，不要因客户的威胁和祈求而动摇，并提供给客户同类但价格稍便宜的商品链接。

3. 客户对商品的质量要求不同

(1) 客户曾购买过类似的商品，对质量了解得较为清楚，客服要认真积极地沟通。对待这类客户，客服人员只需要认真回答客户所在乎的问题点，打消客户的疑虑即可。

(2) 客户对商品的质量将信将疑，不停咨询质量问题，客服要详实准确地沟通。例如，客户可能会问某商品的图片与实际商品有没有色差等问题。这时，客服人员在肯定实物拍摄的同时，也要提醒客户，受灯光、分辨率等外界条件的影响，难免会有色差，让客户有足够的心理准备，不要把商品想象得过于完美。

(3) 客户对商品的质量非常挑剔，客服要带着预估问题地沟通。对于完美主义者的客户，客服人员要如实介绍产品信息，并沟通清楚可能出现的问题，提醒客户存在个别问题是合情合理的，让客户提前做好心理准备。

8.3.3 促成订单

在经过前期的接待咨询和高效沟通过程后，最终交易达成还需"临门一脚"——促成订单，这是客服人员必备的一项技能。客服人员可以通过分析消费者心理，根据客户所关注的问题，采用不同的方法促成促单。

1. 利用"怕买不到"的心理

通常情况下，人们越是得不到、买不到的东西，对其拥有的渴望越强烈。客服人员可以利用库存告急、活动特卖等方式引导客户下单。当对方有明显的购买意向，但还在最后的犹豫中时，客服人员要抓住客户心理给予勿失良机的催促，最终促成交易。

实务应用

(1) 这款商品是我们最畅销的了，经常脱销，现在这批只剩 2 个了，而且我们短期内不进货了，喜欢的话别错过哦！

(2) 亲亲，您关注的这款商品正是我们店铺 6·18 活动的特卖品，活动结束后就下架了哦，亲要是喜欢就不要犹豫了哦。现在下单，我们按顺序发货，希望看到亲爱的收到货物时的惊喜呦！

2. 利用"紧迫感"的心理

客户在下单、付款后，都希望第一时间收到商品。客服人员可以用发货时间来促使买家付款。除了发货时间，在线客服还可以用活动截止日期来营造紧张气氛，促使达成交易。

实务应用

(1) 亲，如果真的喜欢的话就赶紧拍下吧，在下午 4 点前付款，当天就可以为您寄出哦。

(2) 亲亲，您关注的这款商品正是我们店铺 5 周年活动商品，今天夜里 0 点活动结束，届时所有商品都会恢复原价哦，您现在购买是非常划算的。

3. 适时采用"二选其一"的技巧

许多准客户即使有强烈的购买意向，但却迟迟不下单，他们会在颜色、款式、规格上犹豫不决、拿不定主意，不停地挑选。这时，客服人员可采用"二选其一"的沟通技巧，解决了客户的选择困难症，订单也就落实了。

实务应用

(1) 亲，请问您需要第 14 款还是第 6 款？

(2) 亲亲，您选择红色的还是黑色的？

这种"二选其一"的问话技巧，只要准顾客选中一个，其实就是帮他拿主意，下决心了。

4. 利用"享受特权"的心理

很多情况下，客户都是第一次来到店铺，客服人员可以用首次购物优惠、收藏店铺或赠送小礼品的方式来促成客户下单。

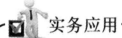

实务应用

(1) 亲爱哒，您是第一次来咱们店里购买，小店感到万分荣幸，我们给每一位新朋友都准备了一份精美的礼品哦！

(2) 亲亲，您是我们今天活动产品的第 58 位，我们逢八就会返利，机会不容错过哦！

8.3.4　订单处理

客户从进店发生购买行为到完成订单的期间，商城管理后台根据不同的时间节点将订单分为多个订单状态，包括等待买家付款、买家已付款、卖家已发货、交易成功等。下文以淘宝网卖家中心为例，按照订单的各节点的状态来阐述在线客服的服务技巧。

1. 等待买家付款

在卖家中心，客服人员看到买家拍下但还未付款的订单，如图 8-24 所示。此时，客服人员要做出订单催付的动作，发出订单催付的服务话术。沟通技巧可参照 8.3.3 节关于订单促成的介绍。

图 8-24　等待买家付款的订单状态

2. 买家已付款

买家付款后，订单进入"等待卖家发货"状态，如图 8-25 所示是买家已付款等待卖家发货的订单状态。

图 8-25　买家已付款的订单状态

卖家发货前，客服需要先核对客户信息。在网络交易的过程中，因客户拍错商品、选错地址导致退换货的情况不占少数。所以发货前，客服要与客户再核对一遍信息，包括产品信息、收货地址、收货人电话等，如图 8-26 所示。

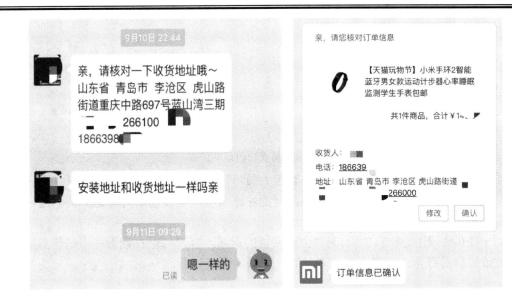

图 8-26　卖家信息核对

3．卖家已发货

客服核对买家信息无误后，打印收货信息，点击买家已付款订单状态中的"发货"按钮，订单状态便转为卖家已发货，如图 8-27 所示。

图 8-27　卖家已发货的订单状态

卖家发货后，客户可能会咨询物流状态。客服人员可以点击图 8-27 中的"查看物流"按钮，提供给客户相关的物流信息，如图 8-28 所示。

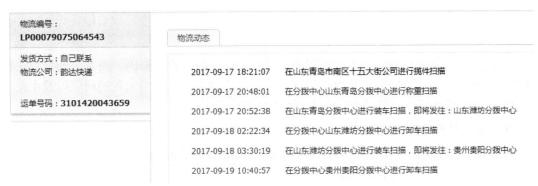

图 8-28　查看物流信息

4．交易成功

买家收货确认后，订单状态变为交易成功，如图 8-29 所示。

图 8-29　交易成功的订单状态

　　交易成功不代表交易结束。这时，客服人员可以引导客户对所购商品进行正面评价，对客户进行关怀，比如主动发送使用商品时的注意事项，在使用中可能遇到的问题，如何解决等，满足客户被重视的需求。

　　对于提供 7 天(或多于 7 天)无理由退换货的商城，客户可以在期限内申请售后服务，如退款或退货等行为。客服人员需要及时处理退款退货订单。

8.4　售后服务

　　谭木匠公司不仅为小小的木梳提供售后服务，而且提供全国免费维修，堪称业内一绝。以下是谭木匠的售后服务范围和规范的部分条款：十天内，包装未打开，商品未使用，整体完好无损的情况下，可以退换；一个月内，由于非人为损坏所出现的商品质量问题可予退换；购买时间超过一个月的商品损坏，或由于顾客自身原因导致的商品损坏的情况下，可给予免费维修；对维修需要更换零部件的商品只收取适当的成本费。

　　谭木匠公司的售后服务条款切切实实解决了客户的后顾之忧，让客户买的放心、用的放心，这就是售后服务带来的产品认同感。本节将从退换货服务和投诉纠纷服务两方面对电商企业售后服务进行详细介绍。

8.4.1　退换货服务

　　在线售后客服不但要了解平台的退换货流程，产生退换货的原因，更重要的是要注意整个退换货环节的细节问题。只有把控好细节，才能减少整个环节出现的问题以及由此产生的损失。一般来说，需要注意的细节分成以下两部分。

1. 退货细节服务

　　根据退回商品的状态，商品可分为不影响二次销售的商品和影响二次销售的商品。客服人员针对两者的区别进行细节服务的处理。

　　(1) 不影响二次销售的商品。客服人员在客户退货前，要告知客户，商品完好无损才能退回全款。退回商品的状态完好包括但不限于未洗涤、剪标、穿用过等。收到货物后，卖家检查商品的完整性。对确定不影响二次销售的商品，客服人员可以按照退货的流程执行(依据每个平台、每家店铺的不同流程标准操作)。

小贴士

在退货过程中，客服人员还需要注意以下两点：

(1) 需要提示消费者选择快递公司的注意事项，尤其避免到付、平邮和不合作快递。

(2) 提醒客户退货后，务必保存好快递底单，一是用来填写退货运单号，二是中途出现意外情况，方便与快递公司联系。

(2) 影响二次销售的商品。商品有明显影响二次销售的迹象，按照标准不能退货。这时，客服人员在与客户沟通时，首先要安抚客户情绪，讲清处理过程和缘由，尽量满足客户需求，提出处理意见。但对于特殊情况也要特殊处理，比如确实是商品本身的质量问题，可按照特殊处理办法规定，弥补为客户带来的麻烦和损失。

实务应用

一位客户买了条牛仔裤，洗过之后发现有一个破洞，立即与在线客服沟通，客户提供照片后，经与厂家确认，确实是商品质量问题。但是衣服洗过，又不符合退换货的规定。为了提高客户的满意度，特殊情况特殊处理。最终，在线客服提出给客户 30 元现金、20 元店铺优惠券的补偿，由客户自行修补衣服。此后，该客户经常在该店购买商品。

2. 换货细节服务

对于消费者换货的情况，客服人员的处理方式，大致有以下两种：

(1) 收货后，再寄出。客服在订单中备注换货。提醒消费者换回商品的注意事项，如填好换货信息卡，所换商品的明细，退回商品的物流单号等。仓库收到退货后，再发出新品。客服人员将换回商品的详细信息和快递运单号告知客户，并及时跟进，引导客户给予好评，从而完成换货的服务流程。

(2) 退货，再次购买。客服人员可以与消费者沟通，引导其直接退货，再重新购买商品。客服人员可安排仓库及时发出新品，并等待客户寄回的商品，仓库收货检验无误后执行退款流程。此种方法的换货处理与上述的退货处理流程相同，却在一定程度上大大节省了消费者换货的等待时间。

小贴士

对于库存紧张的商品，如需换货，需要客服人员查明库存后，再回应客户，并且预留客户确认换货的商品，以免所换商品因为脱销而无法满足客户需求。

总之，无论是退货还是换货，客服人员都要有积极处理问题的态度。除了要有热情负责的态度外，还要及时解决客户提出的问题，并且在整个退换货过程中主动跟进反馈，以提升消费者的购物体验。

8.4.2 投诉纠纷服务

在网络平台购物过程中，消费者会因产品质量、服务态度、物流时效等问题产生投诉。客服人员要想成功地处理客户投诉和纠纷，需要先找到最合适的方式与客户沟通。很多售后客服都有过这样的感受，客户在投诉的时候往往会表现出情绪激动、愤怒、逻辑混乱等状态。此时客户最希望得到的是理解，认同和重视。因此客服要对客户进行安抚关心，并采取相应的解决措施。

1. 投诉纠纷服务流程

客服人员接待有投诉或纠纷的客户，从客户进店联系客服开始，到处理完欢送客户为止，基本上遵循图 8-30 的流程。该流程包括快速反应，热情接待，表达意愿，认真倾听，安抚解释，诚恳致歉，全力解决和感谢理解。

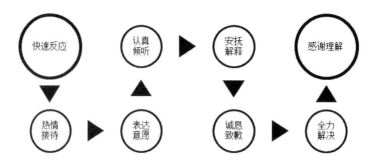

图 8-30　投诉纠纷服务流程

(1) 快速反应。客户投诉基本上都是为了解决实际问题，并且大部分情况下会带有情绪。此时，客服要快速反应，记录问题、查询核实问题的原因，及时帮助客户解决问题。对于一些不能立即解决的问题，要和客户约定反馈时间或者解决期限，约定时间要尽可能短，给客户留下积极解决问题的印象。

(2) 热情接待。客户反馈问题时，客服一定要热情积极接待，并且语气要生动亲切。如果同时处理的事情较多，不妨礼貌地告诉客户，稍后详细沟通。切忌让客户不明原因地等待，留下被怠慢的印象。

(3) 表达意愿。当客户正在关注问题能否解决时，客服应积极主动地表达帮助的意愿，让客户从心里感受到安全、有保障，从而进一步消除对立情绪，形成依赖感。即使客户提出的要求无法满足，也应积极应对，采取"会想办法""会申请"等迂回的方式解决，让客户体会到客服人员是站在他的立场上帮其解决问题。

(4) 认真倾听。当客户投诉时，不要急着去辩解，要耐心地听完客户的陈述，记录下客户信息以及订单信息，和客户一起分析问题的所在，有针对性地找到解决问题的方法。认真倾听，也是对客户表达真诚和尊重的过程。

(5) 安抚解释。客服人员要站在客户的角度考虑问题，沟通的语气和态度要和客户的立场相同，表达认同客户的感受，可以获得客户更多的信任感。为接下来的解决问题、达成共识做好铺垫。

(6) 诚恳致歉。造成客户不满的原因有很多，无论是什么导致的不满，客服人员都要诚恳地向客户道歉，对给客户造成的损失和麻烦致歉。

(7) 全力解决。对于客户的不满，要及时提出解决方法。一个及时有效的弥补措施，往往能即刻化解客户的不满情绪，甚至能让客户成为店铺的忠实粉丝。有时，为了弥补失误，可以额外给予客户补偿。需要注意的是，问题解决后，一定要改善工作，以避免类似的问题再次发生。

(8) 感谢理解。当客户对客服提出的补救措施表示认同时，客服要对其工作的支持和理解表示感谢。

2．投诉纠纷服务技巧

商家通常会因商品问题、物流问题收到客户的投诉或引起纠纷。

1) 商品问题纠纷

客户在网络购物过程中，会出现因产品质量问题而发生的投诉纠纷。产生产品质量问题的原因有很多，比如产品本身的质量缺陷、客户对产品的误解等。面对这类问题，客服人员要有处理这类投诉纠纷的技巧，并做好防范措施。引起该纠纷的原因分析、处理技巧以及预防措施如表 8-3 所示。

表 8-3　因产品质量问题产生的纠纷

原因分析	处理技巧	预防措施
产品质量不过关	让客户提供图片或证明，予以退换货或退款	严把进货质量关
客户对产品有误解	向客户解释产品特性	对容易误会之处在描述中和销售时强调说明
客户使用方式不当	向客户阐明问题产生的原因，并告知正确的使用方法	对容易造成使用不当的问题提前告知客户

因网络购物的特殊性，消费者看不到产品实物，在购买过程中，大部分消费者都会对产品在质量、功能、产生的效果等方面有一个心理预期。消费者在收到商品后，如果实物比心理预期低很多，很可能找客服投诉或产生纠纷。客服在应对问题的过程中，要先分析原因，总结处理技巧，并加强防范，如表 8-4 所示。

表 8-4　因与消费者的想象不符产生的纠纷

原因分析	处理技巧	预防措施
消费者对产品期望值过高	依据产品描述和聊天记录向消费者解释产品原本的状态	容易误会的细节预先强调
产品描述夸大了产品信息	诚恳道歉，安抚客户。补偿相关产品或按店铺规定退换货	修改产品描述详情，如实描述，避免产品描述夸大宣传
在线客服人员夸大了产品功效	诚恳道歉，安抚客户。补偿相关产品或按店铺规定退换货	禁止在线客服夸大解释

2) 物流问题纠纷

物流是网络购物中不可或缺的一部分，随着网络购物量的不断增长，伴随而来的物流问题也不断增加。如发货错漏，导致客户收到货物后，发生数量不符、配件不够、赠品漏发等情况。这时，客服要有积极的应对技巧，采取相应的补救措施，避免给客户造成负面情绪影响。发货错漏引起投诉纠纷的原因分析、处理技巧、预防措施如表 8-5 所示。

表 8-5 发货错漏问题

原因分析	处理技巧	预防措施
客户误以为有错漏	按产品详情描述核对	随货打印配货清单
员工工作失误	诚恳道歉，为客户补发新货或退部分货款	二次核验，建立稽核机制

在购物满意度方面，购物者不满意度占比较高的除了产品质量方面，还有物流运输方面的问题。如在运输配送过程中造成的产品损坏，配送员的态度问题等。虽然这主要是物流公司该承担的责任，但客户同样会找到客服人员投诉。所以，客服要提前做好服务准备，以应对因此类问题进行投诉和产生纠纷的客户。物流问题引发投诉纠纷的原因分析、处理技巧、预防措施如表 8-6 所示。

表 8-6 物流问题

原因分析	处理技巧	预防措施
包装严密度欠缺，造成破损	与客户协商退部分货款或重新发货	加强产品包装
物流公司野蛮操作，造成破损	向客户诚恳道歉，向物流公司索赔	保价，协商索赔流程
快递员态度恶劣	向客户诚恳致歉，向物流公司反应协调相关事宜	协商、考察或更换物流公司

【本章小结】

1. 了解消费者气质行为类型，通过了解消费者购买行为类型掌握其制订购买决策的过程，从而提升销售的成功率。

2. 在线客服在与客户沟通前，需进行服务准备。该准备包括产品资料准备和服务话术准备。其中，产品资料准备包括产品专业知识的准备和产品周边知识的准备。服务话术准备包括进店欢迎、尺码、质量、议价、店铺活动、发货、物流、退换货等话术的准备。

3. 从接待客户进店开始到欢送客户离店为止，客服人员需具备一定的销售技能。该销售技能主要包括接待咨询、高效沟通、促成订单和订单处理四个方面的技能。

4. 售后服务是处理客户投诉，提高客户满意度的有效措施。本章从退换货服务和投诉纠纷服务两大方面，介绍在线客服人员需具备的服务技巧。

【拓展阅读】

1. 阿里巴巴商学院. 网店客服[M]. 北京：电子工业出版社，2016.

2. 所罗门，卢泰宏，杨晓燕. 消费者行为学[M]. 北京：中国人民大学出版社，2009.

3．毕传福. 淘宝客服超级口才训练与实用技巧[M]. 北京：人民邮电出版社，2015.

4．周斌. 消费心理学[M]. 北京：清华大学出版社，2017.

5．淘宝大学(客户服务)：https://daxue.taobao.com/

6．卖家社区：http://www.maijia.com/bbs/

【实践作业】

1．任务名称

客户体验实践。

2．任务描述

将全班学生分为若干组，6～8 人为一组。每组学生用自己的账户登录淘宝、天猫、京东等网上购物平台，随意访问网上店铺，挑选一样自己感兴趣的商品，浏览商品详情后，向在线客服咨询问题。问题可根据自身性格特点和产品特性功能提出，随意性较强。在过程中，若遇到不能与客服进行愉悦沟通的情形，可询问同学和老师，加以应对指导。待学生完成对话后，以小组为单位填写客户体验汇报表，教师收集并审阅报告，评定学生的作业完成情况。

3．任务实施

(1) 学生以客户的身份登录购物网站与客服沟通。

(2) 学生收集沟通资料并填写"客户体验任务表"。

4．任务材料——客户体验任务表

表 8-7　客户体验任务表(学生个人)

任务名称				
任务完成				
咨询问题	客服回答	响应时间	满意程度	修改意见及说明
体验心得				
本实践个人学习成绩评定				
自我评价	(20%)	小组长评价	(20%)	教师评价　　　　(60%)

备注：任务完成处填写个人完成或协作完成。满意程度按照非常满意、较满意、满意、不满意四个级别来填写。

表 8-8　小组成果汇总表

任务名称				
任务完成				
咨询问题	客服回答	响应时间	满意程度	修改意见及说明
小组汇报总结				
本实践小组成绩评定				
小组自评	(20%)	组间评价	(20%)	教师评价　　　　(60%)

5. 拓展任务

通过客户体验实践，你认为作为一名网络在线客服人员，应该具备的基本素质和能力是什么？如何提升这些素质和能力？

第9章　电子商务仓储与配送

本章目标

- 了解电商仓储中心总体的业务流程
- 理解电商仓储成本的构成
- 掌握提升电商仓储作业效率的方法
- 掌握大型促销活动的备战策略
- 了解包装材料的种类
- 理解不同类产品的包装方法
- 掌握产品打包的要点
- 掌握产品发货的流程
- 了解电商配送的多种模式

学习导航

电子商务仓储与配送

电子商务仓储管理　　　包装与打包　　　发货与配送

电子商务仓储管理作业流程

电子商务仓储成本控制

提高电子商务仓储效率的关键点

大型促销活动的仓储备战策略

包装材料分类

产品分类包装

打包要点

发货流程

配送模式的选择

电子商务的快速发展，对配套设施的服务提出了更高要求。其中，仓储与配送服务是电子商务交易活动中非常重要的两个环节。仓储环节主要负责商品的入库、存货、出库作业等管理活动。改善仓储环节的作业效率对于提高电子商务物流服务水平至关重要。配送环节是从订单出库到客户签收之间的作业环节。目前绝大多数电子商务公司在配送环节上仍然依赖第三方快递公司，仅有少数的平台型电子商务公司自建仓配体系，如京东商城。

本章主要介绍电子商务仓储管理、包装以及配送的相关内容。学习前阅读仓储配送类相关书籍，有益于帮助理解本章内容。学习过程中实地考察电商企业的仓储中心或第三方物流企业并进行现场实习，有利于更加清晰地掌握仓储中心的操作流程和各个环节的操作要点。

9.1 电子商务仓储管理

在京东商城内部，库房相当于工厂，即接收订单的地方。京东商城网站对接京东全国的仓储系统。当用户在网站下单后，系统会根据用户的送货位置自动匹配发货仓库。如送货地址为北京的订单可以通过系统自动匹配至北京五号仓库。

以上是典型的电子商务仓储作业流程。一般的仓储管理都会遵循以下流程：接收供应商送货并检验，将验收合格的商品存放在合适的位置，根据客户订单拣选商品，核对订单商品并包装、商品出库等。实际上，传统的仓储管理是对仓库及仓库内储存的物资所进行的管理。随着电子商务行业的发展，电子商务仓储管理在业务主体、作业效率、信息化管理等方面都与传统仓储管理存在较大差别。本节从电商仓储管理作业流程出发，重点介绍控制电商仓储成本和提高仓储效率的方式方法。

9.1.1 电子商务仓储管理作业流程

现代电子商务仓储管理重在解决"通过"而非"储存"的问题。"快进快出"是电商仓储管理追求的重要目标。本节主要解析"快进"和"快出"两个概念，其中"快进"主要从"上架"作业环节解析，"快出"主要从"分拣"作业环节解析。对此，我们需要先了解一下电商仓储中心业务的一般作业流程，如图9-1所示。

电商仓储中心作业流程可以分为收货上架和分拣发货两大部分。图 9-1 的上半部分主要为入库作业流程：供应商收到采购订单后开始备货；备货完成后向仓储中心发送发货通知，预约收货；仓储中心准备卸货验收，无误后，确认收货；最后将商品入库上架。上架后的商品会在仓库内接受一系列的作业，如盘点、移库、库存调整等。

图 9-1 的下半部分主要为出库作业流程：电商运营经过各种营销推广方式将商品售卖后，仓储中心会收到客户订单，订单经仓储软件系统处理后，由拣货人员依据订单进行货物分拣(如有缺货的情况进行补货)，订单商品经过包装等作业后，按客户区域进行货物配载，准备出库，完成出货确认，此订单处理完毕。

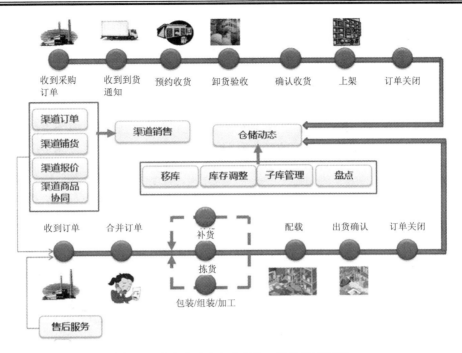

图 9-1　电商仓储中心业务的一般作业流程图

视频：京东商城标准化作业流程。

请对照视频，认真理解京东商城从客户下单开始到收到货物为止，整个物流操作的标准化流程。

扫一扫

1. 作业要点解析——上架

很多电商仓储中心都配备了仓储管理系统(WMS)。该系统根据预先的设置以及优化后的上架动线能够推荐上架货位，并指导现场工作人员进行上架操作。

有些大型电商仓储中心，为了能够放下几十万甚至上百万种货品，采用随机存储(Random Store)技术。比如一个货位上放多种商品，一种商品放在多个货位上。这种做法能够提升货位的利用率，提高拣选效率。

小贴士

随机存储：每一种货品被指派储存的位置不是固定的，而是根据特定算法随机产生，经常改变。也就是说，任何货品可以被存放在任何可利用的位置。这种技术的核心是指派货位的算法。

如果缺少较好的软件系统支持，随机存储虽然可以在一定程度上有效利用储区空间，加快作业效率，但也会增加管理成本。使用随机存储方式需要重点注意以下事项：

(1) 一个货位上的商品品数不能过多，应当设置一个临界值。当数量超过这个临界值时，将会加大拣货、盘点作业困难，无法达到提高作业效率的目的。

(2) 类似商品不要放在同一货位上。主要的原因是规避拣货人员可能出现的混淆错误。例如，同款同色的牛仔裤不要放在一起，甚至不同款却同色的牛仔裤也不要放在一起。

(3) 上架数据需要及时更新。上架人员要将相关数据实时传输至后台系统，只要上架即可销售出库。如上架作业时使用的 RF 手持终端就是一种比较好的传输数据工具。

(4) 做好批次管理。做好批次管理，可以采用先进先出的模式，一个货位上同一种货品只能有一个批次，或者批次靠后的商品靠前存放，分拣商品时，先拣完一个批次，再拣另一个批次。

小贴士

　　RF 手持终端，是一种将射频识别技术与数据终端一体化的无线数据采集器，如图 9-2 所示。RF 手持终端具有防水防尘、大容量存储、实时传输数据、多种通讯及扩展接口、硬件模块可选配等特点，广泛应用于物流仓储、生产管理等领域。

图 9-2　RF 手持终端

2. 作业要点解析——拣选

根据电商行业订单的特性，要做到"快出"，即快速拣货，需要选择合适的拣选方式。常用的拣选方式主要有两种：摘果式和播种式。实际操作中，我们可以采用任意的一种方式，也可以是两种方式的组合。

小贴士

　　摘果式分拣是指拣货员巡回于储存场所，按某个客户的订单挑选出每一种商品，巡回完毕也就完成了一次拣货作业。

　　播种式分拣是把多个客户的订单集合成一批，将每批订单上的同类商品各自累加起来，从储存货位上取出，集中搬运到理货场所，然后再按客户所需逐个品种分货，直到配货完毕。

摘果式拣选方式的主要特点是：处理订单的弹性比较大，可以有效应对种类差异大、外形体积不统一、订量变化频繁的商品订单。化妆品、家具、电器、百货、高级服饰等产品较宜采用此种拣选方式。

播种式拣选方式的主要特点是：可以有效缩短拣货作业的行走和搬运距离，提高单位时间内的拣货量。该方式适合于少批量、多批次、多客户订货等情况。

摘果式和播种式相结合的拣选方式也是经常用到的。即先将一批订单集合起来，在一次拣选任务中一并完成，只是在拣货的同时按照不同客户的订单完成播种操作，拣货完成后直接进入复核打包环节。

不管采用哪种拣选方式，都要根据企业的作业条件而定，包括订单特点、拣选设备、拣选人员等，目标是高效率、高准确率、低成本地完成作业。

高效率地划分拣货批次、做到每一批次的拣货路线都较优，是提升拣货效率的关键。下面简要介绍几种划分拣货批次时需要考虑的因素：

(1) 订单完成的时间截止点。以订单完成的时间截止点为基础，确定订单的轻重缓急，确保按时完成拣货。

(2) 订单的重合度。订单重合度较高，则具有合并为同批次的意义。否则合并的意义不大，也就不能有效地缩短拣货路径。

(3) 单个订单的物品量。批次合单的总物品量要有一个度的限制，否则会影响到工作的有序进行。如订单商品超出拣选小车的载重量等。

(4) 订单商品分布区域。尽量将位于某一区域或者某几个相邻区域中的待拣选商品的订单，组合成一个拣货批次。

(5) 分拣能力。根据分拣能力设置订单批次，量力而行。如果超出每批次所能承受的订单量，可能会降低效率。

9.1.2　电子商务仓储成本控制

电商行业快速发展，对其重要的组成部分——物流也提出了更高的要求。电商企业的关注点也从简单地如何管好一个仓库，向精益地控制每个细节的方向升级。其中，仓储成本控制至关重要。

1. 电商仓储成本的构成

目前，电商仓储成本主要分为两大块，一是直接成本，包括仓库租赁费、人员成本、货损赔偿、耗材成本等；二是间接成本，包括管理费分摊、水电以及设备折旧费等，如图9-3所示。

2. 直接成本控制

(1) 仓库租赁费控制。利用仓库平面图，合理规划仓库使用策略，明确掌握仓储面积的使用情况，对于随时出现的各种问题，及时作出优化调整。尽可能地做到存储手段合理化，存放位置合理化。同时需要注意，采用定期的库位整合来进一步提高仓库利用率，这也相当于降低了仓库租赁费。

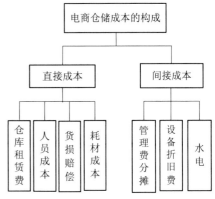

图 9-3　电商仓储成本的构成

(2) 人员成本控制。提高作业人员的工作效率，精简人员数量，控制人力成本支出。可以从以下三个方面入手：优化业务流程、优化设备工具和优化团队。

实务应用

以上海为例，普通操作工平均月薪 4000 元左右，加上社保等累计支出将达到 5000 元。10 人编制裁剪意味着可以节省 5000×10×12＝60 万/年。按照日单量 3000 单来计算，差不多每单可以节省 0.6 元。

(3) 货损赔偿控制。仓库内的货损主要通过盘点、报损的方式进行统计核实。可通过商品条码化，实现系统信息化管理；结合盘点作业，确保账实相符；由物流公司造成的货损，要求物流公司承担相应的责任。也可以采取其他措施控制货损，如直接将仓内货损和员工奖惩挂钩等。

(4) 耗材成本控制。这里主要针对包装耗材而言，要明确告诉操作人员某一类产品该如何包装，用什么材料，多少用量比较合适。如气泡膜能用 1 片的绝不用 2 片，在保证原防护效果的基础上，尽可能降低使用包装材料的成本支出。

实务应用

气枕：0.1 元/个。气泡膜（25×1375 px）：0.2 元/片。珍珠棉复合气泡膜（25×1375 px）：0.5 元/片。日单量 3000 单，10%的损耗 + 浪费，一年可以节省 $3000 \times 10\% \times (0.1 + 0.2 + 0.5) \times 30 \times 12 = 86\,400$ 元。

3．间接成本控制

(1) 管理费分摊、设备折旧费控制。管理费分摊、设备折旧的管理和控制更多的是企业内部财务计算的逻辑和归口问题，若想体现企业的真实营收，按照实际成本支出进行分析更为准确。

小贴士

折旧费用的计算方法主要有两种：

(1) 使用年限法：是指按预计的使用年限平均分摊固定资产价值的一种方法。这种方法若以时间为横坐标，金额为纵坐标，累计折旧额在图形上呈现为一条上升的直线，所以亦称它为"直线法"。

(2) 工作量法：是指按规定的总工作量(总工作小时、总工作台班、总行驶里程数等)计提固定资产折旧的一种方法。根据设备的用途和特点又可以分别按工作时间、工作台班或行驶里程等不同的方法计算折旧费。这种方法应用于某些价值很大，但又不经常使用或生产变化大、磨损又不均匀的生产专用设备和运输设备等折旧费的计算。

(2) 水电控制。对于仓库水电的管控，可以从以下几个方面着手：通过平面布局图，划分操作区域，合理地分配光源，减少库内消耗；响应国家号召，绿色物流，节能减排；通过明显的引导标识，健全的培训体系和机制培养员工随处随时节约的理念和意识；辅以监督体制，并贯穿公平有效的惩罚体制。

9.1.3 提高电子商务仓储效率的关键点

电商精细化运营离不开有计划、有效率的仓储管理体系。那么，如何有效地提高仓储效率呢？一般电商企业可以从货位优化、盘点多级化、作业操作程序规范化、管理信息化等方面来提高仓储的作业效率。

(1) 货位优化，提高分拣作业效率。将货物按不同的标准(如品类)分类，加以有秩序地编排，用简明的字母、符号或数字代替货物的库位、类别及其他信息，用条形码对其管理，有利于准确迅速地进行上架和分拣作业，提高作业效率。

实务应用

货位编码实例：某电商仓库的某货位的编码为 LCC090104，代表零存 C 区 9 排 1 列 4 层的位置。其中，LC 是零存(Ling Cun)的拼音首字母。

(2) 盘点多级化，提高盘点的准确率和作业效率。对参加盘点的人员进行必要的培训，使盘点人员务必对盘点的程序、方法、所用表单等有充分的了解；盘点人员要准确识别商品，熟悉包装规格，有利于盘点工作的顺利进行。

(3) 作业操作程序规范化，提高出入库作业效率。保证货物入库或上架前的各项工作准备充分。货物入库操作流程规范有效，验收内容全面、方法得当，对验收入库过程中的异常问题，如单据不全、单货不符、有单无货等问题处理恰当；正确规范地填写单据，人员分工明确等；保证作业高效、准确、低耗、有序。对出现异常的订单，可根据现场情形有针对性地处理。

(4) 管理信息化，提高仓储作业效率。依托软件系统和相关设备对仓库的工作环节和人员操作进行信息化管理和可视化管控。通过对员工作业步骤和动作的分解、计算、规划等工作，提高其作业效率和准确率。仓储管理信息化还有利于控制和降低库存，减少仓储成本(包括人力成本)，使企业对仓储货物的管理更加高效、准确、科学。某电商仓库信息化技术操作流程，如图 9-4 所示。

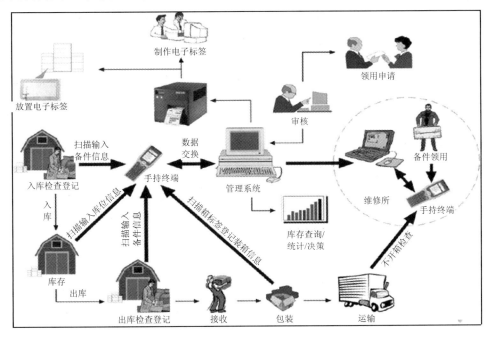

图 9-4　某电商仓库信息化技术操作流程

9.1.4 大型促销活动的仓储备战策略

电商仓储的订单处理能力是电商运营中非常重要的部分。网站遇到大型促销活动，订单急剧增长，可能会导致仓储系统崩溃、现场作业混乱、订单严重积压等问题。做好大型促销活动的仓储备战，需要从以下几个方面着手：

(1) 备货。首先，大型促销活动来临之前，企业要根据活动目标和历史参考数据预测销量，并按照预测数据备货；其次，重新规划货品存储区域；最后，做好备货入库上架。一般备货工作需在活动开始前 20 天内完成。

(2) 事先抗压测试，事中及时补救。如"双十一"促销活动当天，电商系统会涌入大量用户和订单，一旦系统瘫痪，会严重影响店铺产品的成交率。有些电商企业虽然有专业部门对仓储系统不断进行升级，但仍然会出现新的问题。所以，在大型促销活动前期，企业必须对仓储系统进行压力测试，并且准备紧急预案。如准备备份服务器、技术人员驻守现场等。一般系统抗压测试需在活动前 15 天内完成。

(3) 设计多重防错措施。依靠管理系统对人员操作进行防错、纠错，如通过视频监控、流程监督等方式，人员在软件系统的管理和提示下进行操作，即使面对大批量订单，仍能有效避免误操作，降低错发、漏发率。

实务应用

浙江网仓科技有限公司在进行仓库管理时，把商品放在托盘里，每个托盘底部都有一个芯片，流水线可以根据芯片对商品进行分类和跟踪；在包装时还有专门的电脑进行扫码，只要出错就会提出警告，大大降低了人工作业的出错率。

(4) 预分配策略。通过管理系统，根据仓库任务量和不同岗位的人员需求量提前进行规划安排，使资源与人力配置最优化。在"双十一"等订单高峰期，这种策略的优势尤其明显。

(5) 总动员。企业要提前布局仓库内部的人、财、设备。在人员方面，提前安排好各个岗位的工作人员，包括前端人员、技术人员、仓库人员、售后人员、后勤人员等。老员工要起到带头作用，做好经验分享；新员工需提前两个周进行培训。在财务方面，提前准备好充足的流动资金。在设备方面，提前准备好所需的各类设备，并保证正常使用，设备包括打印机、电脑、手持终端、货架、托盘等。总动员准备工作，一般需在活动前 15 天内完成。

有效的电商仓储管理在大型促销活动期间十分重要，当然，这并不是说日常就可以忽视仓储管理工作了，企业要时刻做好仓储管理，使其成为电商运营的有力支撑。

9.2　包装与打包

> 　　包装可分为销售包装和运输包装。销售包装又称内包装，是指一个商品为一个销售单元的包装形式，或若干个单体商品组成一个小整体的包装。销售包装的特点一般是包装件小，包装卫生、安全、美观、新颖、易于携带，印刷要求较高。销售包装一般随商品销售给顾客，起着直接保护商品、宣传和促进商品销售的作用。运输包装又叫外包装，用于安全运输、保护商品的较大单元的包装形式，如纸箱、木箱等。运输包装一般体积较大，外形尺寸标准化程度高，坚固耐用，表面印有明显的识别标志，起到保护商品、方便运输、易于装卸和储存的作用。
> 　　本节介绍商品的运输包装，主要包括包装材料的分类，如何对不同种类的商品进行包装，以及在打包过程中需要注意的要点。

9.2.1　包装材料分类

　　产品包装不仅在运输过程中起到保护商品的作用，而且直接影响产品的综合品质，进而影响客户体验。不同的包装材料对物流成本也会产生一定的影响，继而影响经营成本。

　　按照电商运营中常用的商品包装材料，可以将其分为内包装材料、中层包装材料(填充层)以及外包装材料。把握好这几点，会让商家对商品包装材料的选择达到准确定位，降低成本、避免商品破损的目的。

1. 内包装材料

　　内包装材料即最贴近商品本身的那层包装材料。常见的有以下几种内包装材料。

　　(1) OPP 自封袋，如图 9-5 所示。OPP 自封袋是一种塑料袋的通俗称呼。OPP 自封袋的优点：透明度好，尽显商品干净、美观。缺点：材料脆，容易破，不能反复使用。适用范围：文具、书籍、小饰品、小电子产品等，即无需再次装回的商品。

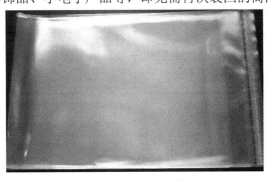

图 9-5　OPP 自封袋

　　(2) PE 自封袋，如图 9-6 所示。PE 自封袋是一种塑料袋的通俗称呼。PE 自封袋的优点：材质柔软、韧性好、不易破、可反复使用。缺点：透光度一般。适用范围：邮票、明信片、小样化妆品、纽扣、螺丝、小食品等需要归纳在一起或经常取出的商品。

　　(3) 热收缩膜，如图 9-7 所示。热收缩膜是用于商品销售和运输，起到稳固、遮盖、和保护商品的一种塑料膜。热收缩膜的优点：使用方便，遇热会收缩，保证食品干净、新鲜。缺点：收缩膜较薄，易破。适用范围：自产食品、小玩具、蔬菜、水果和肉类等生鲜食品的包装。

图 9-6　PE 自封袋

图 9-7　热收缩膜

2. 中层包装材料(填充层)

中层包装材料主要是指产品与箱子之间空隙的填充材料。常见的中层包装材料有以下几种。

(1) 气泡膜。气泡膜是以高压聚乙烯为主要原料，再添加增白剂等辅料，经 230 度左右高温制成的一种包装材料。气泡膜的优点：光泽亮、透明度好、有韧性，具有保护商品，防震、防压、防刮花的作用。缺点：需要人工剪裁。适用范围：数码产品、化妆品、工艺品、家电家具、玩具等。

小贴士

很多商家买到气泡膜后的第一反应是气泡没那么饱满。其实正如气球一样，越饱满反而越容易破，气泡膜也是同样的道理。

当商品使用气泡膜包装时，气泡太足容易将物品承受在一个点上，而不太足的气泡则将物品重量分散开在一个面上，一个面能承受的重量要比一个点大得多。所以购买气泡膜时，不要认为气泡饱满的气泡膜，质量才是过关的。一般来讲，每粒气泡有 2/3 的气足，是最理想的状态。

(2) 珍珠棉、海绵，如图 9-8 所示。珍珠棉是一种新型的环保包装材料。珍珠棉的优点：柔软性和缓冲性能好，具有隔水防潮、防震、隔音、保温、可塑性能佳、韧性强、循环再造、环保、抗撞力强等功能，亦具有很好的抗化学性能。缺点：比普通发泡胶易碎、变形、恢复性差。适用范围：电子电器、仪器仪表、电脑、音响、医疗器械、灯饰、工艺品、玻璃、陶瓷、家电、喷涂、家具、酒类及礼品包装、五金制品、玩具、瓜果、

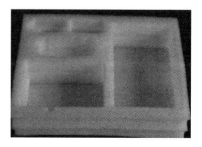

图 9-8　珍珠棉

皮鞋的内包装，日用品等多种产品的包装。

海绵的密度比较低，更软，和珍珠棉有相似的作用和适用范围。

除了以上介绍的填充物，还有很多可供选择的填充物，如报纸、网格棉、纸板等。

3．外包装材料

外包装材料，即产品的外部包装材料，在产品流通过程中主要起保护产品、方便运输的作用。常见的外包装材料有以下几种。

(1) 纸箱，如图 9-9 所示。纸箱包装与木箱包装、编织袋包装、布袋包装、塑料盒包装相比，具有取材容易、重量轻、容易印刷、容易设计成型、成本低廉等特点，被广泛用于商品的运输包装。

图 9-9　纸箱

(2) 编织袋、快递胶袋及复合气泡袋，如图 9-10、9-11、9-12 所示。

图 9-10　编织袋　　　　　图 9-11　快递胶袋　　　　　图 9-12　复合气泡袋

编织袋又称蛇皮袋，其成本低，使用寿命长，具有很强的拉伸强度和抗冲击性，比较耐用。它还具有抗腐蚀性、防虫性。因其具有的良好透气性，使得此类包装适合于大多数的固体商品和一部分有散热要求的产品。但是编织袋不适用于细粉状和活性高的产品包装。

快递胶袋具有成本低，使用方便，防水性能好等特点。很多商家为了给客户良好的购物体验，以及出于宣传、提升店铺形象的目的，也会定制具有特色的快递胶袋。

复合气泡袋是较高档的一种外包装袋，成本也比其他外包装袋高些。其袋内是非常厚的气泡，具有较好的防震效果，并且外观美观，能给客户留下较好的购物体验。

9.2.2　产品分类包装

对不同产品进行分类包装，不仅可以显示物流工作的合理性，还能够在一定程度上增加产品的安全性。

包装不同产品，选用的包装材料可能会不同。高端产品所用的包装材料一定要优质，用料细腻；中端产品视成本而定；低端产品以简单大方为根本出发点。产品包装的核心要点是：既要保障货物安全，又要节约成本。下文根据不同类目的产品，简要说明其包装要点。

1. 易变形、易碎产品的包装

具有以上特性的产品一般是瓷器、玻璃饰品、茶具、工艺品等。

为了降低破损率，此类产品在包装时要多用些报纸、泡棉、泡沫网或者泡沫塑料，这些材料不但可以缓和撞击而且重量较轻，可降低物流成本。

2. 书刊类产品的包装

书刊类产品的包装通常都是牛皮纸，并依据重量和厚度进行封装。如：1 千克以上的书刊要打"井绳"，否则不予邮寄；书刊外包装四周用胶带封好，防止运输途中被拆开。

3. 鲜花及植物包装

鲜花植物类目的产品在物流中必须保证不折枝、不挤压等。

包装时要注意：(1) 产品在包装箱内应排放整齐，并用绑带或束绳系在箱内或插入箱内，以免运送时移动；(2) 如包装物包括花瓶，需同时在箱内固定好花瓶；建议使用瓦楞纸间隔，并将花瓶与鲜花分开；(3) 如花瓶的材料易碎，可使用额外的包装材料加垫包裹花瓶，避免运送时毁损。(4) 切勿在寄送的花瓶或容器内装水，这样会因漏水而损坏及危害货物安全。鲜花包装拆解图，如图 9-13 所示。

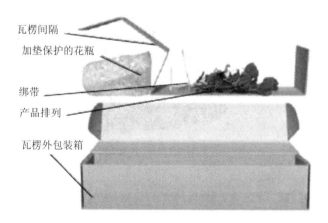

图 9-13　鲜花包装的拆解图

4. 贵重精密电子产品的包装

贵重的精密电子产品包括手机、电视、电脑显示屏等。

对于此类害怕震动并且价格昂贵的产品进行包装时，可用泡棉、气泡布、防静电袋等包装材料，再用瓦楞纸在产品边角或者容易磨损的地方加强包装保护，最后用填充物(如报纸、海绵或者防震气泡布)将纸箱空隙填满。

也可采用箱套箱的包装方法，如图 9-14 所示。

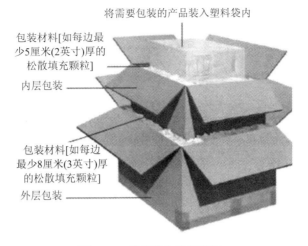

将需要包装的产品装入塑料袋内

包装材料[如每边最少5厘米(2英寸)厚的松散填充颗粒]

内层包装

包装材料[如每边最少8厘米(3英寸)厚的松散填充颗粒]

外层包装

图 9-14　箱套箱包装拆解图

9.2.3　打包要点

不同产品会采用不同的包装方式，一般来说，很多产品的外包装都会采用纸箱。一方面，纸箱可以保护货物在物流中转时不被损坏；另一方面，良好的包装可以凸显出商家的细心与温馨。

在电商运营中，物流环节的打包过程也会出现一些安全隐患，常见的包装安全隐患有以下几种。

(1) 纸箱被多次重复使用，以致运输过程中失去保护作用，导致货物损坏。

(2) 包装与货物的重量或体积不相匹配，在运输过程中易发生变形、破裂、内物松动或漏出散失。

(3) 随意简单包装，没有根据货物类别特点选择适合的包装，导致货物破损、丢失、潮湿等现象。

根据以上提出的常见打包安全隐患，下面提出几个打包作业时需注意的要点供大家参考。

(1) 避免使用不具保护力的纸箱，及时更换新的包装箱。

(2) 根据货物的重量或体积选择包装，货物包装时一定要密封、加固。

(3) 运输液体胶状物时因摇晃易出现飞溅、渗漏情况，在包装时应密封好，再用胶带加固，在包装盒外多加一层包装，同时添加填充物减少碰撞。

(4) 服装等软性货物和小五金等货物除用纸箱包装之外，必须在外加上纤维袋包装，有防水功能最佳。

(5) 小件货物零散包装，因体积太小，容易导致丢失，通常使用纤维袋包装。

(6) 贵重品、精密产品、易碎品、流质品、机械零件、仪器、金属制品、高比重物品以及散落容易丢失的物品等，除用普通纸箱包装外，必须添加木架包装，保障货物安全。

(7) 小件电子产品在包装时应添加防震填充物(泡沫等材料)，减少碰撞。

(8) 未采用木架包装的较重货物必须用打包带加固。

9.3 发货与配送

淘宝网 C2C 电子商务模式下货物配送的基本流程为: 商家通过 C2C 平台上的"推荐物流""网货物流推荐指数"等策略, 对比运费价格、服务质量等综合因素, 选择合作的快递公司。商家选择快递公司后, 相应的快递公司服务人员上门取货, 然后快递公司将货物配送给客户, 客户确认货品无误无损后完成签收, 配送工作到此结束。

目前与淘宝网合作的快递公司包括邮政速递服务公司、申通 E 物流、圆通速递、中通速递、顺丰速运、韵达快递等多家物流企业。淘宝网 C2C 电子商务模式下的物流配送与商品特性、买卖双方、快递公司以及 C2C 电子商务企业在整个交易流程中扮演的角色有着直接的关系。本节将重点介绍电商企业如何发货以及使用不同配送模式时要考虑的因素。

9.3.1 发货流程

在电商仓储作业中, 为适应多种业务环境的需求以及提高效率和作业准确性, 需要有标准的发货流程。其流程包括: 接收发货单, 校验装箱, 包裹分类以及包裹交接, 如图 9-15 所示。

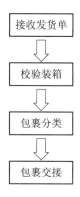

图 9-15 发货流程图

(1) 接收发货单。接收发货通知单表示仓库已经接收到发货单, 并开始进入仓储作业流程。操作人员在此环节可以按品类、活动、订单的不同规则, 根据拣货单拣选产品。例如, 优先处理某项活动的订单(如聚划算), 集中处理某类货品的订单(如电话手表)等。

(2) 校验装箱。为保证发货的准确性, 要求对准备发货的产品做系统校验。系统校验一般是指操作人员通过终端设备扫描订单和对应的产品信息后, 再经系统自动匹配校验是否单货一致的过程。

如果校验结果不一致, 系统发出"报警"; 如果校验结果一致, 操作人员即可进行打包装箱作业。

(3) 包裹分类。包裹分类是指将已完成打包装箱的包裹进行分类。

进入分拨环节的包裹有两种分类方法：一是按区域分类(如华东、华南、华中、华北、西北、西南、东北、港澳台等)，另一个是按合作的快递分类(如中通、申通、圆通、百世、韵达、顺丰等)。

(4) 包裹交接。包裹交接的实质是货物控制权或保管责任的转移。收货方(如快递公司)确认收到包裹并对其负责，将运单底联返回给发货方，完成包裹交接。消费者和前端客服通过快递运单号跟踪货物的物流信息。

实务应用

发货人员需要扫描每一个包裹的运单号，并在系统中做确认发货操作。确认发货的依据是：快递返回的运单底联或被签字的纸质打印运单号。

在实际操作中，如果不需要称重，只是清点包裹个数，则按数量扫描运单底联，录入运单号确认发货即可。如需称重，在称重扫描时，形成发货包裹运单号分组集合并打印，由快递公司人员确认签字。根据被签字的纸质打印的运单号集合，在系统中确认发货(运单底联作为留存文档保留)。无论哪种方式，都只是对包裹的运单号进行一次扫码。以上介绍是基于传统的快递模式，不论行业发展导致的细节如何变化，其基本作业流程皆可按照以上描述来理解。

9.3.2　配送模式的选择

网购迅速发展的同时，物流配送服务的重要性也日益显现。在电子商务运营中，不同的配送模式在物流配送服务中有各自的特点。下面简要介绍四种配送模式。

1．完全依靠自建物流体系

为了打破传统被动的配送服务模式，提升消费者的购买体验，一些大型电商企业开始纷纷自建物流体系。这种模式在物流配送速度、服务质量以及个性化服务上都有一定的优势，但自建物流体系的成本相对来说要高很多。

通常采取这种模式的电商企业，需要具备良好的数据系统支持并有较完善的配套设施，否则无法整合并掌控整个物流供应链。

2．自建物流体系与第三方物流相结合

一些大型电商企业通过自建物流体系覆盖全国各大城市，提供物流配送、货到付款、移动 POS 刷卡、上门取换件等服务。但随着互联网的深入，业务量的拓展，业务区域不断扩大，如果所有的配送站或服务点都是自建，则需要支出大量资金，而且还会面临有些站点后期维护困难、业务量小入不敷出等问题。鉴于此，很多 B2C 网站都采取了自建物流体系与第三方物流相结合的方式完成配送服务。

3．自建仓储、城际同城外部合作

自建仓储、城际同城外部合作的模式，是指企业通过自建仓储构筑全国物流的节点，城际运输和同城配送采取开放协同、外包整合策略，打破传统模式各自管理区域块的弊

端，形成物流、数据和管理的整合服务。企业采用这种配送模式比完全自建模式速度更快、成本更低。

4．完全依赖第三方物流公司

完全依赖第三方物流公司的配送模式，是指企业并没有自己的物流网络和体系，配送服务需要依靠第三方物流公司才能完成。因此，为了能给客户提供更好的配送服务体验，建议企业合理选择第三方物流公司，并根据本企业商品的特征和客户需求制定有效的配送方案。

以第三方快递公司为例，不同公司在运费、速度、服务质量方面存在一定区别。不同快递公司的平均运费和送达所需平均天数的测评结果如图 9-16 和图 9-17 所示，企业需要根据自身情况慎重选择。

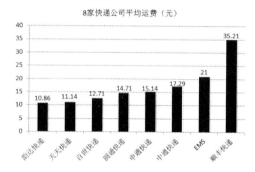

图 9-16　快递公司的平均运费测评图

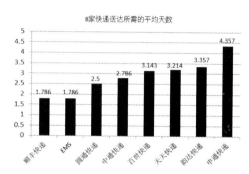

图 9-17　快递公司送达所需的平均天数测评图

资料来源：消费者报道

通过图中的数据对比可知：送达速度最快的是顺丰快递，但运费也是最高的，平均运费为 35.21 元。相对而言，韵达快递的价格最低，平均运费只需 10.86 元，但送达速度较慢。

企业除了从价格和时效性的角度测评第三方物流公司外，还可以从服务质量、网点布局、运费透明度等多个维度进行综合测评，了解各物流公司的优缺点，以便按照自身情况选择合适的物流公司进行合作，本节暂不赘述。

总之，选择合适的物流配送方式是目前电商发展中面临的一个问题，也是诸多电商争夺用户的重要筹码。选择合适的物流配送方式除了考虑配送成本之外，也要考虑用户的偏好和体验，选择更科学合理的方式为客户提供更优质的服务才是重中之重。

【本章小结】

1．了解电商仓储管理的体系流程，并能掌握上架和分拣环节的操作要点；掌握提高仓储效率、控制仓储成本的关键点；并能理解"双十一"等大型促销活动的仓储备战策略。

2．了解包装材料的各种分类，并能掌握不类别产品分别适合的包装材料；掌握打包过程中的要点和技巧。

3．掌握电商仓储中心的发货流程，并了解几种比较普遍的电商配送模式；掌握常见快递企业的服务优势，能够合理选择快递企业。

【拓展阅读】

1. 中国物流与采购网：http://www.chinawuliu.com.cn/
2. 商友圈：https://club.1688.com/
3. 中国物流网：http://www.6-china.com/
4. 虎嗅网：https://www.huxiu.com/
5. 京东物流：http://www.jdwl.com/
6. 物流时代周刊：微信公众平台
7. 物流指闻：微信公众平台

【实践作业】

1. 任务名称

快递公司的综合服务质量调查测评。

2. 任务描述

从网点布局、服务时效、服务态度、运费价格、服务优势、个性化服务以及分析评价几个方面，对顺丰、邮政 EMS、圆通、中通、申通、百世、韵达等七家快递公司，进行综合调查测评。

3. 任务实施

根据以上任务对七家快递公司进行整体服务质量调研，将调研内容填入下表中，并进行对比和综合分析。

4. 快递公司综合服务调查表

表 9-1　七家快递公司综合服务调查表

评价点 公司	网点 布局	服务 时效	服务 态度	运费 价格	优缺点	个性化 服务	客户满 意度	分析 评价
顺丰快递								
邮政 EMS								
圆通快递								
中通快递								
申通快递								
百世快递								
韵达快递								
综合评价								

5. 任务拓展

假设你是一家淘宝网店铺的店主，在业务量还可观的情况下，根据以上综合评价分析，你会选择哪家快递公司作为你长期的合作伙伴(可假定一个品类，并根据阶梯式的发单量来匹配相应的快递公司)？

拓展篇

第 10 章　商业模式创新

本章目标

- 了解新零售的概念
- 了解新零售模式的应用案例
- 了解社群电商的概念
- 了解社群电商模式的应用案例

学习导航

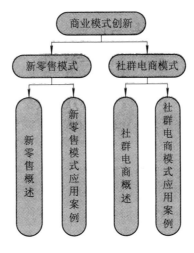

商业模式，是指企业价值创造的基本逻辑，即企业在一定的价值链或价值网络中如何向客户提供产品和服务并获取利润。商业模式创新带来了新型商业形态和新的企业盈利模式。随着技术进步和市场环境变化，单一通过电子商务网站销售和购买的模式已经逐渐成为传统的电子商务模式。近两年，在电子商务行业中出现的新零售、社群电商、社交电商、共享电商等商业模式将会成为未来发展的方向。

本章采用理论介绍与案例分析的形式着重讲解新零售和社群电商两种新的商业模式。学习本章时，除掌握新零售模式、社群电商模式的基本内容外，还应大量阅读相关资料，深入理解商业模式创新的意义。

10.1 新零售模式

2016 年 10 月份马云在杭州的云栖大会上提出了"新零售、新制造、新技术、新金融和新能源"五大"新"观点来定义未来商业的世界。随即，备受关注的"新零售"成为全社会讨论的商业热点话题。很多人质疑新零售是无中生有，也有人表示难以看透。但无论如何，新零售作为 2017 年的商业热词无可厚非。这一年，阿里巴巴与上海百联集团的合作以及入股高鑫零售集团的举动，都预示着阿里巴巴作为"新零售"的提出者正引领新零售的未来。"这个世界上本来不存在新零售，新零售是靠人创造出来的，而今天我们正在走这条路的过程当中。现在任何对新零售的定性描述都是不完整的，最终要靠实践去不断探索，做真正本质上的改变和创新，才能发生化学反应。"

—— 阿里巴巴集团首席执行官张勇

10.1.1 新零售概述

零售，即商品经营者或生产者把商品卖给个人消费者或社会团体消费者的交易活动。在过去，这种交易活动一般发生在固定场所中，如商场、超市等。但在互联网快速发展的时代，传统的零售活动正在被先进的科学技术和消费市场所重塑，零售行业逐步迎来新零售时代。

新零售，即企业以互联网为依托，通过运用大数据、人工智能等先进技术手段，对商品的生产、流通与销售过程进行升级改造，进而重塑业态结构与生态圈，并对线上服务、线下体验以及现代物流进行深度融合的零售新模式。对于新零售，目前尚没有统一性定义，本节将新零售特点归纳如下，仅代表作者观点。

1. 新零售是线上、线下以及现代物流的深度融合

传统零售是通过实际场景提供服务的零售，比如大型商超、社区市场等。传统的电子商务零售是仅限于线上交易的零售。

未来商业将不再有线上线下之分，也不存在虚拟实体之别，单纯的实体零售和电子商务零售将逐渐消失，取而代之的是线上线下与现代物流深度融合的新模式。通过线上线下

及现代物流的无缝连接，打破传统零售和电子商务零售的局限性，形成新零售商业形态。

新零售利用互联网、大数据、人工智能、物联网等技术重构传统商业要素，颠覆了传统商业中商家与消费者、营销渠道、生产流程等环节的关系。新零售模式在商业元素重构的过程中产生的新商业形态，使商业真正走向全渠道融合时代。在零售变革中，没有商业元素的重构，而只是简单地把线上和线下相加是不够的，实现线上、线下、现代物流三个要素的化学反应才是真正的新零售模式。

2. 新零售是对传统零售人货场的重构

传统的商业逻辑和商业模式遵循人货场论，商业价值基本围绕人、货、场三个要素来展开，也就是说传统商业的本质是以人、货、场为核心的生态体系。人货场论中的人是指卖家、消费者以及参与交易活动的其他人，货即指热卖商品、仓库库存等，场指卖场、陈列、消费场景等，如图 10-1 所示。

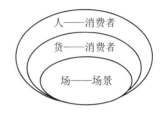

图 10-1　人货场论示意图

新零售则是对传统零售商业本质中人、货、场三方面进行的提升与重构。在消费升级的大背景下，零售业的发展中谁能重新认识并掌握了人、货、场，谁就能掌握新零售发展的主动权。

(1) 人。一切交易活动的根本在于人的需求。新零售的核心是如何尽可能精准地把握客户需求。传统零售业对于消费者需求的把握一般是借助分析交易数据得来的，而线上零售对于消费者信息的收集具有天然优势。

新零售可以借助线上数据收集的巨大优势，通过大数据营销系统对用户消费行为进行分析，从产品的品类选择、陈列、供应等方面来迎合消费者需求，挖掘潜在消费。

(2) 货。电子商务发展的过程中，传统零售行业在相当长的一段时间内备受冲击。其中很重要的原因是，互联网上琳琅满目的商品和较低的价格相比线下的零售店更能吸引消费者。传统零售商的很多货品难以满足消费者真正需求，价格也因渠道商的层层加价而变得难以接受。这些均导致了传统零售行业市场份额的下滑。

新零售借助强大的柔性供应链，在实时掌握消费者需求的情况下，快速将产品供应给消费者，让消费者与零售商之间真正产生依赖感，那么新零售对于消费者的价值相比任何一个单一的线上线下零售方式都更为显著。

(3) 场。在消费升级的大背景下，消费场景逐渐向碎片化发展。除了传统零售商提供给消费者购买场景外，娱乐、餐饮、下午茶等往往都是一些未被挖掘的消费场景。

通过新零售模式结合不同的消费场景、搭配不同的产品，能够增加消费者与产品接触的机会，在保证产品销售渠道扩大的同时实现销售额的增长。随着更多新技术与场景产生联系，未来消费场景将更加丰富多样，能够实现真正意义的随想随买，大幅提升消费体验。

新零售对于人、货、场三要素的重构将会带来未来零售新商业模式的发展。它可能是一个真正基于多种消费场景，充分满足消费者需求，并且为消费者提供便捷服务的商业形态。

3. 新零售是技术推动与消费拉动的必然

实现新零售需要基础设施的建设和支持。近年来，云计算、大数据、现代物流、交易平台、移动支付以及信用体系等基础设施的飞速发展，为实现新零售奠定了技术基础。

零售业自身蜕变，消费者需求拉动也是新零售产生的必然。互联网行业以及电子商务高速发展的近 20 年间，零售业自身发生着重大变革。从电子商务企业爆发式增长，到传统零售企业转型电子商务，再到纯电商零售开始转型线下零售，零售业一直在市场变革中蜕变成长。几年之后，新零售就会成为零售业下一个战场。2017 年"双十一"成交数据显示消费者 90% 的订单在移动端完成。消费者已经将消费场景逐渐转移到移动端，而碎片化的移动端消费习惯则会拉动更大的消费需求，推动零售业、制造业的发展。

4．新零售商业模式带来新机会

新零售是多种因素推动下的一个零售业新模式，它不仅在重构消费体验、重构供应链，也在重塑着品牌和营销、渠道变革，甚至重新定义制造业。在这个变化过程中，势必会产生大量的商业机会，尤其在会员管理、微营销、个性化购物以及跨境电子商务等方面有着非同寻常的爆发力。

(1) 会员管理。传统商业以产品为核心的业务逻辑形成了物以类聚的会员关系形式。而基于互联网技术的新零售会员制有可能因群体爱好而进行区分，会员关系管理逻辑的转变将带动商业逻辑的转变。

(2) 微营销。在人人都是自媒体的时代，微营销的传播力量在企业的品牌营销上占据着重要地位。新零售商业模式中，企业利用微营销进行品牌宣传和渗透能够在重塑品牌和营销上产生价值。微营销也将从单纯的销售推广向深度挖掘用户需求进化。

(3) 个性化购物。基于大数据塑造的新零售技术基础在分析与挖掘用户数据上具有天然优势。随着数据挖掘技术的应用，个性化推送、个性化陈列与个性化购物将会成为重塑消费体验的重点。

(4) 跨境电子商务。消费升级带动对跨境商品的需求将引起跨境电子商务的快速发展，中国进出口贸易将进入新时代，国产商品也从中国制造向中国创造转型逐步打开海外市场。新零售的发展，一方面带动线上跨境电子商务规模扩大，另一方面促进企业在海外市场的线下布局。

目前，新零售尚处于萌芽阶段，未来将如何发展也处于探索中。但不容忽视的是，很多商业机会正在等待有能力的人去发现和创造。

 小贴士

京东集团董事局主席兼首席执行官刘强东在发表的《第四次零售革命意义将超互联网》的文章中提出"无界零售"的概念。零售业公认的三次革命为：百货商店、连锁商店和超级市场。刘强东认为下一个 10 年到 20 年，零售业将迎来第四次零售革命，即"无界零售"。这场革命改变的不是零售，而是零售的基础设施。零售的基础设施将变得可塑化、智能化和协同化，推动"无界零售"时代的到来，实现零售成本、效率、体验的升级。

小贴士

苏宁控股集团董事长张近东在《大力推进实体零售向智慧零售转型》主题演讲中提出"智慧零售"的概念。他指出，中国零售业经历了三次大的变革，前两次分别是实体零售和虚拟零售，而第三次零售变革就是虚实融合的智慧零售。智慧零售是指运用互联网、物联网技术，感知消费习惯，预测消费趋势，引导生产制造，为消费者提供多样化、个性化的产品和服务。实体零售和传统电商都需要将线上线下融合。发展智慧零售，一要拥抱时代技术，创新零售业态，变革流通渠道；二要从 B2C 转向 C2B，实现大数据牵引零售；三是要运用社交化客服，实现个性服务和精准营销。

无论新零售，还是无界零售、智慧零售，其最终目标都是在时代和技术的不断进步中，完成零售业态的变革。

10.1.2　新零售模式应用案例

自新零售商业模式提出以来，很多企业便开始进行新零售商业的布局。传统的零售业、制造业以及互联网、电子商务等各种形式的企业，无论是从线上到线下，还是由线下到线上，这些先行者们都在尝试和探索着前所未有的新物种和新业态。盒马鲜生、优衣库、7-11、沃尔玛就是新零售模式探索的典型代表。本节将简要介绍一下不同形式企业对新零售模式的探索。

1．盒马鲜生的新零售模式探索

盒马鲜生，是阿里巴巴对线下超市重构的新零售尝试。被称做"四不像"的盒马鲜生既是超市、餐饮店，也是菜市场。消费者可以到店购买、进店用餐，也可以在盒马 APP 下单购买。下面从几个方面来了解一下盒马鲜生新零售模式。

1）商业模式：传统超市+外卖+盒马 APP

盒马鲜生拥有线下传统超市的门店，客户可以在门店直接购买商品。门店附近 3 千米范围内支持 30 分钟送货上门服务。而在有盒马鲜生门店的地区，客户还可以在盒马 APP 上下单，盒马提供配送服务。将传统超市、外卖以及移动购物模式结合在一起的新零售模式，对客户来说无疑是一种全方位多元化的购物体验。

传统商超是全线下模式，消费者仅能在线下挑选并获取商品。传统电商时代是线上选购加物流配送的模式，是一种完全依赖线上挑选的购物模式。移动互联网的发展使得消费者购物决策越来越碎片化。盒马鲜生则针对这一消费者行为，将线上、线下，以及现代物流整合在一起，在消费习惯碎片化的基础上提供全渠道服务。

2）目标客户群：80、90 后年轻消费群体

作为互联网消费主力的 80、90 后年轻群体来说，消费升级需求以及对购物场景、便捷程度的需求较高。盒马鲜生从产品、场景、便捷程度上极大地满足了目标客户群。

盒马鲜生主要服务三类人群：一是下班后以居家为主的人群，由外卖形式满足需求；二是办公场景下需要便利食品或简餐的人群，盒马鲜生推出的套餐简餐较受欢迎；三是愿意在周末去超市休闲购物的人群，盒马鲜生门店超市、餐饮一体化的模式备受欢迎。

3）产品优势：主打生鲜和蔬果，新鲜优质，价格合理

生鲜产品是盒马的一大特色。盒马能够现场提供加工服务，消费者也可以买到配制好的加工调料。盒马鲜生主打的小包装"日日鲜"蔬菜改变传统超市"质高价高"的模式，采用订单直采的方式，既保证每日新鲜，也能做到价格优惠。

4）物流体系：从供应、仓储到配送的智能一体化

盒马鲜生作为阿里巴巴集团新零售探索的重点项目，依靠阿里巴巴的大数据技术，运用移动互联、智能物联网、自动化等技术及先进设备，实现了从供应、仓储到配送服务的专业化和一体化建设。

 实务应用

盒马鲜生是如何实现 3 千米内 30 分钟配送的？

用户通过盒马 APP 下单后，订单直接传送到工作人员的数字化终端设备中。收到订单后，工作人员先选择一个带条码的布袋扫码，在货架上将订单中的商品拣选下来放在布袋中。然后，工作人员将布袋挂到最近的链式传送系统上。此时布袋被送进负责仓储和物流配送的仓库中，商品将在此处进行整合打包。整理完毕后，货箱直接交由外卖小哥进行配送。配送管理系统已为外卖小哥计算好了送货路线和送货地点的先后顺序，大大节省人力和时间，提高物流效率。

盒马从商品的选品、仓储、上架，到外卖订单的拣货、配送等流程都是通过智能设备自动化完成的，简单高效且出错率极低。

扫一扫

观看视频，结合上述案例，想一想盒马鲜生的配送路径有哪些优势。

5）支付方式：仅支持支付宝付款

盒马鲜生只提供支付宝一种付款方式，不支持现金、银行卡等其他支付方式。盒马强制推行支付宝支付方式的最大意义在于能够全面收集消费者的消费行为数据，从而为用户行为研究和数据挖掘提供数据资料。未来，盒马鲜生可以借助这些数据资料为消费者提供更精准，更具个性化的服务。

2. 优衣库的新零售模式探索

优衣库是日本服装品牌，由日本迅销公司建立于 1963 年，至今已有 50 多年的品牌历史。优衣库采用大卖场式的服装销售方式，在产品策划、开发和销售体系上实现低成本运

作，简约、舒适、价格低廉的产品深受消费者喜爱。

优衣库品牌在新零售模式探索的路上已经初具成效。2017 年"双十一"当天上午，优衣库天猫官方旗舰店的商品已经售罄，蝉联服饰类销售冠军。在全品类排名中，优衣库整体销售额大幅度提升，由 2016 年的第五名上升至第四名。优衣库在"双十一"中，采取线上线下同品同价、线上购物门店取货的新零售策略，对于打通线上、线下零售新模式的探索具有积极意义。

1) 线上线下同品同价

优衣库采取线上线下同品同价策略，放弃了多数品牌曾采用的电商定制款、线上低价的销售策略。这种战略布局对于消费者来说，只是多了购物渠道，并未多出对商品和价格的选择机会。因此，无论线上还是线下购买，消费者收到的商品在款式、质量和价格上是一致的。而线上购买更加便利、线下商场更加休闲。

2) 线上购物门店取货

优衣库线上线下联动的购物方式，使消费者在天猫商城下单并付款后 24 小时内即可收到优衣库完成备货的通知。随后，消费者可以在全国 400 多家门店便捷取货。

这种线上购物、门店取货的新零售模式从技术实现上较为复杂。它不仅需要联合众多渠道的库存数据，还要做好足够的库存准备。各个门店需要在 24 小时内处理大量订单，同时完成备货工作。可见，优衣库对于新零售模式的探索，无论从技术上还是管理上已经建立了自己的模式和体系。相似企业在探索新零售模式上，可以借鉴一下优衣库的成功经验：

(1) 无论哪种电子商务模式，其实质只是销售渠道而已。因此，线上线下渠道互补而非竞争的方式更有利于企业整体发展。

(2) 利用线下门店的场景优势，为消费者提供更多除产品之外的附加服务，提升消费者的品牌依赖性。

(3) 使用互联网、大数据、物联网、自动化等先进技术打通渠道壁垒，形成统一的产品管理体系，实现新零售模式。

10.2　社群电商模式

　　"青山老农"品牌创始人邱晓茹是 80 后潮汕女孩，拥有 10 年品牌营销策划经验。奔忙在城市中的她，对家乡依山傍水的环境和清澈甘甜的瓜果念念不忘。2013 年底，她与一群同样热爱生活的伙伴创建了互联网田园健康品牌"青山老农"。在传统电商方兴未艾之时，她并没有选择传统的互联网电商模式。而是借助微博、微信等自媒体渠道传播原创内容，同时推行线下社群活动，走出一条基于社群渠道的电商模式。"青山老农"于 2013 年底成立，2015 年 3 月份开通微信公众号，7 月底粉丝达到 30 万，并开始进行分销实验。在分销活动的 48 小时内预售出 1500 件产品，客单价最高达 2000 多元。这样的成绩不仅验证了新模式的可行性，也激起了更多商家对社群电商的信心。本节简要介绍一下社群电商的相关概念和应用。

10.2.1 社群电商概述

社群是基于某个需求点、兴趣爱好或生活方式将一群人聚集在一起的群体，是一个以成员为核心的虚拟性组织。一切社群活动围绕成员的需求展开。

围绕社群进行的经济活动称为社群经济。社群经济是一种以社群成员之间的信任为基础的商业模式。社群经济以内容为核心，基于对社群成员的服务，通过成员的口碑宣传来扩大社群并实现商业价值。

社群电商是社群经济的发展趋势，是实现商业价值转化的根本。在社群电商中，微信、微博等自媒体传播渠道视为流量入口；社群的连接属性使社群成员间形成了社交关系，视为流量沉淀工具；社群中形成的商业变现，则视为流量变现途径。

社群电商是移动社交网络兴起的产物，与传统电商相比，在商业模式、运营推广以及用户管理方面都有其特色之处。

1．社群电商与传统电商的区别

移动互联网的飞速发展使平台型电子商务成为传统电商，如京东、淘宝等。以移动端为主要消费场景的社群电商模式正逐步形成规范化运作，开始占领移动电子商务市场。

传统电商以产品为核心，通过营销推广寻找目标客户完成销售，是线下交易到线上交易的一种渠道转变。传统电商更多遵循营销理论中的 4P 原则，从产品、价格、渠道、促销等方面进行商业活动。

而社群电商以人为核心，通过挖掘群成员的需求来制定相应的商业计划。社群电商在产品上不会拘泥于某个品类或某一个价格区间，而是更多地在普通消费需求的基础上，深度挖掘潜在需求。社群电商更多遵循营销理论中的 4C 原则，从消费者、便利、成本、沟通等四个方面进行商业活动。

社群电商相对于传统电商来说，更加深入地研究用户的兴趣爱好和消费需求。

2．社群电商常用平台

一个完整的社群电商生态体系包含引流平台、流量沉淀平台、商业变现平台。不同平台的功能不同，只有平台相互结合，才能完成社群电商的完整交易。

(1) 引流平台即推广平台，借助大量的展现和曝光吸引关注，将用户引入到社群中。常用的引流平台有网站、新媒体平台、社交平台等。要注意的是，引流平台虽然能为社群电商引入大量流量，但不要盲目地仅仅为了提升流量而引流，还要甄别用户价值。

(2) 流量沉淀平台即用户运营平台，如微信群、QQ 群、社区、微信公众平台等均可看作用户运营平台。用户运营平台保证被引入的用户能够持续关注社群动态，并最终完成交易。要注意的是，并不是所有的用户都能实现价值转化。

(3) 商业变现平台一般是指能够直接进行价值转化的平台。在社群电商中，商业变现平台以电商平台为主，通过在社群中引入商品来实现价值转化，例如淘宝店、微店、有赞商城、喜马拉雅等，都是商业变现平台。要注意的是，有的社群仅仅通过个人账号进行交易而不选择规范化的电商平台。这种方式不仅容易出错，交易数量和金额较为庞大时，还很难再通过人工完成交易过程。因此，社群电商必须选择规范的、适合的商业变现平台。

3. 社群电商运营要点

要想在社群中形成商业交易的关系，需要在运营中注意以下几个要点：

(1) 建立规范化社群规则。社群中要建立群规，保证所有群成员按照一定的规则进行交流沟通活动，避免出现骚扰、违法等不当行为。

(2) 建立成员间的信任感。社群最重要的功能是成员之间建立连接关系，定期、稳定、有价值的线上沟通和交流能够增强社群主、意见领袖与群成员之间的信任感。用信任连接的社群，才有可能产生价值。

(3) 提高意见领袖的引导作用。社群中具有信息发布权力并具有一定号召力的成员被称作意见领袖。在社群运营中，不仅要注意培养意见领袖，还要通过意见领袖的号召力来引导群成员进行决策。

(4) 规划定期的线下交流活动。线下面对面的交流是社群活动非常重要的板块，这种活动形式相比线上沟通更容易建立信任感，达到提高群成员长期活跃度的效果。

(5) 保持社群的长期活跃。气氛对于一个社群的生命周期非常重要。气氛好、较为活跃的社群能够长时间保持价值产出，相反则会降低成员活跃度，导致社群生命周期提前终结。

(6) 交易环节借助成熟电商平台。在社群中形成交易的支付、物流、售后服务等环节，尽量选择成熟的电子商务平台来完成。这种方式有助于商品管理、客户管理、交易管理、物流跟踪等环节的有序开展，减少大量工作。

社群电商是以人为核心的电子商务形式，所以，社群可以看做是一种新的客户管理系统，而交易的环节仍然需要电商平台来支撑其完成，这样才能保证整个社群电商生态体系构成闭环。

 实务应用

社群是多人聚集起来的组织，它不是一群漫无目的、毫无规矩的人聚集在一起，而应是一个有组织、有纪律、有规矩的组织。因此，建立群规对一个健康的社群而言至关重要。制定群规一般分为几个方面：

(1) 统一修改群名称，如姓名+职业。

(2) 禁止发布某些内容，如法律禁止的内容、广告等。

(3) 拉人规则，如禁止自主拉人进群。

(4) 活动通知，如每周三 20:00 进行群内分享。

(5) 奖励与退出机制，如主动分享经验的群成员获得积分奖励。群规是为了保证组织的正常运营，内容不局限于以上形式。

4. 社群电商变现方式

社群电商以人为核心，在变现方式上，与传统电商直接进行商品交易的方式不同。社群电商的定位不同，盈利模式不同，其变现方式也不尽相同。一般而言，社群电商以商品交易为主要变现方式，内容变现、广告变现、付费会员制等也是常用的变现方式。

(1) 商品交易变现。这是最典型的社群电商变现方式，生产商、渠道商、分销商都可以使用合适的电商平台来实现交易，从而获取利润。通常这种方式是品牌商在原有销售渠道基础上开辟的一条新销售渠道，即社群电商渠道。

(2) 内容变现。内容变现是指内容运营人员通过生产优质内容来获取利润。例如，微信公众平台提供的"打赏"功能，用户阅读某内容后愿意为其付费，则实现了内容变现。

(3) 广告变现。在社群中发广告并同时发送红包就是简单的广告变现方式。社群资源较多的商家，还可以通过对接付费广告来实现盈利。但社群中的广告要尽量保证与群成员的需求相关，否则将有可能造成信息骚扰，导致群成员流失。

(4) 付费会员制。使用付费会员制的社群变现方式，一是可以保证所有成员均为自愿付款进入社群环境中；二是能够阻止一些垃圾流量进入社群导致难以管理；三是付费会员制能够在一定程度上调动会员积极性，对群活跃度的贡献较高。

社群电商是随着移动互联网的兴起逐渐形成的一种新型电子商务模式。在社群电商运营中，重点是以人为核心，通过群成员间的连接和信任关系实现商业价值的转换。社群运营的最终目的，依然是提高销售额。

10.2.2　社群电商模式应用案例

社群电商是近几年开始发展壮大起来的，尤其以微信为平台的社群电商项目，借助平台的巨大流量和用户活跃度带动了社群电商的兴起。从流量上看，社群电商其实是一种社群红利引发的新电商模式。从连接属性上看，社群电商更加注重社交圈层、社群价值观，更加强调社群的信任感和归属感。

吴晓波频道、罗辑思维、凯叔讲故事等通过打造个人超级 IP 来实现价值转化的社群电商模式，目前已经形成了较为可观的价值转化。而已经拥有较为庞大客户群体的传统品牌在社群电商模式上也进行了一些探索和尝试，例如服装行业中的骆驼、海澜之家等品牌，利用微信公众平台、小程序、微信个人号等方式向客户推送营销活动信息，以实现社群电商运营。

本节通过吴晓波频道、四川遂宁农特产社群电商两个不同领域的案例来理解分析社群电商模式的应用。

小贴士

"IP"在英语中有两个意思，一个是"Internet Protocol"，即互联网协议；另外一个是"Intellectual Property"，即知识产权。网络流行语中所谓的"IP"即可理解为知识产权或知识财产，可以是音乐、文学、人物等一系列具有吸引力的内容，并且这些内容具备完整的世界观、价值观，有属于自己的生命力。当具有相同价值观的用户被内容吸引后，便会迅速凝聚发展成为一个群体、一种文化。这种群体凝聚力和文化的升级会带来非常强大的商业价值和社会价值。

1．吴晓波频道

吴晓波频道是国内目前较大的互联网财经社群和知名财经自媒体平台，包括微信公众平台、财经类脱口秀视频及音频、吴晓波书友会、思想食堂、企投会等具体的互动形式。下文将从目标群体、平台选用、社群运营要点、商业变现方式四个方面来解析吴晓波频道在社群电商模式上的应用。

(1) 目标群体。吴晓波频道依靠强大的个人价值聚集了一批新中产阶级群体。该群体具有极强的用户特征，主要年龄段为 80、90 后，70%以上为男性用户，并且超过 50%的用户集中在北京、上海、深圳、广州以及江浙地区等经济发达地区。该群体具有极高的商业价值和营销价值，能够在吴晓波频道的社群电商中实现价值转化，成员之间的交流互动也能够实现一定的价值转换。

除了服务于众多财经爱好者外，吴晓波频道还服务于创业者、企业家等一批需要先进思想、资源、资金以及企业管理经验的人群。吴晓波频道通过提供知识、咨询、消费升级产品来满足目标人群的需求。

(2) 平台选用。按上文中的平台分类方法，吴晓波频道在社群电商运营中使用的引流平台除了各大新媒体平台外，还包括传统的媒体平台、已出版的书籍等；流量沉淀平台主要是社群、微信公众平台、微博等；商业变现平台如美好 Plus 微商城、小鹅通知识助手、喜马拉雅音频平台以及线下其他形式等。

(3) 社群运营要点。吴晓波书友会是社群电商的基础组织，全国共有 81 个城市建立书友会、31 个城市有官方授权。吴晓波曾在中国互联网移动社群大会上分享运营社群的三个关键点，一是做有态度的内容，聚集起人气和共鸣；二是做圈层化互动，让社群产生大规模的互动，可以帮助创业者的价值得到反馈；三是从共享中互利，每个人在社群中既是一个获利者，也是一个贡献者，通过共享互利，让社群变得更加长久。

吴晓波曾在社群运营初期写过一篇确立价值观的文章，核心观点有：崇尚商业之美；崇尚自我奋斗；乐意奉献、提倡共享；反对堕落经济。这种积极的、向上的价值观倾向，引起了共鸣并聚集了很多价值观趋同的用户。

吴晓波频道企投会项目聚集了很多成绩卓著的企业家和创业者，在这些人群组成的社群互动中，企业家和创业者之间的连接和交流可以碰撞出更大的价值，是圈层化互动的体现。

共享互利使用了"人人都是自媒体"概念，向愿意传播并能提供商业价值的社群成员提供利益。例如"每天听见吴晓波"付费音频会员通过个人分享名片成交后，将会收到奖励金。

(4) 商业变现方式。吴晓波频道变现方式以商品交易变现和内容变现为主。

实务应用

吴酒是吴晓波频道商品交易变现的典型案例，采用众筹和社群营销的方式实现销售计划。吴酒首批拿出了 1000 棵杨梅树进行众筹，众筹人需花 1 万元获得一棵杨梅树，认养期为 2 年，得到价值大于 1 万元的吴酒及衍生品，吴酒礼盒也可以根据众筹人的需要进行个性化定制。吴晓波频道还可以直接以 8.5 折的价格无条件回购吴酒。在大量吴酒投入市场时，吴晓波频道策划了吴酒限量供应的活动，通过社群营销的方式进行活动准备和预热，在短短 33 小时的时间里，就卖出了 5000 件，总计销售额为 100 万元。

2. 四川遂宁农特产

四川遂宁地处四川盆地中部,以其深厚的文化底蕴、迷人的灵性山水和发达的工农商贸而成为四川中部的政治、经济和文化中心。2015 年年中,阿里巴巴(中国)软件有限公司与遂宁市签订农村淘宝合作项目,为优质农特产品提供了现代商务营销网络平台。

在四川遂宁农特产电商产业的建设和发展中,有多个成功案例值得分享。本节仅以蓬溪仙桃的案例来分析农特产品社群电商模式的应用。

借助公益、大学生返乡创业、农村电商、农产品为核心话题,蓬溪仙桃项目的总策划"蓬溪县三合电商",在项目之初进行了大量系统的、全方位的资源整合、营销推广、渠道销售等工作。下文将从货源准备、营销推广、渠道建设、促进成交几个方面对该项目进行简要介绍。

(1) 货源准备。蓬溪县拥有千亩仙桃种植基地。三合电商在项目运营之前与多家仙桃种植合作社签订了购销合同,预订仙桃 1000 吨,并提前支付给农户预订保证金和货款,让农民放心。签订合同和支付保证金,既能保证货源充足,也给农民吃了定心丸。充足的货源是该项目持续进行的基础。

(2) 营销推广。蓬溪仙桃项目采用社群电商的模式进行营销推广,拍摄了微电影《回乡助农·小仙肉》投放在各大新媒体平台和视频平台,达到网络点击率近 400 万人次的效果。借助微电影的推广热度,三合电商策划了几场大型的线下活动,如"蓬溪仙桃 2016 产品推荐会"以及"邀请全国知名电商经销商到仙桃基地考察"的活动,为该项目带来了极大的市场影响力。除此之外,三合电商还提供了 30 篇以上的软文,跟踪报到蓬溪仙桃动态,以保持话题的热度和关注度。视频、线下活动、软文等营销推广方式累积了一定的热度。

(3) 渠道建设。三合电商在渠道建设上主要有两个方向,一个是代理商建设,另一个是直接消费者渠道建设。此阶段主要借助社群平台,对有意成为代理商和消费者的人群分别进行社群化管理,群内不断招募代理商和消费者以扩大社群规模。为了保证社群成员对事件的持续关注和活跃度,社群内每天直播分享仙桃基地动态,并配合周期性的软文进行营销。

(4) 促进成交。蓬溪仙桃销售项目分为预售和正式销售两个阶段。三合电商通过价格、地方特产、质量口感等卖点优势,使用软文、视频、图片等内容营销工具在社群中、新媒体平台上进行大量宣传和报道,提升此次公益销售事件的热度,促使代理商和消费者积极购买。项目结束后,三合电商通过在社群和微博上发布本次活动的销售结果和农民收益情况,实现蓬溪仙桃品牌的二次宣传。

视频: 蓬溪仙桃宣传片《回乡助农·小仙肉》

观看视频,结合上述案例,想一想,该视频在整个营销活动中是如何引起情感共鸣、展现农产品销售痛点的?

扫一扫

电子商务行业的高速发展,使很多新的商业模式和创新项目如雨后春笋般蓬勃生长。

虽然有的成功有的失败，但这些创新仍然此起彼伏地向前奔涌着。"拼多多"的社交电商模式也是一种迅速走红的电子商务模式。由于其与社群电商有相似之处，本书仅以案例形式简要说明一下。

案例分析

社交电商模式解读 ——拼多多

拼多多成立于 2015 年 9 月，是一家专注于 C2B 拼团的第三方社交电商平台。用户通过发起和朋友、家人、邻居等的拼团，可以以更低的价格拼团购买优质商品。通过沟通分享形成的社交理念，形成了拼多多独特的社交电商思维。拼多多短时间成了国内社交电商行业的领军者。

【分析】拼多多社交电商模式的特色是什么，短时间走红的根本原因有哪些？

拼多多作为社交电商领导者，通过社交+电商的模式，将娱乐社交元素和商品实实在在的价值融入交易中。就像品牌广告语"多实惠，多乐趣"一样，更多的用户能够带着乐趣分享实惠，享受全新的共享式购物体验。所以，用社交环境打造的娱乐化、实惠的电商模式，是拼多多区别于其他电商模式的特色，也是其成功的关键。

拼多多能够短时间走红的原因可以考虑以下几个方面：

(1) 不分时段、随时随地购物的消费习惯已经成为全民化现象，移动端的消费红利带来了拼多多业绩的高速增长。

(2) 移动端购物体验上需要满足消费者对于新鲜感和娱乐化元素的需求，拼多多将互动游戏、趣味性购物元素引入购物环境中，满足了消费者体验需求。

(3) 拼团购模式形成了 C2B 的电商模式。每一个拼多多用户既是流量入口，也是流量分发渠道。这种模式不仅增加了产品曝光量、提高了销售业绩，还带动了用户增长。并且新用户又成为再次拼团的流量入口，这种持续的裂变不仅降低了新客获取成本，也能带给用户实惠。多方受益的拼团购模式是拼多多短时间走红的重要原因。

【启示】市场的不断发展催生着各种商业模式，在这些模式的成长中，有行业市场变革带来的商业形式重构的机会，有用户消费习惯带来的流量红利，也有社交关系带来的泛娱乐化消费需求。总之，无论何种商业形式，商业的本质不变。

【本章小结】

1. 了解新零售模式的要点。
2. 了解盒马鲜生和优衣库对新零售模式的探索和应用。
3. 了解社群电商模式的要点。
4. 了解吴晓波频道和蓬溪仙桃项目在社群电商模式上的应用。

【拓展阅读】

1. 天下网商：http://www.iwshang.com/
2. 行行出状元电商企业服务平台：http://www.hhczy.com/
3. 盒马鲜生：http://www.freshhema.com/
4. 优衣库：http://www.uniqlo.cn/
5. 吴晓波频道：微信公众平台
6. 蓬溪购：微信公众平台

【实践作业】

1．任务名称

社群运营实践：使用个人微信号创建微信群并持续运营。

2．任务描述

使用个人微信号创建一个微信群(群成员不少于 30 人)，并持续运营。

3．任务实施

(1) 建群之前首先考虑以下几个问题

① 该社群的核心主题是什么？

② 该社群的成员应该具有什么样的特征？

③ 如何实现社群的商业价值？

(2) 建好社群之后

① 修改群名称(名称必须符合群的定位)。

② 制定合理的群规，至少 3 条。

③ 在社群内策划一场活动，可以是群分享或产品促销活动等，形式不限。

4．任务拓展

撰写一篇社群运营心得体会，不少于 600 字。

第11章　新技术应用

📖 本章目标

- 理解人工智能的概念及其在电商中的应用
- 了解大数据的概念及特征
- 理解大数据在电商中的应用
- 了解虚拟现实的概念、特征
- 理解虚拟现实在电商中的应用
- 理解物联网的定义、特征及其在电商中的应用

📖 学习导航

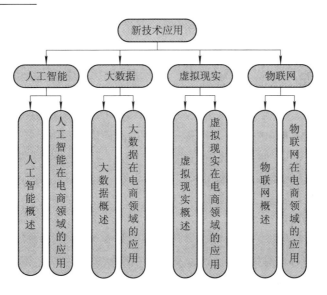

人类历史的发展进程，经历了蒸汽技术、电力技术和计算机技术三次工业革命，充分体现了科学技术对人类的贡献。随着知识经济时代的到来，科学技术的进步和新技术的迅猛发展带来了第四次工业革命。它是以人工智能、无人控制技术、虚拟现实、量子信息技术，以及生物技术为主的全新技术革命。

本章简要介绍人工智能、大数据、虚拟现实以及物联网等技术的概况以及它们在电子商务中的应用。读者通过学习本章内容，不仅要了解这些新技术的基础知识，还要了解这些技术对商品管理、服务优化与企业发展的现实意义。

11.1　人工智能

2017 年 7 月 5 日阿里巴巴推出一款智能音响产品"天猫精灵"，售价 499 元。"天猫精灵"能听懂中文语音指令，可以实现智能家居控制、语音购物、手机充值、外卖订餐、音乐播放等功能。依靠阿里云的机器学习技术和计算能力，"天猫精灵"还能够逐渐了解使用者的喜好和习惯，成为人类智能助手。

据悉，"天猫精灵"是阿里巴巴人工智能实验室研发的 AI 智能产品，具有"声纹支付"购物功能，支持对用户声纹识别并进行购物支付等操作。用户在初次使用时，需要在手机上安装"天猫精灵"APP，完成账号绑定后即可实时显示与硬件产品的连接状态、命令接受反应情况、产品最新功能上线提醒、以及主动推荐适合用户使用习惯内容等功能。"天猫精灵"的发售，意味着人工智能的普及。本节主要介绍人工智能的基础知识，并重点阐述人工智能在电子商务行业中的应用。

11.1.1　人工智能概述

人工智能从诞生以来，理论和技术日益成熟，应用领域也不断扩大。可以设想，未来人工智能带来的科技产品，将会是人类智慧的"容器"。本节简要介绍人工智能概念、人工智能的发展阶段以及国内人工智能发展现状。

1. 人工智能概念

人工智能(Artificial Intelligence，简称 AI)，是计算机学科的一个分支。人工智能是研究开发用于模拟、延伸和扩展人的智能的理论、方法、技术及应用系统的一门新的技术科学。该领域的研究包括机器人、图像识别、语言识别、自然语言处理和专家系统等。除此之外，人工智能还涉及信息论、控制论、自动化、仿生学、生物学、心理学、数理逻辑、语言学、医学和哲学等多门学科。

著名的美国斯坦福大学人工智能研究中心尼尔逊教授对人工智能的定义是："人工智能是关于知识的学科——怎样表示知识以及怎样获得知识并使用知识的科学"。

综合来说，人工智能是研究人类智能活动的规律，构造具有一定智能的人工系统，研究如何让计算机去完成以往需要人的智力才能胜任的工作，也就是研究如何应用计算机的软件和硬件来模拟人类某些智能行为的基本理论、方法和技术。

2. 人工智能的发展阶段

国际上普遍认为人工智能有弱人工智能、强人工智能和超级人工智能三种类型。弱人工智能就是利用现有的智能化技术，满足和改善社会生产力发展所需的技术和功能，如 AlphaGo(谷歌旗下团队开发的第一个击败人类职业围棋选手、第一个战胜围棋世界冠军的人工智能程序)。强人工智能非常接近于人的智能阶段，这需要脑科学的突破，国际上认为这个阶段要到 2050 年前后才能实现。超级人工智能阶段是在类脑智能和脑科学有了极大发展后，形成的一个超强的智能体系。

基于以上三种类型，人工智能的发展一般经历三个阶段，分别为计算智能、感知智能和认知智能。

第一阶段为计算智能阶段，即具有快速计算、记忆和存储的能力。1997 年，IBM 深蓝计算机战胜了国际象棋大师卡斯帕罗夫，引起了全世界的关注。象棋机器人能够战胜人类，靠的是超强的记忆能力和运算速度，通过对存储信息进行分析，能够预测到十几步以后的结果，这就是计算智能的应用和体现。

第二阶段为感知智能阶段，即拥有视觉、听觉、触觉等感知能力。人和动物通过各种智能感知能力与自然界进行交互。自动驾驶汽车是感知智能的一个典型应用，机器不需要了解各种知识，只需要利用各种传感器对周围的环境进行感知，对感知信息进行处理后就可以实现自动驾驶。

第三阶段为认知智能阶段，该阶段所需的科学技术是目前各大科技巨头都在迫切寻求突破的技术。通俗来说，认知智能就是"能理解，会思考"。人类有语言后，才有概念，然后才能进行推理。所以概念、意识、观念等都是认知智能的表现。认知智能几乎涉及自然科学和社会科学的所有学科，如心理学、哲学和语言学等学科。

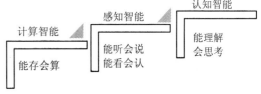

图 11-1　人工智能的发展阶段

人工智能的发展阶段如图 11-1 所示。

3. 国内人工智能发展现状

2016 年，权威媒体《互联网周刊》，根据企业人工智能综合实力情况，结合多方面因素，发布了"中国人工智能企业排行榜"。该榜单的前五名依次为百度、阿里巴巴、腾讯、华为、科大讯飞。下面简要介绍一下这五家公司在人工智能方面取得的成就。

1) 百度

百度在人工智能方面布局较早。百度的人工智能战略布局主要分三部分：百度大脑、百度云和 DuerOS(对话式人工智能系统)。

2016 年 9 月，百度首次展现了百度大脑在人工智能领域的成果。百度大脑具有语音识别、图像识别、自然语言处理和用户画像四大方面功能。其中，语音识别成功率达 97%，人脸识别准确率达 99.7%。除此之外，百度大脑也正在涉足医疗、交通、金融等领域。

百度云是百度基于 17 年技术积累为公有云需求者提供稳定、高可用、可扩展的云计算服务。目前，已拥有云服务器 BCC、内容分发网络 CDN、关系型数据库 RDS、对象存储 BOS 等 40 余款产品，以及智能大数据"天算"、智能多媒体-天像、智能物联网-天工、人工智能-天智四大智能平台解决方案。

DuerOS 是百度度秘事业部研发的对话式人工智能系统。搭载 DuerOS 的设备可让用户以自然语言对话的交互方式，实现影音娱乐、信息查询、生活服务、出行路况等多项功能的操作。同时，借助百度云端大脑，DuerOS 可以不断学习进化变得越来越"聪明"。

2) 阿里巴巴

阿里巴巴的人工智能可以对阿里巴巴电子商务平台的 10 亿件商品的图谱进行实时分析，实现了用户通过图片搜索技术找到需要的商品。人工智能客服"阿里小蜜"可以成为会员购物的私人助理，让会员专享一对一的服务。另外，阿里巴巴的人工智能还被应用到交通预测、法庭速记、气象预测等领域，并向公共事业、医疗事业、教育事业等方向发展。

3) 腾讯

腾讯在人工智能领域的布局比较晚，其优势是擅长整合资源。场景应用是腾讯在人工智能领域最明显的特色。

在 2017 年 3 月 19 日日本东京的计算机围棋大赛中，腾讯的人工智能围棋程序以全胜的战绩取得冠军。在人脸识别技术上，腾讯人工智能协助警方寻找走失儿童，目前已累计找回 400 多名走失儿童。在医学影像领域，腾讯发布食管癌人工智能筛查系统，筛查一个内镜检查用时不到 4 秒，早期食管癌的发现准确率高达 90%。凭借 QQ、微信、美团、滴滴、京东、58 同城等共享的大数据，腾讯在人工智能领域会有更广阔的前景。

4) 华为

华为凭借多年在软件系统与硬件设备研发方面积累的经验，目前已经能够自主研发人工智能芯片并应用到手机中，成为世界首家在智能手机中引入人工智能处理器的厂商。

在人工智能终端设备市场上，华为与美的在智能家居领域建立密切的战略合作伙伴关系，共同构建智能家居的整体解决方案，为消费者提供智能的家居体验。

5) 科大讯飞

科大讯飞拥有自主知识产权并且是世界领先水平的智能语音技术的代表，实现了人机语音交互，使人与机器之间的沟通变得更加简单。

科大讯飞拥有灵犀语音助手和讯飞输入法等优秀产品。在不同的应用环境下，这些产品能够满足多种产品的智能语音需求。科大讯飞占有中文语音技术市场 70%以上的市场份额。2017 年 6 月，在知名的科技期刊《麻省理工科技评论》中，科大讯飞入选"2017 年度全球 50 大最聪明公司"榜单。

2016 年中国人工智能企业排名前 10 的公司如表 11-1 所示。

表 11-1　2016 年中国人工智能企业排名前 10 的公司

排　名	企　业	领　域
1	百度	人工智能
2	阿里巴巴	人工智能
3	腾讯	人工智能
4	华为	人工智能
5	科大讯飞	智能语音
6	微软亚洲研究院	视觉语音

排　名	企　业	领　域
7	中科创达	智能终端系统平台
8	英特尔	人工智能
9	蚂蚁金服	金融科技
10	浪潮	云计算

11.1.2　人工智能在电商领域的应用

随着智能家电、无人驾驶、智能机器人等产品的出现和普及，人工智能技术不仅应用到企业管理、产品创新，而且开始渗透人们生活的方方面面。本节主要介绍与电子商务领域相关的人工智能技术的应用。

1. 聊天机器人在客服中的应用

2016 年腾讯公司与微软开展合作，将微软开发的人工智能聊天机器人(名字为"小冰")加入到 QQ 群和微信中，用户可以与机器人即时沟通。聊天机器人支持语音和图像等多感官交流。除聊天功能外，聊天机器人还开放了天气预报、猜成语、对诗等游戏和群管理技能。

实务应用

群机器人是 QQ 群中的一个功能，群主可在群管理设置中开启群机器人功能。该功能开启后，当用户发消息时只要"@小冰"，群机器人"小冰"就可以与用户实时对话。用户在微信中关注公众号"小冰"也可与其聊天。QQ 群及微信公众号聊天机器人的设置如图 11-2 所示。聊天机器人不仅减轻了人工客服的工作量，还提升了用户的服务体验。

图 11-2　QQ 群及微信公众号聊天机器人的设置

聊天机器人凭借大数据、自然语义分析、机器学习和深度神经网络等技术，将中国近 7 亿网民多年积累的、公开文献记录的文字精炼成语言库。机器人在与人沟通时，通过理解对话的语境与语义，实现了超越简单人机问答的自然交互。

2. 智能输入法衍生的电子商务

搜狗输入法在 2016 年发布"快速分享"新功能使用了人工智能技术。该功能根据用户的聊天场景进行智能情景感知，并根据用户的需要，通过不同的方式为用户提供所需的餐厅、团购、音乐、影视等分享内容。用户无需在多个应用之间切换，大大提升了搜索效率，实现了电子商务的业务拓展。

搜狗输入法在人工智能领域的技术创新，不但使产品应用变得更加便捷，也推动了用户规模的增长。用户积累到一定基数时，电子商务的介入能够深入挖掘用户需求，从而提升企业获利能力。

实务应用

用户使用搜狗输入法在聊天对话框中输入"附近有什么好吃的"，在输入框下面单击"放大镜"图标，搜狗输入法会自动推荐附近的美食。搜狗输入法快速分享界面如图 11-3 所示。

图 11-3　搜狗输入法快速分享界面

11.2　大数据

某数据智能事业部总经理焦宇说：如果你只有一堆人的电话号码，这可能没多大商业价值。但像携程网的搜索、浏览、点评信息等数据，对携程来说就是有价值的。更深层的意义是，能否在某个产品上使用到这些数据，并且它们确实对业务有帮助。

　　美团云大数据平台负责人对此表示认同，"首先要弄清楚拥有的数据是否有价值，是否有人愿意为其买单。另外则是源数据的丰富度，是否能够为数据价值的发挥带来补充和完善"。

　　上面两段话可以看出，数据收集的目的并不是简单地把数据集中起来，最终还是要在实际运营中发挥作用。拥有数据只是开端，如何深入分析、洞察数据彼此之间的关联，才是大数据应用的关键。本节主要介绍大数据的基本知识以及大数据技术在电商行业中的应用。

11.2.1　大数据概述

　　大数据作为企业现在及将来的核心战略资产，经过采集、存储、数据自主化分析等，能够为企业的营销、决策、运营提供合适的解决方案，为企业提升商业价值。这就是企业研究大数据的意义。

1．大数据的概念

　　大数据是一个比较抽象的概念，至今尚无确切、统一的定义。大数据研究机构 Gartner 给出了这样的定义：大数据是指无法在一定时间范围内，用常规软件工具进行捕捉、管理和处理的数据集合，需要新处理模式才能具有更强的决策力、洞察发现力和流程优化能力，是信息化的资产。

　　大数据技术的战略意义不在于掌握庞大的数据信息，而在于对这些含有意义的数据进行专业化处理，也就是说"读懂数据"要比"拥有数据"更有价值。如果把大数据比作一种产业，那么实现产业盈利的关键是提高对数据的加工处理能力，通过整理分析、挖掘处理来实现数据的增值。

2．大数据的特征

　　在业界，有人用 4 V 来概括大数据的基本特征：规模性(Volume)、多样性(Varity)、高速性(Velocity)和价值性(Value)。也有人扩展到 11V，即可视化(Visualization)、有效性(Validity)等。本小节将大数据的基本特征概括为以下几个方面：

　　(1) 数量大。互联网的广泛应用使得用户获取、分享、传递信息变得更加容易。用户的大多数行为都会产生大量数据信息并以数据的形式记录下来。随着高新技术的应用，人类获取数据能力增强，保存海量数据的技术也随之增强。

　　据估算，1986 年至 2006 年，全球数据存储能力每年提升 23%。2007 年，人类大约存储了超过 300 EB(1 EB = 1024 PB = 2^{60} B)的数据。2013 年，世界上存储的数据达到 1.2 ZB (1 ZB = 1024 EB)，预计到 2020 年，这一数据将超过 35 ZB。

　　(2) 维度广。大数据不仅包括传统的关系型数据，还包括来自网页、互联网日志文件(包括点击流数据)、搜索索引、社交媒体论坛、电子邮件、文档、主动和被动系统的传感器数据等。这些数据可以是原始、半结构化或非结构化的数据类型。同时，数据格式变得越来越多样化，涵盖了文本、音频、图片、视频、模拟信号等多种类型。

　　(3) 速度快。速度快是大数据处理技术与传统数据统计技术最大的区别。大数据以处理实时数据结果为导向。传统购物模式数据分析与网购形式大数据分析要素的对比如图11-4 所示。传统购物模式是分析客户在结束购买后产生的数据，而网购客户随时产生的数据信息均可以被实时记录下来，形成即产生即分析的数据分析模式。

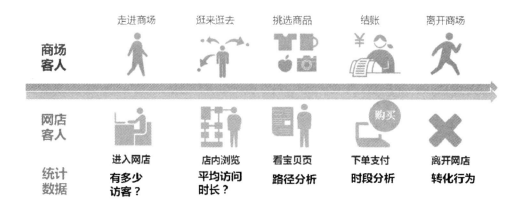

图 11-4　传统数据与大数据分析要素对比

数据具有速度快的特征，包含两个方面的含义：一是数据产生得快。例如，网页点击、网络日志、浏览次数、GPS 定位等信息，用户每完成一步操作，数据同时产生。二是数据处理得快。因为大数据的价值会随着时间的推移快速衰减，需要缩短数据从开始搜集到分析处理完成的时间间隔，使其成为真正的即时大数据，提供更有价值的信息。

(4) 有效性。有效的数据才能得出有效的结果。有效的数据结果不仅能给企业提供有价值的信息，而且能够通过大数据分析来说明存在的问题。在大数据产生的过程中，难免会出现一些无效的垃圾数据，这时可以通过算法快速地对大数据进行"提纯"。对于一些不能量化的数据，最好用各种指标来体现数据的精准度，同时还要考虑数据的来源和局限性，只有排除了这些因素，才能确保数据的有效性。

(5) 关联性。关联性是隐藏在大数据背后的数据项之间的相互关系。例如，某银行掌握用户 A 在网上的消费记录，百度地图掌握用户 A 随时间变化的位置信息，通过银行和百度地图的数据关联分析，可以得出用户的消费偏好，如在家还是单位购物次数较多。由于大数据具有关联性，在保证数据安全的前提下，大数据的流通和交易成为可能。

实务应用

2015 年 4 月 14 日贵阳大数据交易所正式运营，是我国首家大数据交易所。该交易所已接入 200 多家优质数据源，发展 1500 多家交易会员，驱动全国数据流通，累积交易额在 2017 年底突破 3 亿元。

发展数字经济离不开大数据支撑。数据交易在大数据产业的发展中发挥重要的驱动作用。由于数据交易要建立在有序的流通基础上，尤其是在跨地域、跨行业方面。对此，贵阳大数据交易所联合贵阳、广州、南昌等 50 多个城市发起成立了"中国城市大数据产业发展联盟"，共同释放城市数据价值。

实务应用

政府和企业之间普遍存在"数据壁垒""数据孤岛"的现象，使海量政企数据资源处于沉睡状态，制约了数字经济发展，相关数据流通标准的缺失是造成这一问题的重要因素之一。针对此问题，贵阳大数据交易所持续完善数据交易标准与规范，积极参与全国信息安全标准委员会《大数据交易标准》《大数据安全标准》等标准制定，已成为全国信息安全标准委员会"大数据交易标准试点基地"，引领数据交易产业的发展。贵阳大数据交易所已经赢得了社会广泛认可。

大数据是指对大量、动态、持续的数据，通过运用新系统、新工具、新模型的挖掘，获得具有洞察力和新价值的数据信息，被有效地应用于各行各业。

11.2.2　大数据在电商领域的应用

电子商务企业对大数据的处理和应用越来越广泛，在购物行为和销量预测分析以及商品关联分析方面，已经取得了可观的成绩。电商企业能够从大量基础数据中挖掘到有价值的信息，能够站在客户的角度考虑问题，实现精准营销，主动服务的目标。本小节主要介绍大数据技术在电子商务领域中的应用。

1. 电子商务大数据的营销应用

大数据最大的价值，不是事后分析，而是预测和推荐。对于电商企业而言，通过大数据分析，可以了解客户消费喜好和趋势，进行商品的精准营销，降低营销成本。

一般来说，企业依靠大数据进行精准营销，最重要的是用户建模，即用户画像(针对每一类数据实体，进一步分解可落地的数据维度)。例如，企业收集用户在首次浏览的商品和最终购买的商品之间，用户浏览同类型商品的数量、时间间隔等信息。根据这些特征，可以分析用户的购物心理，进一步得出某个品类商品的购物轨迹，从而推荐给消费者更符合真实需求的商品。又如，用户购买某些商品时较少比较，但是某些商品则要货比三家，企业可根据大数据的分析统计结果，采用有针对性的营销方式。

实务应用

有 A 和 B 两位消费者，A 喜欢偏辣零食，B 喜欢偏甜零食。当这两位消费者在淘宝网搜索"零食"时，经过大数据分析后，A 与 B 两位消费者的搜索结果肯定是有区别的，其精准推送示意图如图 11-5 所示。

实务应用

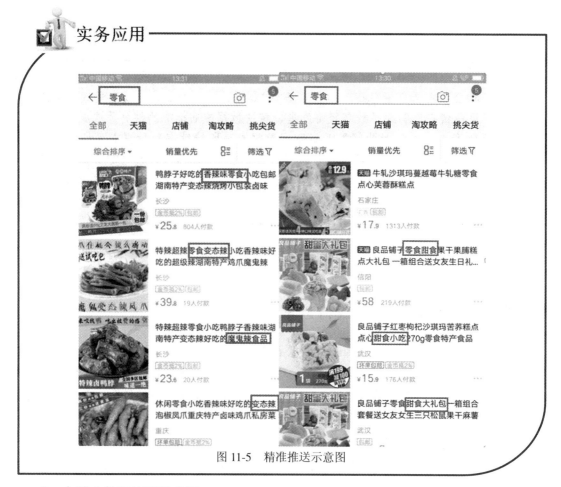

图 11-5　精准推送示意图

2．仓储大数据的实践应用

大数据技术在电商仓储中的应用，可以提高商品的流通速度，减少多次装卸搬运产生的货品破损，进而有效地降低仓储成本，也可以促进仓库存储专业化。解决拣货路径优化和商品合理存储问题属于大数据在电商仓储中的典型案例。

快递企业百世汇通为天猫超市定制的云仓，每天都有超过 20 万件商品到货。百世在建设云仓初期，就对上百万件商品的物流数据进行了分析，根据商品的热销度，把一些热销的品类集中存放，当用户下单后，系统会把这一区域的订单筛选出来，这样既优化了拣货路径，也从源头上节省了时间。

3．征信领域大数据的应用

蚂蚁金服于 2014 年 10 月正式成立，专门为全球消费者和小微企业提供安全、便捷的普惠金融服务。蚂蚁金服相关品牌和产品有支付宝、余额宝、蚂蚁花呗、蚂蚁借呗、蚂蚁森林、网商银行、芝麻信用等。

蚂蚁金服通过整合用户在各个平台的大数据信息，分析用户的消费水平及个人征信数据。根据用户的征信数据，审核并发放贷款，为全球消费者和小微企业提供安全、便捷的服务。蚂蚁金服利用大数据为用户提供服务的流程，如图 11-6 所示。

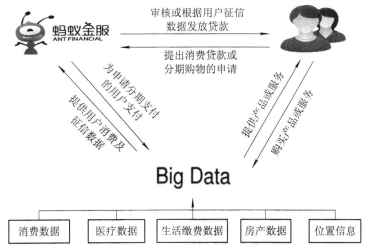

图 11-6　蚂蚁金服利用大数据为用户提供服务的流程

11.3 虚拟现实

阿里巴巴在杭州 2016 淘宝造物节发布会现场演示了 VR 购物服务 "Buy+"。它是利用 VR 技术来突破时间与空间限制，用户可以在闲暇时间随时随地地逛商城，只要戴上 VR 眼镜，仿若顷刻间置身于某个商城里。

如果说电商改变了人们的购物方式，那么有 VR 助阵，虚拟产品的"即视感"将瞬间打破人们与商品之间距离的局限性，人们购买商品也更加直观可信了。本节主要介绍虚拟现实技术及其在电商领域的应用。

11.3.1 虚拟现实概述

虚拟现实通过可视化技术生成三维逼真的虚拟场景，能够提供比现有电子商务平台更佳的产品展示效果。用户通过虚拟现实场景交互地进行商品交易，从而会产生身临其境的感觉。本小节主要介绍虚拟现实在电商行业中的应用。

1. 虚拟现实的概念

虚拟现实(Virtual Reality，简称 VR)是仿真技术的一个重要方向。利用电脑模拟产生一个三维空间的虚拟世界，综合视觉、听觉、触觉等感官的模拟，让使用者如同身临其境，并且可随时随地观察三维空间内的事物。当使用者移动位置时，电脑可以立即进行运算，将精确的 3D 影像传回，产生临场感。

目前，市场上虚拟现实技术的硬件设备主要是头戴设备，如图 11-7 所示。

图 11-7　VR 硬件设备

2．虚拟现实的特征

虚拟现实集成了计算机图形技术、计算机仿真技术、人工智能、传感技术、显示技术、网络并行处理技术等的最新发展成果，是一种由计算机技术辅助生成的高技术模拟系统。虚拟现实具有以下特征：

(1) 感知性。虚拟现实除了一般计算机所具有的视觉和听觉感知外，还有力觉感知、触觉感知、运动感知，甚至包括味觉感知、嗅觉感知等。理想的虚拟现实应该具备人的所有感知功能。例如，用户可以用手去直接抓取虚拟现实中的物体，手有触摸感，并可以感觉物体的重量，物体随着手的移动而移动。

(2) 临场性。临场感是指用户在虚拟现实中场景的真实程度，理想的虚拟现实环境应该如同身临其境，达到用户难以分辨真假环境的程度。

(3) 交互性。交互性是指虚拟现实能够响应人的自然行为，能够与人互动。用户在虚拟现实中可即时交互产生与现实中一样的感觉。用户只要使用日常生活中的互动方式，就可以与虚拟场景中的人或物进行各种交流，产生真实的互动体验。

11.3.2 虚拟现实在电商领域的应用

虚拟现实技术能够再现真实的环境，可以将人们置于虚拟现实环境中参与交互，所以在电商的许多方面得到广泛应用。下面简要介绍虚拟现实技术在 VR 购物、VR 直播的应用。

1．VR 购物

VR 购物是用户在虚拟购物商城中购买商品。购物商城采用虚拟现实技术生成可交互的三维购物环境。用户只要戴上一副连接传感系统的眼镜，就能看到 3D 真实场景中的商铺和商品，实现各地商场随便逛，各类商品随便试的真实购物体验。

当顾客通过 VR 头盔下单时，只需要面对收银台，根据所佩戴的 VR 硬件设备的操作特点，通过凝视、点头、手势等控制方法即可完成交易，实现 VR 购物的真正闭环。

实务应用

　　阿里巴巴 "Buy+" 使用虚拟现实技术，利用计算机图形系统和辅助传感器，生成可交互的三维购物环境。使用 "Buy+"，即使身在家中，戴上 VR 眼镜，进入 VR 版淘宝，即可选择去北京、香港、美国的第五大道，甚至全世界任何一个购物中心，让购物者有身临其境的感觉。比如购买衣服，可以即时感受衣服穿在自己身上的感觉，也可以随意设置自己体型变化前后的装扮，直观感受款式、合身度以及搭配感；购买沙发，只需要戴上 VR 眼镜，直接将某款沙发放在家里，尺寸颜色是否合适，一目了然。

目前 VR 购物模式还面临着很多挑战，短时间内无法达到人们所预期的效果。如用户长时间使用 VR 设备会产生眩晕感，画面清晰度不足、购物缺少交互性、无法模拟其他感觉等。随着技术的不断进步，VR 购物将会给用户带来更加真实的购物体验。

2．VR 直播

VR 直播，是虚拟现实与直播的结合，对设备要求较高。直播一般采用 360 度全景拍摄，使直播效果更清晰更准确，需要专业的 VR 设备支持。

2016 年 12 月，京东联合 VR/AR 产业联盟成员打造 VR 视频直播第一平台，并举办了首场机器人 PK 大赛。该大赛针对 VR 直播特点进行了多路视频采集，使用户可以身临其境地体验 VR 直播。在 VR 直播频道中，用户能够看到众多 VR 视频资源，体验到 VR 的乐趣。

VR 直播+电商成为时下流行的品牌营销手段之一。2017 年京东"6·18"年中购物节，京东官方邀请了众多明星进行"大咖说趴·卖小龙虾"大型直播活动，并在直播当天前 5 分钟内，就卖出了 45 万只小龙虾，完成了漂亮的销量转化。

经历了 2016 年的网络直播热潮后，电商直播的流量红利期已过，解决用户留存和用户沉淀是网络直播未来需要重点突破的难点。内容上创新加技术上革新的 VR 直播，将"沉浸式"消费体验渗入电商和品牌营销中，将成为未来一段时间内电子商务直播营销的主流形式。

11.4　物联网

> 2017 年 9 月，世界物联网博览会在无锡召开。全球物联网领域的精英和有识人士汇集无锡，共同探讨物联网技术的创新革命。在会上，工业与信息化部副部长罗文表示：以物联网为基础的新技术和新模式不断涌现，正成为经济发展新动力。随着物联网跨界融合应用的深入推进，物联网将成为支撑经济和社会发展的新型基础设施。
>
> 物联网作为全新的连接方式，已经成为全球公认的推动世界经济发展的新引擎。当前，物联网正加速渗透到生产、消费和社会管理等各领域，联网设备规模呈现爆发性增长趋势，万物互联时代正在到来。本节主要介绍物联网的概述及物联网在电商领域的应用。

11.4.1　物联网概述

物联网是在互联网基础上，将物体相连接的网络。它是通过各种信息传感设备，如射频识别(RFID)、红外感应器、全球定位系统、激光扫描器等，按约定的协议，把任何物体与互联网相连接，进行信息交换和通信，以实现对物体的智能化识别、定位、跟踪、监控和管理的一种网络。

物联网的核心基础是互联网，是在互联网的基础上的延伸和扩展的网络。互联网主要以"传递信息"为主，物联网主要以"产生信息"为主。和传统的互联网相比，物联网主要具有自动感知、实时传递和智能处理等特征。

1．自动感知

物联网采用了射频识别技术、全球定位等传感器，每个传感器都能自动感知物体的变化情况，实时捕获物体变化的信息。虽然每个传感器捕获的信息内容与格式不同，但通过对捕获信息的智能处理，可以反映出物体的一些实际情况。

物联网自动感知内容包括声音、图像、位移、温度、湿度等。物联网技术通过与人工智能的结合，对捕获的信息进行加工处理后，可以获得更多有价值的信息。

2．实时传递

为了让物联网传感器采集的信息具有更大的使用价值，物联网需要通过各种有线和无线网络的连接，将物体的信息实时传递出去，确保信息能够反映物体的实时状况。

3．智能处理

物联网利用了云计算、云存储、模糊识别及神经网络等智能计算技术，对数据和信息进行分析并处理。物联网通过智能处理数据后，可以深挖数据的价值，发现新的应用领域和应用模式，适应不同用户的需求。

11.4.2 物联网在电商领域的应用

物联网具有自动感知、实时传递、智能处理等特点，在智能穿戴设备、共享单车等电子商务领域发挥了突出作用。

1．智能手环

智能手环是一种穿戴式智能设备，可以记录用户日常生活中的实时数据，并将这些数据与手机同步，能起到健康管理的作用。常见的智能手环如图 11-8 所示。

通常智能手环除了具有计步数、测量距离等功能，还具有运动监测、睡眠追踪、健康监控等特殊功能。

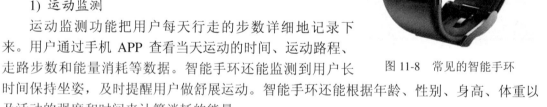

图 11-8 常见的智能手环

1）运动监测

运动监测功能把用户每天行走的步数详细地记录下来。用户通过手机 APP 查看当天运动的时间、运动路程、走路步数和能量消耗等数据。智能手环还能监测到用户长时间保持坐姿，及时提醒用户做舒展运动。智能手环还能根据年龄、性别、身高、体重以及活动的强度和时间来计算消耗的能量。

2）睡眠追踪

智能手环能反映用户的睡眠时间和质量，并记录入睡时间、深度睡眠时间、浅度睡眠时间和清醒时间等信息。智能手环系统通过数据分析，总结用户睡眠情况，引导用户根据分析结果对睡眠进行适当的调整。

3）健康监控

智能手环可以通过传感器获取佩戴者的脉搏、心率、血压、皮肤温度以及其他外界环境信息。因此，长期佩戴智能手环的病人能够积累下大量的数据资料，这些数据可为进一步治疗方案提供参考。

虽然大多数智能手环目前的健康管理模块功能仅在于监测睡眠、运动提醒等，但向用户提供医疗服务将会是未来智能手环的一个重要发展方向。智能手环记录、分析健康数据，以便于用户实时关注自身健康状态，一旦发现身体出现危险信号，便可在相应的 APP 上预约医生检查身体。

2．共享单车

共享单车自投放市场以来，备受社会各界热议。共享单车解决了短途出行的问题，提升了城市交通效率，给出行生活带来了很大的便利。

共享单车企业为了方便管理和运营单车，使用物联网技术随时掌握每辆单车的位置及使用状态等信息。

用户使用手机扫描车体二维码获取车辆信息，并通过移动网络将解锁请求上报云端服务器，云端服务器通过定位技术接受车辆状态和位置等信息，给共享单车下发解锁指令，并对该辆单车进行计费等处理。

用户在查找共享单车时，首先需要打开手机的"定位服务"，再打开手机端软件，系统会自动显示附近单车位置信息，用户根据提示，选择距离最近的一辆单车即可。查找共享单车界面如图 11-9 所示。

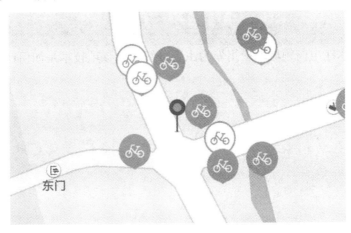

图 11-9　查找共享单车的界面

由于使用方便快捷，共享单车 APP 下载量剧增，积累了大量的用户。为了深度挖掘用户需求，共享单车企业在 APP 中加入了商城模块以便实现更多的商业价值。例如，摩拜单车在其 APP 中加入了"摩拜商城"，出售自家衍生品。

未来，人工智能、大数据、虚拟现实以及物联网技术将渗透到各个领域，从衣食住行、娱乐、购物等方方面面改变着人们的生活方式。

【本章小结】

1. 人工智能是计算机科学的一个分支，还涉及信息论、控制论、自动化、仿生学、生物学、心理学、数理逻辑、语言学、医学和哲学等多门学科。人工智能在电子商务领域的应用可以体现在客户服务、智能推荐等方面。

2. 大数据是指需要新处理模式才能具有更强的决策力、洞察力和流程优化能力的海量、高增长率和多样化的信息资产。大数据在电商领域的应用体现在数据化营销、仓储管理以及征信领域。

3. 虚拟现实(Virtual Reality)是仿真技术的一个重要方向，一般具有感知性、临场性和交互性三大特征。虚拟现实在购物、直播等领域有较大价值。

4. 物联网是通过各种信息传感设备，按约定的协议，把物体与互联网相连接，进行信息交换和通信，以实现对物体的智能化识别、定位、跟踪、监控和管理的一种网络。物联网技术的应用主要在共享经济、智能制造方面。

【拓展阅读】

1. 李开复，王咏刚. 人工智能[M]. 北京：文化发展出版社，2017.

2. (英)迈尔-舍恩伯格，(英)库克耶. 大数据时代[M]. 浙江：浙江人民出版社，2013.

3. 虚拟现实技术应用案例：http://www.elecfans.com/vr/472942.html

4. 中国物联网：http://www.netofthings.cn/

5. 雷锋网：https://www.leiphone.com/

6. 人工智能与电子商务：http://www.sohu.com/a/194615978_99975651

【实践作业】

以"××技术在电商领域的应用"为主题分组讨论该项技术是如何产生、发展、应用以及创新的。

附　　录

案例阅读一：某企业电子商务中心绩效管理制度

《某企业电子商务中心 2016 年下半年岗位责任和绩效管理制度》

该制度包含以下六大部分：

(一) 电子商务中心岗位结构

(二) 部门岗位职责和绩效考核体系(仅列举部分岗位)

(三) 薪酬体系

(四) 部门培训制度

(五) 员工晋升方案

实施时间：2016 年 7 月—2016 年 12 月。

(一) 电子商务中心岗位结构

表 F1-1　电子商务中心岗位结构

部门名称	电子商务中心		部门负责人	XXX	直接主管	XXX
职位设置			本中心设四个小组：电子商务运营、美工、整合营销、客户关系			
计划人数		22 人	在岗人数		15 人	
部门使命		实施电子商务和网络营销手段达成公司战略				
部门主要职责		策划和实施公司的品牌战略 研究、运用各种电子商务手段达成市场战略目标 策划和实施各种广告宣传方案，提高公司广告支出的投资回报率(ROI) 研究分析竞争对手、行业状况、市场需求，挖掘市场机会并提出优化方案 分析和提升现有模式竞争力，探索新的运营模式				
组织架构示意图						

263

(二) 部门岗位职责和绩效考核体系(仅列举部分岗位)

表 F1-2　电子商务中心部门经理工作岗位说明书

一、职位的基本信息			
职位名称	部门经理	工作地点	广州、深圳
所属部门	电子商务中心	直接报告关系	总经理
其他主要关系	公司各部门、客户、产品客户、外部第三方服务公司等		

二、工作职责及衡量标准				
职责模块	工 作 内 容	考核依据	衡量标准	职责权重
目标管理	1. 协助总经理制定公司阶段性战略目标,为公司整体营销决策提供参考	销售目标完成率	实际回款额/目标回款额	30%
	2. 组织编制公司年、季、月度营销计划及营销费用预算,并监督实施(为销售部设计指标) 3. 制定年度广告、公关计划和预算,并监督投放过程和效果,及时评估和调整建议 4. 负责本部门各项阶段性目标的制定、分解、督导和控制 5. 负责制定公司品牌管理与发展策略,维护公司品牌 6. 负责产品发展策略的制定,以及产品结构调整方案的制定 7. 监控本部门执行市场规划、市场推广策划及公关活动 8. 定期对本部门运营状况进行检查和总结 9. 负责本部门费用预算审定、报批、支出核准 10. 与销售部配合进行分销渠道及渠道政策的设计与完善 11. 完成公司上级交办的其他任务	新客户数量目标	实际成交新客户数量	30%
部门建设	1. 全面负责部门职责规定的各项工作,落实管理体系的有效运行;包括部门内部的资源调配,内部管理和建立本部门工作标准、规定、流程等管理文件 2. 协助完善公司规章制度以及落实各项规章制度在本部门的执行 3. 负责部门员工绩效管理	客户满意度	客户投诉率	30%
团队建设	1. 负责协调部门内部及与其他部门的合作关系 2. 负责部门企业文化建设 3. 控制部门人才保有数量,提升组织能力	团队协作能力	直属上级考核	10%

三、任职要求			
学历要求	本科以上	专业 要求	不限
技术等级(证书)		年龄 要求	25～45 岁
经验要求	3 年以上的营销管理从业经历，1 年以上的团队管理经验		
必备知识与技能	1. 熟悉市场营销理论，有很强的执行能力，较强的决策能力 2. 熟悉外贸业务规则 3. 较强的团队管理能力和学习能力		
能力要求	较强的计算机能力，商务管理能力，分析判断能力，谈判能力，计划能力，指导下属能力，沟通协调能力等		
四、可轮换、晋升职位			
销售部经理、营销中心总监			

(三) 薪酬体系

1. 岗位设置及参考年薪区间(元)

电子商务中心经理　　　　70000～100000

电子商务中心副经理　　　35000～75000

客户关系主管　　　　　　35000～75000

整合营销主管　　　　　　35000～75000

电子商务运营主管　　　　35000～75000

网络营销专员　　　　　　25000～60000

投诉处理专员　　　　　　25000～60000

电子商务客服　　　　　　25000～60000

电子商务助理　　　　　　25000～60000

视觉设计师　　　　　　　35000～75000

2. 薪酬结构

薪酬＝固定工资＋补贴＋绩效奖金＋年终奖

固定工资＝基本工资＋技能工资，按月发放

基本工资＝1200

绩效奖金＝固定工资的 50%(待定)，按月发放

(1) 各类补贴同公司标准。

(2) 年终奖视公司经营状况而定，正常经营状况下年终奖为双薪，如遇经营亏损则停止发放；如公司经营状况优良或部门业绩十分突出可额外提出奖励申请。

*为便于职级管理及员工激励，技能工资分 13 级，各岗位跨度如下表所示：

表 F1-3　技能工资各岗位跨度表

级别	技能工资	电子商务中心副经理	客户关系主管	整合营销主管	电子商务运营主管	网络营销专员	电子商务客服	电子商务助理	视觉设计师	投诉处理专员
实习生	0									
1 级	300									
2 级	500									
3 级	700									
4 级	900									
5 级	1100									
6 级	1300									
7 级	1600									
8 级	1900									
9 级	2200									
10 级	2500									
11 级	2800									
12 级	3300									
13 级	3800									

(四) 部门培训制度

1. 岗前人员培训制度

必须确保通过对新进人员的教育培训，使其具有相应的基本知识，熟悉公司的组织结构、目标、政策、经营方针、产品及其特性等内容，并对公司的性质及发展有一个初步了解。

岗前培训的内容主要涉及以下几个方面：

(1) 部门副经理应事先制定日程安排计划表、培训进度记录及工作技能评定标准表。

① 负责培训公司创业史、公司业务、公司组织机构、公司管理制度。

② 参观公司各部门及其本人未来的工作岗位环境。

(2) 技能培训负责人(主管)按工作环境与程序可分步培训：

① 介绍其岗位特征及如何与其他部门配合。

② 每天的日常工作及可能的临时性业务。

③ 从事未来工作的技能及从事工作的方法。

④ 时间运筹和时间管理。

⑤ 工作任务达成率。

⑥ 综合评估。

2. 普通员工培训制度

(1) 责任

① 部门副经理制定符合本部门要求的培训计划，负责制定和修改部门员工培训管理制度和年度培训计划。

② 部门副经理负责组织全公司范围内有关岗位的知识与技能培训。

③ 主管以上人员有对下属员工进行培训的义务。

(2) 基本要求

① 培训工作必须有计划,并建立员工培训档案。

② 对不按规定参加培训的人员,视程度予以纪律处分。

③ 对经培训和考核未达到岗位要求的人员,给一次机会重新培训或补考。

④ 经培训补考仍不合格者,实行调岗或劝其离开公司。

(3) 职内培训

① 新进人员在试用期间对本岗位工作职责及履行职责所必须掌握的技能。

② 上级对日常工作的要求和指导。

③ 不同岗位的职务轮调。

④ 接受非本职工作的工作指派和工作实践。

⑤ 由行政人力资源部人员针对不同员工的特点对员工进行职业生涯设计和探讨。

⑥ 参加各种会议。

(五) 员工晋升方案

通过绩效考核,每半年评定一次。连续 2 个季度考核排名在本部门前 10%的员工,在同等岗位上上调工资一级,直至该岗位最高级(升至最高级后不再加岗位工资)。

通过绩效考核,每半年评定一次。连续 2 个季度考核排名在本部门后 20%的员工,在同等岗位上下调工资一级,直至该岗位最低级(降至最低级后不再降岗位工资)。

已在岗位最高级的员工,通过绩效考核,若连续 4 个季度考核排名在本部门前 10%,则可见习上级岗位,并优先获得晋级机会。

已在岗位最低级的员工,通过绩效考核,若连续 4 个季度考核排名在本部门后 20%,将视情况调整岗位。

案例总结:本案例是较为典型的企业电子商务中心的岗位职责与绩效管理制度,通过阅读了解企业电子商务中心的基本组织架构与岗位责任,认识如何运用 KPI 绩效管理方法对不同电子商务岗位的主要责任进行绩效管理,明确岗位工作重点和目标,同时健全薪酬、晋升、培训体系。有效的绩效管理制度是实现企业电子商务战略目标的重要基础。

案例阅读二:××品牌新品洁面乳网络推广活动策划方案

一、活动背景

1. 1 号店注册用户 4900 万,近 3 个月活跃用户 615 万(活跃用户指下单的用户),××品牌用户数仅 40 万,用户基数直接制约销量增长,需增加品牌用户数。

2. 新品洁面乳上市后需迅速让大量消费者体验新品洁面效果。

3. 1 号店每个月都回购一次的消费者占比为 3%(数据来源于 1 号店)。

二、活动目标

1. 通过新品洁面乳派送带来 11.2 万人回购新品洁面乳。

数据依据:调研统计新品洁面乳回购率为 56%(来源:新品洁面乳调研,时间:2015

年 10 月 25 日，地点：广州、上海，样本量：400)。

2．通过对新品洁面乳免费领取人群进行品牌抵用券派发，预计在 2016 年 2 月前增加 0.9 万名品牌新用户(数据依据：抵用券转化率按照 5%计算)。

三、活动内容

活动主题：新一代洁面乳，免费大派送。

活动流程图：

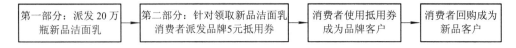

图 F2-1　活动流程图

第一部分：派送 20 万瓶新品洁面乳

(1) 活动时间：2015 年 12 月 3 日—2016 年 1 月 15 日。

(2) 活动执行平台：1 号店(食品、3C、母婴、生鲜频道除外)。

(3) 活动形式：凡在 1 号店购买任意产品即可获得新品洁面乳一瓶。

(4) 特别说明：活动期间每个 ID 限领一瓶。新品洁面乳需求共计 20 万瓶。

第二部分：针对领取新品洁面乳消费者派发品牌 5 元抵用券

(1) 活动品种：1 号店××品牌全品。

(2) 活动时间：2015 年 12 月 3 日—2016 年 1 月 15 日。

(3) 活动执行平台：1 号店。

(4) 活动形式：凡消费者订单中有新品洁面乳就直接发送抵用券到消费者 1 号店账户，同时在结算页面提醒抵用券的发放。

(5) 抵用券面额：5 元品牌抵用券(满 50 元使用)。

(6) 抵用券生效日期：2015 年 12 月 3 日—2016 年 2 月 3 日。特别说明：抵用券可以与满减活动重叠使用。

四、活动广告推广资源

表 F2-1　活动广告推广资源

平台	设 计 需 求				
	序号	图片位置	图片维度(px)	广告位预计展示时间	备注说明
1 号店	1	首页轮播图	550 × 300 px 750 × 300 px	12 月 9、10、13 日	
	2	个护频道轮播图	600 × 350 px	12 月 1 日—1 月 15 日	
	3	新品发布页	980 × 970 px	12 月 1 日—1 月 15 日	

五、活动风险处理原则

如出现本次 20 万瓶新品洁面乳未能按时全部派送完毕的情况，需提前对剩余库存进行规划。新品洁面乳剩余库存使用原则主要有以下几点：

1．新品洁面乳推广目的是开拓新用户，所开展的方案需围绕此目的进行。

2．新品洁面乳不进行价格促销，严格控制产品价格。

3．后续活动方案如果容易导致客户重复领取率较高，具体数量、时长需与 1 号店运营人员协商决定。

4．所有新品洁面乳推广活动需在 3 月底前结束。

六、成本预算

表 F2-2　1 号店某品牌新品洁面乳推广活动总成本预算

1 号店某品牌新品洁面乳推广活动总成本预算(万元)					216.5
第一部分：派发 20 万瓶新品洁面乳					
内容	数量 (万瓶)	单价 (元/瓶)	预估成本 (万元)	核销方式	备注
新品洁面乳	20	10	200	无	无
派送运费	20	0.6	12	账扣	活动后 2 个月内进行核销
第二部分：针对领取新品洁面乳消费者派发品牌 5 元抵用券					
内容	数量 (万份)	单价 (元/张)	预估成本 (万元)	核销方式	备注
品牌 5 元抵用券	0.9	5	4.5	账扣	活动后 2 个月内按实际使用数量进行核销

案例阅读三：某新品网络免费派送活动效果调研计划书

一、调研背景

2014 年 12 月，我公司在 1 号店、天猫超市、易迅网免费派送新品，为了解活动执行效果，产品使用效果以及产品派发重叠率，2015 年 1 月开展关于免费派送活动的第一期调研。

二、调研规划

1．调研目的

(1) 评估免费派送活动执行效果；

(2) 了解赠品使用效果；

(3) 了解赠品派发重叠率；

(4) 了解优惠券派发效果。

2．调研时间：2015 年 1 月 16 日—1 月 17 日。

3．调研目标人群地点：上海、广州。

4．调研对象：1 号店、天猫超市、易迅网免费领取了赠品的顾客。

5．调研方式：在线问卷调研 500 份(上海 300 份、广州 200 份)(辅助调研方式：微博调研、产品评价收集、平台数据查询)。

6．调研覆盖的调研平台：1 号店、天猫超市、易迅网。

7．详细调研内容规划(如表 F3-1 所示，仅选取部分内容以供参考)。

表 F3-1　调研内容规划

序号	调研目的	调研目的细分	调研内容	调研输出				
				时间	方式	城市	样本员	辅助调研方式
1	评估活动执行效果	消费者如何知悉活动	什么渠道知晓活动/更偏爱哪个渠道	2015 年 1 月 16 日—1 月 17 日	问券调查	上海、广州	上海 300 份 广州 200 份	微博调研
		消费者参与度	消费者的参与占比					
			活动参与人数占网站浏览人数的占比(网站测算)					
		广告图展示效果	怎样(哪里)进入的活动界面					
		如何看待活动方式	哪种派发方式会更容易接受					
			购买何种产品获得的产品?感觉如何?					微博筛选
2	了解赠品使用效果	消费者洁测习惯	清洁厕所频率					
		赠品产品认识	是否了解赠品特性					
		赠品使用评价	赠品是否好用,与同类产品有什么区别?					产品评价
		是否考虑回购	是否会再次购买?为什么?					微博调研
		回购渠道选择	超市/网上?会选择哪些网站购买?					
3	了解赠品派发重叠率	用户是否有多渠道购买的习惯	在哪些渠道购物过					
		用户单渠道/多渠道领取的数量	用户一共领了多少瓶?					微博筛选及调研
			分别从哪些渠道获取?					
			各渠道获取的数量					平台数据查询

三、调研日程安排以及进度控制表(如表 F3-2 所示，选取部分内容以供参考)

表 F3-2　调研日程安排以及进度控制表

项目	分项	具体内容	预计工作日	时间规划	预计完成时间	负责人	协助人
准备工作	1. 前期平台活动梳理	确定调研的目的	2				
		确定调研对象及主题	1				
		确定调研方式					
		确定调研时间、城市及样本数					
	2. 内容审核	方案提交	1				
		方案审核及确认					
	3. 问卷的准备	调研问卷的修改及确定	1				
	4. 确定在线调研平台	根据调研对象选在线调研平台	1				
调研工作	1. 调研工作的合理安排	完成样本问卷份数的合理分配,调研问卷份数的分批次发放	2				
	2. 调研督导工作	对调研进行监督、问卷有效性检查、注意事项提醒					
后期工作	1. 调研问卷收集	问卷答案的回收工作处理	1				
	2. 问卷核实	对调研问卷进行准确性的抽查核实,核实完成之后进行数据分析	1				
	3. 数据分析	对调研数据进行分析,并整理报告	1				
	4. 后期报账事宜	回收所有发票,对所有支出进行报账整理汇总	2				
	5. 总结报告	对整个调研进行完整汇总并完成调研的总结报告	1				

四、调研人员分工(如表 F3-3 所示)

表 F3-3　调研人员分工

任务分配	地点	人员安排	要求	完成时间
问卷设计				
预调研	在公司内部或者附近区域进行试调		10 份	
问卷			600 份	
在线调研	上海、广州		500 份	
平台数据查询/微博			30 份	

五、调研经费预算(如表 F3-4 所示)

表 F3-4　调研经费预算

项目	月份	城市	人数 (人)	工资 (元/人/天)	天数 (天/人)	金额 (元)
销售费用–市场费用–调研费–人工费	1 月	广州				
	1 月	上海				
总计						

六、调研问卷设计(内容仅供参考)

"×××新品免费大派送"活动调查

尊敬的先生/女士:

您好! 首先感谢您抽出宝贵的时间来阅读和回答本问卷。为了更好地了解您的网购需求,我们特进行本次市场调查,我们将对您提供的信息严格保密。真诚希望您认真填写该问卷,您的合作对于我们这次调查意义重大!

甄选条件: 您最近是否在天猫超市/1 号店/易迅网获得免费赠送的×××商品?

A. 是　　　　　　　　　　B. 否(结束调研)

1. 您是在哪些渠道获得的×××赠品? (可多选)

A. 1 号店　　　　　　　　B. 天猫超市　　　　　　C. 易迅网

2. 您一共获赠到＿＿＿瓶赠品,每个渠道分别是多少瓶? (横线上填数字)

A. 1 号店＿＿＿＿＿　　　　B. 天猫超市＿＿＿＿＿　　C. 易迅网＿＿＿＿＿

3. 您是通过哪些页面知晓免费送活动的? (展示图片)

A.首页/频道轮播图　　　　　B. 分会场宣传图片

C. 活动专题页　　　　　　　D. 随单送的(没有在意宣传)

4. 如果有免费派送的产品,您是否喜欢它出现在商品明细中?

A. 是　　　　　　　　　　B. 否(原因)＿＿＿＿＿

5. 如果是免费派送的产品需要您亲自领取,您会喜欢去领取赠品专区还是购物车结算时领取?

A. 活动页面自主领取　　　　B. 购物车处自主领取

6. 您是购买何种产品获取的×××商品?

A. 食品　　　B. 纸品　　　　C. 家庭清洁用品　　　　D. 其他____

7. 您对本次派发活动是否满意?

A. 是　　　　　　　　　　B. 否(原因)_____

×××赠品使用效果评价

8. 您是否开始使用了领取的赠品?

A. 是　　　　　　　　　　B. 否(跳转至第 11 题)

9. 您对×××赠品的体验效果如何?

用 1—10 评分,10 分为满分_____

10. 您感觉×××赠品与其他同类产品有什么不同?

A. 香型　　　　　　　　B. 清洁力　　　C. 无毒性

D. 使用方便　　　E. 其他_____

11. 您是否了解×××赠品采用了无毒级配方?

A. 是　　　　　　　　　　B. 否

12. 对于×××赠品无毒级的产品特性,您怎么看? _____

13. 您在试用过×××赠品之后是否会考虑购买,并阐述原因?

A. 愿意_____　　　　B. 不愿意_____(跳转至第 15 题)

14. 如果您愿意购买,那么您会选择以下哪些渠道购买?

A. 超市购买　　　　　　B. 网上购买　　　C. 其他优惠券派发情况

15. 您日常在网站上购物,收到优惠券的频率怎样? (以一个月为标准)

A. 5 张以上　　　　　　B. 3～5 张(不包括 3 张)　C. 1～3 张

D. 1 张及其以下　　　　E. 没有注意过

16. 系统通知发放了优惠券之后,您是否会查看并且使用,为什么?

A. 会_____　B. 有需要会_____　　C. 从来没有使用过_____(结束调研)

17. 您认为一张满减的优惠券,哪种提醒方式更容易增加您使用的频率?

A. 系统提醒　　　　　　B. 邮件提醒　　　　　C. 短信提醒

D. 微信提醒　　　　　E. 其他_____

18. 如果随着赠品我们发放品牌专用的优惠券,这会不会促使您的再次购买?

A. 是　　　　　　　　　　B. 否

基本信息:

1. 您的性别:A. 男　　　　　B. 女

2. 您的年龄:A. 22 岁及以下　B. 23～28 岁　　C. 29～35 岁　D. 36 岁以上

3. 您的学历:A. 初中及以下　B. 高中或中专　　C. 大专

　　　　　D. 本科　　　　E. 硕士及以上

4. 您的月收入:

A. 还没收入　B. 2000 元以下　　C. 2000～3000 元　　D. 3001～5000 元

　　　　E. 5001～8000 元　　F. 8000 以上

5. 您的职业 _____

6. 目前一起居住人数:A. 1 人　　　B. 2 人　　　C. 3 人　　　D. 4 人及以上

案例阅读四："×××新品免费大派送"活动效果评估报告

一、项目背景说明

1．项目背景

2014 年 12 月，我公司在天猫超市/1 号店/京东商城/易迅网免费派送新品，为了解活动执行效果、产品使用效果以及产品派发重叠率，2015 年 1 月开展关于免费派送活动的第一期调研。

2．调研目的

(1) 评估免费派送的活动效果。

(2) 顾客对优惠券的偏好。

(3) 项目数据采集方式(在线问卷调查和用户网络评论)。

(4) 调研人群地点：上海、广州。

(5) 回收样本数及结构：316 个。

数据来源：新浪微博、腾讯微博和顾客商品页评价。

二、总结与建议(仅选取部分内容以供参考，总结形式建议尽量采用图文形式)

1．×××赠品派送活动覆盖面评估：高覆盖、低使用(如图 F4-1 所示)

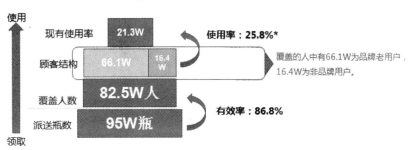

图 F4-1　×××赠品派送活动覆盖面评估

2．派送活动建议：连续营销、多平台联动(如图 F4-2 所示)

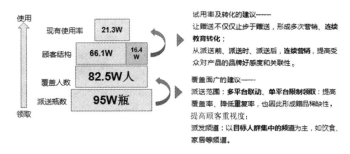

图 F4-2　派送活动建议

三、调研主体内容分析(仅选取部分分析内容以供参考)

1．赠品派送活动效果评估

如图 F4-3 所示，预估上海此次活动实际触达人数为 82.5 万。

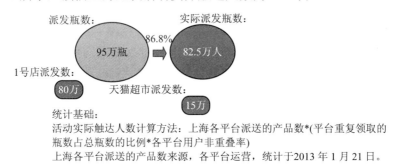

图 F4-3　活动覆盖人群分析

2．派送活动满意度

如图 F4-4 所示，派送活动总体满意度高，个别细节仍待改进。

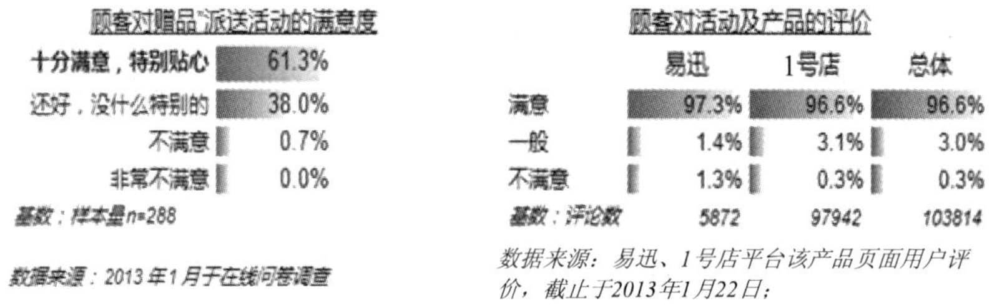

图 F4-4　派送活动满意度分析

3．优惠券效果预估及偏好

如图 F4-5 所示，优惠力度和优惠的对象是优惠券发挥作用的关键：69%顾客使用该优惠券受其优惠力度影响；大部分没使用优惠券的顾客是因为优惠券不适用自己想购买的商品。

图 F4-5　优惠券使用分析

四、附录

1．项目数据(如表 F4-1 所示，附上本次市场调研数据部分列表，主要用于存档以及验证数据真实性)

表 F4-1　调研数据部分列表

项目交叉数据

| | | 总计 配比过 | | 用户平台归属 | | | | | | 4.您的性别 | | | |
| | | | | 1号店用户 | | 天猫超市用户 | | 易迅用户 | | 男 | | 女 | |
		计数	列N%	计数	列N%	计数	列N%	计数	列N%	计数	列N%	计数	列N%
5.您的出生年份是哪一年?	1个月以上	20	7.0%	11	7.7%	4	4.0%	2	4.4%	10	10.3%	7	3.7%
	22岁及以下	26	9.0%	13	9.1%	8	8.0%	5	11.1%	8	8.2%	18	9.4%
	23-28岁	65	22.7%	32	22.4%	23	23.0%	12	26.7%	23	23.7%	44	23.0%
	29-35岁	129	44.7%	66	46.2%	39	39.0%	17	37.8%	46	47.4%	76	39.8%
	36岁以上	68	23.6%	32	22.4%	30	30.0%	11	24.4%	20	20.6%	53	27.7%
6.您的最高学历是	初中及以下	17	6.0%	9	6.3%	5	5.0%	2	4.4%	7	7.2%	9	4.7%
	高中或中专	24	8.5%	10	7.0%	14	14.0%	7	15.6%	4	4.1%	27	14.1%
	大专	65	22.6%	32	22.4%	23	23.0%	11	24.4%	20	20.6%	46	24.1%
	本科	148	51.4%	75	52.4%	49	49.0%	19	42.2%	49	50.5%	94	49.2%
	硕士及以上	33	11.5%	17	11.9%	9	9.0%	6	13.3%	17	17.5%	15	7.9%
7.您的月平均收入是以下哪个区间	.00	0	0.1%	0	0.0%	0	0.0%	1	2.2%	0	0.0%	1	0.5%
	无收入	38	13.4%	19	13.3%	13	13.0%	7	15.6%	9	9.3%	30	15.7%
	2000元以下	7	2.5%	4	2.8%	0	0.0%	2	4.4%	1	1.0%	5	2.6%
	2000~3000元	32	11.2%	15	10.5%	16	16.0%	4	8.9%	9	9.3%	26	13.6%
	3001~5000元	91	31.5%	44	30.8%	37	37.0%	12	26.7%	27	27.8%	66	34.6%
	5001~8000元	71	24.7%	36	25.2%	22	22.0%	11	24.4%	26	26.8%	43	22.5%
	8000以上	48	16.7%	25	17.5%	12	12.0%	8	17.8%	25	25.8%	20	10.5%
8.您的职业是_职业	白领职员	129	48.0%	64	47.8%	48	52.2%	17	39.5%	41	46.6%	88	48.6%
	学生	12	4.6%	6	4.5%	4	4.3%	3	7.0%	1	1.1%	12	6.6%
	劳力工作者/服务行业	13	4.7%	6	4.5%	3	3.3%	5	11.6%	6	6.8%	4	4.4%
	个体户	4	1.4%	2	1.5%	0	0.0%	2	4.7%	1	1.1%	3	1.7%
	公务员/事业单位	104	38.6%	52	38.8%	35	38.0%	16	37.2%	39	44.3%	64	35.4%

2. 项目问卷(附上本次市场调研的问卷)

案例阅读五：电子商务网络营销实例分析

网络营销可以给企业带来更多的用户群体，通过各行业巨头的成功网络营销实例阅读，我们可以从中得到一定的启发。

一、聚美优品——创意广告营销

2011 年，聚美优品以陈欧作为品牌代言进入人们的视线，省去明星代言费的同时，也开启了电商品牌拟人化的新路径，为电子商务融入更多社会化属性，获得了"最具人气美妆电商"之称。

2012 年以"CEO 营销"案例荣膺环球企业家创新盛典"年度营销创新奖"，聚美优品产品、渠道、品牌、传播及行业贡献等方方面面的策略及成就，赢得了极高的评价。

聚美优品营销的主要方向是打造自己的品牌，投入大量资金打造用户心目中独一无二的化妆品牌，更是利用新媒体电影、网络视频等广告形式，进入用户视野，记住影片内容的同时也记住了聚美优品的品牌。

聚美优品的整合营销传播主要围绕视频广告投播与微博、微信等进行。前期采用微博预告等预热手法，成功地在公众中制造广泛的产品悬念，令人印象深刻；同时广告创意上以写实的镜头，告白式的广告词，一句"为自己代言"，配合聚美优品的创始人兼 CEO 陈欧传奇经历和独特的气质，在某种程度上用人格做形象，顷刻引发广泛的共鸣；而进入投播后期，则通过知名微博账号大范围传播，并配以站点产品优惠活动、企业微博、微信等手段全方位出击，为品牌推广掀起一浪接一浪的高潮。

二、小米手机——饥饿营销

小米手机从正式发布到销量突破百万台，仅仅用了不到一年时间，这对大部分国内手机制造企业来讲简直就是天方夜谭。小米打破了常规的出牌方式，在销售渠道上，小米坚持选用电子商务渠道作为其唯一的销售渠道，不仅吸引了用户的关注，也为小米省下了不菲的渠道营销费用。

小米历来以擅长营销著称，红米手机的发布渠道和之前的小米 1S 和小米 2S 不同，没有选择小米官方微博、微信平台，而是在官方认证 QQ 空间上发布。在红米发布预热的两天时间里，小米公司通过腾讯广点通系统精准定位人群，QQ 认证空间聚拢人气，社交平台开展竞猜活动。预热页面上线当天，认证空间粉丝增长破百万。紧接着的预约阶段，红米手机整合小米全网资源及 QQ 空间平台资源进行精准投放，半小时预约人数过百万，第一天达 350 万，13 天总预约人数 745 万。8 月 12 号正式发售当天，小米运用限量限时的饥饿营销策略，结合 QQ 提醒功能为预约人群自动设置抢购提醒，为最后的井喷埋下伏笔。结果，发售开启 90 秒内 10 万台红米被一抢而空。

企业需要对自己的用户群体进行定位，了解用户需要什么，一味地向市场大量提供产品，可能会让用户感到反感。或是物以稀为贵的想法，饥饿营销在用户需求的时候提供有限的数量，在用户慢慢淡忘时再次推出新的产品，再次吸引用户眼球，引导更多的用户群体，以达到持久的营销目的。

三、褚橙——口碑营销

随着现代农业的发展，越来越多的商界大佬进入农业领域，被誉为"昔日烟王"的传奇企业家褚时健也选择在 75 岁时投身农业，种起了冰糖橙，凭借着全新的农业运作模式、优良的品质和褚时健的影响力，褚橙开始引爆全国市场。2012 年褚橙创造了销售 200 吨的奇迹后，褚时健授权电子商务平台"本来生活网"把 2013 年的褚橙销往全国。2013 年 10 月，拥有深厚媒体背景的"本来生活网"一方面联手新京报传媒拍摄"80 后致敬 80 后"系列专题，邀请蒋方舟、赵蕊蕊等 80 后名人相继讲述自己的励志故事并致敬褚时健；另一方面推出个性化定制版的褚橙"幽默问候箱"，赠给社交媒体上大 V 及各领域达人，包括韩寒、流潋紫等名人品尝，比如给韩寒只送了一箱褚橙，箱子上印着"复杂的世界里，一个就够了"(韩寒主办的"一个"APP 的口号)，引起微博 300 多万人次阅读，转发评论近 5000 次。以上两条传播线索同时在传统媒体、视频门户、社交媒体等全媒体上进行交叉传播，褚时健的励志故事引起年轻受众口碑传播，同时褚橙也被打上励志烙印，最终在消费群体中完成"励志故事+橙子"的捆绑销售，不仅创造又一轮的销售佳绩，还引得柳传志和潘石屹分别推出"柳桃""潘苹果"等品牌。

对于今天的很多农业品牌和电商品牌而言，如何创造出好的、能够被消费者甚至连名人都希望去主动传播的内容很重要。内容可以从个性化的包装，也可以从引发大家共鸣的网络语言入手，找到目标人群中的意见领袖和偶像，让他们来讲述品牌或者产品的故事，以此来取得群体和粉丝的认同。在褚橙的案例中，个性化的包装本身就是一种内容营销方式。对于农业品牌而言，很多产品都没有差异性，在产品缺乏差异性的基础上，需要考虑与品牌相关的个性化的内容和话题的创造。

四、美丽说——社交媒体营销

美丽说女性时尚购物分享社区，通过大量投资进行营销推广，同时也想方设法提高用户黏度，特别是利用搜索引擎移动化制作手机 APP 客户端，吸引用户随时关注购物分享社区。美丽说在微信、微博等社交平台，使用返利的形式吸引用户，让客户介绍更多的客户。美丽说在社交平台的火爆发展，让商家真正体会到了社交化营销模式的巨大魔力。

美丽说打的是用户体验度建设的牌子，毋庸置疑的是不管是从用户需求角度，还是从用户体验角度看，美丽说着实给消费者带来很多方便的购物途径，真心为用户打造内容，以客户为核心。

五、淘宝——活动优惠营销

淘宝的"双十一"全民网购狂欢节通过采取限时五折销售让顾客对促销加深印象，采取类似于饥饿营销，以限时、限量的方式，刺激消费者的消费欲望，提高广大网民的参与积极性。并将低价购物，实惠购物与之联系在一起，进而达到扩展消费可能、增加营销成果的作用。

淘宝"双十一"营销的成功首要因素是其把握了当代购物方式多样化的契机，作为新兴发展的电商模式，与实体店相比最为强大的竞争力就在于价格优势。明确知道用户需求的是什么，按照用户需求为其提供产品，必然会使用户感到满足。同时，网络购物将一些特别的节假日或由网络衍生的特殊日子相结合，不仅提高了营销的影响力，也提高了网购人群的兴趣。

经典的营销案例总是能给我们带来一些启发，但是我们并不提倡盲目地追求和模仿，必须从中吸取好的方法、创新的思维，结合自身企业情况制订行之有效的网络营销方案。

参 考 文 献

[1] (美)埃弗瑞姆·特伯恩，戴维·金，李在奎，等. 电子商务[M]. 7 版. 石鉴，等，译. 北京：中国人民大学出版社，2016.

[2] 阿里巴巴商学院. 新电商精英系列教程：电商运营[M]. 北京：电子工业出版社，2016.

[3] 阿里研究院. 互联网：从 IT 到 DT[M]. 北京：机械工业出版社，2015.

[4] 京东商学院. 京东运营大揭秘[M]. 北京：电子工业出版社，2017.

[5] 王学东. 电子商务管理[M]. 北京：电子工业出版社，2011.

[6] 李晓燕，李福泉，代丽. 电子商务概论[M]. 西安：西安电子科技大学出版社，2011.

[7] 肖怡. "长尾理论"与优化商品经营[J]. 区域经济评论，2009(2)：88—89.

[8] (英)爱德华·德博诺. 六项思考帽 [M]. 马睿，译. 北京：中信出版社，2016.

[9] 张国文. 内容电商运营实战[M]. 北京：人民邮电出版社，2017.

[10] 匡文波. 新媒体概论[M]. 2 版. 北京：中国人民大学出版社，2015.

[11] (英)查菲，(英) 埃利斯·查德威克. 网络营销：战略、实施与实践[M]. 马连福，等，译. 5 版. 北京：机械工业出版社，2015.

[12] 吴迪. 运营管理[M]. 上海：上海交通大学出版社，2010.

[13] 王少华. 网络营销[M]. 西安：西安电子科技大学出版社，2010.

[14] 毛帅. 消费者心理学[M]. 北京：清华大学出版社，2010.

[15] 阿里巴巴商学院. 网店客服[M]. 北京：电子工业出版社，2016.

[16] 周贺来. 客户关系管理实务[M]. 北京：北京大学出版社，2011.

[17] 周三多，陈传明，贾良定. 管理学[M]. 6 版. 上海：复旦大学出版社，2014.

[18] 李创，王丽萍. 物流管理[M]. 北京：清华大学出版社，2016.

[19] 姚国章. 电子商务与企业管理[M]. 3 版. 北京：北京大学出版社，2015.

[20] 天下网商. 新零售全解读[M]. 北京：电子工业出版社，2018.

[21] http://www. baidu. com/

[22] http://www. paidai. com/

[23] http://www. iresearch. cn/

[24] http://www. cnnic. net. cn/

[25] http://blog. 163. com/

[26] http://www. docin. com/

[27] http://wenku. baidu. com/

[28] http://www. chinaz. com/

[29] http://www. mbalib. com/

[30] http://www. taobao. com/